职业教育智能建造工程技术系列教材

智能建造工程技术

王　鑫　杨泽华　主　编
国连斌　副主编

中国建筑工业出版社

图书在版编目（CIP）数据

智能建造工程技术/王鑫，杨泽华主编；国连斌副
主编.—北京：中国建筑工业出版社，2021.11（2025.8 重印）
职业教育智能建造工程技术系列教材
ISBN 978-7-112-26773-6

Ⅰ. ①智…　Ⅱ. ①王…　②杨…　③国…　Ⅲ. ①智能技
术－应用－建筑施工－职业教育－教材　Ⅳ. ①TU74

中国版本图书馆CIP数据核字（2021）第211095号

建筑智能建造是一个新兴的学科交叉方向。本书主要以建筑工程技术专业为主线，综合信息技术介绍智能建造工程技术的基本知识、原理与应用，共分为八个教学单元：绪论、智慧工地应用、智能建造与 BIM 技术应用、智能建造与 GIS 技术应用、智能建造与物联网技术应用、智能建造与装配式建筑技术应用、智能建造与智能设备技术应用、智能建造与大数据技术应用的基本原理、知识与技术应用。

本教材可供职业院校土建类专业的教材或教学参考书，也可供从事智能建造工程技术设计人员、施工人员、生产技术人员、监理工程师和项目管理的人员业务参考书和培训教材。

为方便教师授课，本教材作者自制免费课件并提供习题答案，索取方式为：1. 邮箱 jckj@cabp.com.cn；2. 电话（010）58337285；3. 建工书院 http://edu.cabplink.com。

责任编辑：李天虹　李　阳
责任校对：刘梦然

职业教育智能建造工程技术系列教材
智能建造工程技术
王　鑫　杨泽华　主　编
国连斌　副主编

*

中国建筑工业出版社出版、发行（北京海淀三里河路9号）
各地新华书店、建筑书店经销
北京科地亚盟排版公司制版
北京圣夫亚美印刷有限公司印刷

*

开本：787毫米×1092毫米　1/16　印张：15¼　字数：356千字
2021年11月第一版　　2025年8月第四次印刷
定价：**50.00**元（赠教师课件）
ISBN 978-7-112-26773-6
（38596）

前 言

　　智能建造技术专业是教育部新增专业，是为了适应国家战略需求和建筑业转型升级，将建筑施工与电子信息、机械自动化、工程管理等技术相互融通发展的新工科专业。

　　我国是建造大国，但算不上建造强国。碎片化、粗放式的建造方式带来一系列问题，如产品性能欠佳、资源浪费较大、安全问题突出、环境污染严重和生产效率较低等等。人工智能背景下，建筑行业和建重工程技术专业转型升级，适应社会发展是大势所趋。智能建造符合建筑行业升级的需求，是建筑行业发展的趋势。通过制定工业化与信息化相融合的智能建造发展战略，可彻底改变碎片化、粗放式的工程建造模式。同时传统建造技术转型升级是全世界关注的热点话题，各国都提出了相应的产业长期发展愿景，如建筑工业化、"中国制造2025"、德国的"工业4.0"、美国的"工业互联网"等。为主动应对新一轮科技革命与产业变革，支撑服务创新驱动发展、"中国制造2025"等一系列国家战略，2017年2月以来，教育部积极推进新工科建设，先后形成了"复旦共识""天大行动"和"北京指南"，并发布了《关于开展新工科研究与实践的通知》和《关于推进新工科研究与实践项目的通知》，全力探索形成领跑全球工程教育的中国模式和中国经验，助力高等教育强国建设。因此智能建造技术专业的设立符合建筑业、制造业的转型升级的时代需求，是推进新工科建设的重要举措，已经成为相关高校人才培养的重要挑战。

　　高职院校开设智能建造技术专业培养应用型、技能型人才，与本科院校新工科智能建造工程专业培养研究型人才呼应互补，能实现人才层次的衔接。高职智能建造技术专业培养能够在智能设计、智能制造和智能施工、智能建造装备的操作方面满足智能制造体系运转的技术精英，将使智能建造技术人才培养取得重大突破，为建设行业的快速发展提供优质人才保障。

　　本教材在编写上面综合了众多建设类与信息类院校的综合特点，将当下流行的智慧工地、物联网与互联网技术、大数据与GIS技术、智能机器人与穿戴设备等融合在一起，又将BIM技术与装配式建筑技术整合在一起，深入浅出地、系统地阐述智能建造工程技术的原理与应用。本书在编写过程中，得到了许多兄弟院校、行业及企业相关领导、技术专家的鼎力支持与帮助，在此提出衷心的感谢。由于国内现有的资料与研究较少，因此在编写过程中，本教材参照了许多国内知名学者与专家的技术文献与书籍，对文献中的专家学者的努力研究表示敬意与感谢，他们为了编写此教材奠定了有力的研究基础与保障，在此一并表示谢意！

　　本教材教学单元1、2由辽宁城市建设职业技术学院王鑫编写。教学单元3~6由辽宁城市建设职业技术学院王鑫和郑州职业技术学院杨泽华共同编写，中交第四公路工程局有限公司建筑科技事业部技术总监张宁和中建一局集团建设发展有限公司钢结构与建筑工业化部副总经理吕雪源作技术指导。教学单元 7、8 由辽宁城市建设职业技术学院王鑫和国连斌共同编写。同时在编写本教材时，得到了辽宁城市建设职业技术学院的学生助理赵思梦、郭俊辰、张泽萌、姜弘家、赵月、赵诣、李振琢、蒋华驹等和相关的企业一线人员的鼎力帮助与大力支持，在此一并表示衷心的感谢！

　　本教材在编写时，尽管我们在探索教材特色建设方面做了许多努力，但由于编者水平有限，加之时间仓促，书中难免有疏漏之处，敬请广大读者批评指正。随着时间的推移，智能建造工程技术将在不断完善与发展之中，敬请大家在实际工作中以现行有效规范与文件作为工作依据。

目　录

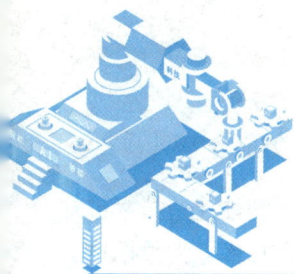

【学习目标】

　　通过本单元的学习，理解并认识智能建造的背景、概念、概况、特点、意义以及体系；简单概括智能建造需要的 BIM、CIS 设备、物联网、装配式、3D 打印、智能机器人及大数据应用管理技术；让学生对智能建造专业有一个初步的了解，并熟悉掌握此项技术，分析智能建造为我们带来的发展前景；解决目前工程项目中存在的问题。

【学习内容】

　　（1）了解智能建造的背景，熟悉智能建造需要运用的各项技术；
　　（2）认识智能建造的概念，列举已经存在的实际项目；
　　（3）对比智能建造目前可以解决的问题及真正投入使用会存在的问题；
　　（4）熟悉智能建造的全套管理系统应用；
　　（5）了解智能建造对学校和企业的发展意义；
　　（6）掌握智能建造系统技术架构及应用。

【课程思政】

　　本教学单元从中国国情出发，从环境保护、建国强国、工匠精神三个维度入手，教育学生要全面推行绿色、循环、低碳发展，把节约资源和保护环境放在第一位，符合我国的可持续发展的基本原则，符合当代中国新时代提出的"既要金山银山，又要绿水青山"的建设目标。

1.1　智能建造背景

　　智能建造是信息化、智能化与工程建造过程高度融合的创新建造方式，智能建造技术包括智慧工地、BIM 技术、GIS 技术、物联网技术、装配式技术、智能机器人技术、大数据技术、3D 打印技术等。智能建造的本质是基于物理信息技术实现智能工地，并结合设计和管理实现动态配置的生产方式，从而对施工方式进行改造和升级。智能建造技术的产生使各相关技术之间急速融合发展，应用在建筑行业中使设计、生产、施工、管理等环节更加信息化、智能化，智能建造正引领新一轮的建造业革命。智能建造的发展主要体现在设计过程的建模与仿真智能化；施工过程中利用基于人工智能技术的机器人代替传统施工方式；管理过程中通过物联网技术日趋智能化；运维过程中结合云计算和大数据技术的服务模式日渐形成。

　　目前，全球的建造业发展均呈现智能化、信息化、工业化态势，数字化的发展模式是各国重点研究的内容，建筑行业应用智能建造技术势在必行，将会促进国内建设业的升级转型。智能建造技术将在建设工程全寿命周期起到至关重要的作用。

1.1.1　智慧工地

　　智慧工地就是充分利用新一代信息技术，来改变施工项目现场参建各方的交互方式、工作方式和管理模式。新形势下的智慧工地应包含全模型、碎片化应用、大数据、大协同等新的含义。智慧工地是人工智能技术在建筑业生产作业过程中的集中体现。从技术层面而言，智慧工地能够充分集成 BIM、虚拟现实、传感器网络、可穿戴设备等，是一种实现信息技术与建造技术充分融合的手段。从管理层而言，智慧工地能够对建设项目各干系人进行有效协调，从建设项目大数据中提取出有价值的知识，从而支持管理决策，是一种全新的数据导向型建设项目管理模式（图 1-1）。

5G 智慧
工地

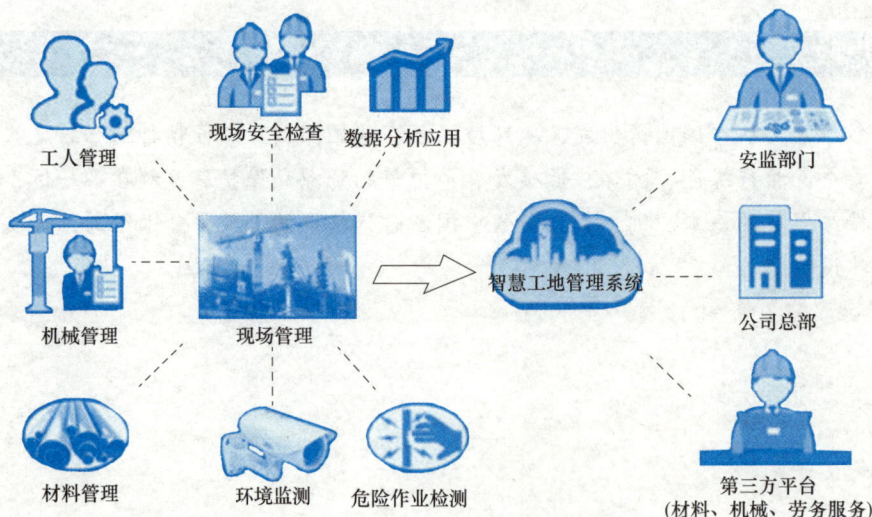

图 1-1　智慧工地管理系统

1.1.2 BIM 技术

BIM 技术起源于美国，它由佐治亚理工大学 Chuck Eastman 教授于 1975 年首次提出。根据 Chuck Eastman 教授的观点，BIM 是以三维数字技术为基础，综合工程项目各种相关信息数据模型的新型系统集成管理平台。

BIM 在美国、英国、北欧、德国、澳大利亚、新加坡、日本、韩国等国家和地区应用较早，在这些国家和地区的建筑行业中，BIM 技术的应用率现已在 50% 以上，且应用体系相对成熟。

美国是最早批推行 BIM 技术应用的国家之一，目前 BIM 技术在美国已广泛应用到各类建筑项目中，且创建了各类 BIM 协会。早在 2007 年 12 月，美国国家建筑科学研究院就发布了美国国家 BIM 标准。美国建筑行业引领 BIM 应用的为建筑师，随后拥有大量资金以及风险意识的施工企业也逐渐尝试应用 BIM 技术。美国更注重 BIM 模型与现场数据的交互，采用较多的技术有激光定位技术、无线射频技术和三维激光扫描技术。在软件应用方面，由美国欧特克公司推出的 Autodesk Revit 软件已普及。BIM 的应用贯穿建筑的整个生命周期（图 1-2）。

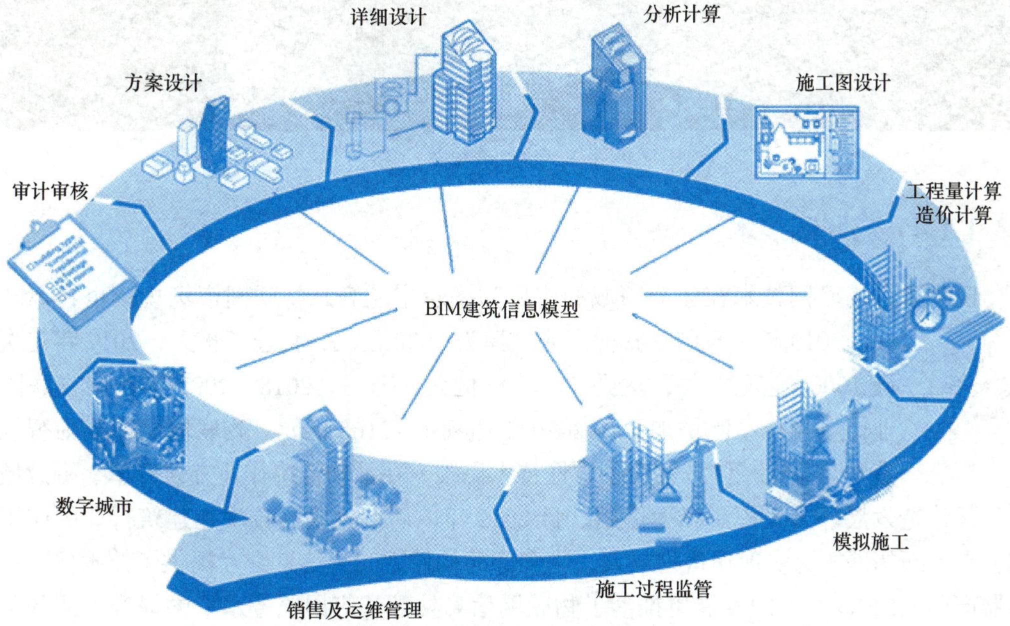

BIM 的发展

图 1-2 BIM 服务于全生命周期过程

BIM 作为强有力的技术支撑手段，贯穿于建筑全生命周期管理引领智慧建造。借助 BIM 保证工程项目各参与方流通信息来源的单一性和准确性，实现项目各参与方之间的信息共享，促进建筑全生命周期智慧化管理，实现建筑全生命周期各阶段的质量、进度、安全和成本的集成化管理，对建设项目生命周期中的成本、投资、能源消耗等情况进行分析预测和控制。

1.1.3 GIS 技术

GIS 的
应用

GIS 技术（Geographic Information System，地理信息系统）是多种学科交叉的产物，它以地理空间为基础，采用地理模型分析方法，实时提供多种空间和动态的地理信息，是一种为地理研究和地理决策服务的计算机技术系统（图 1-3）。

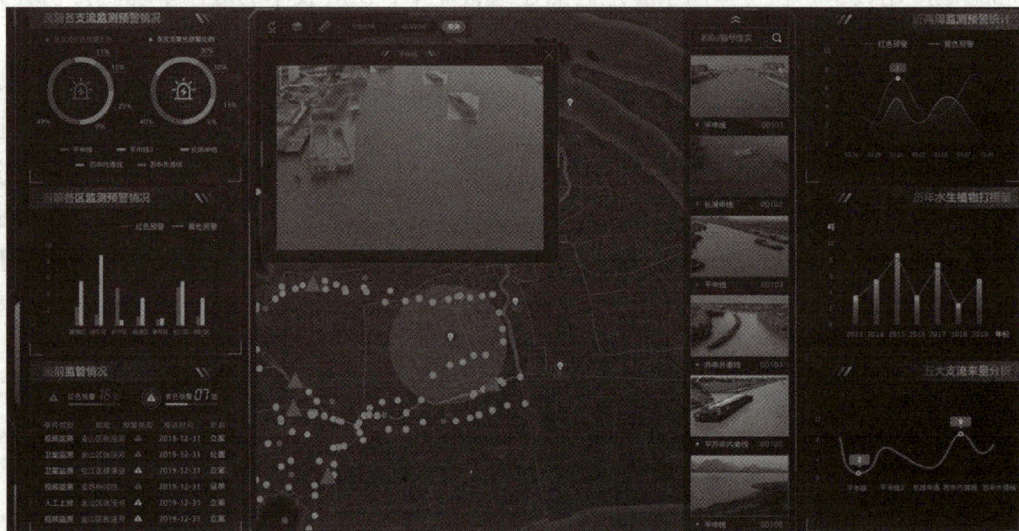

图 1-3　GIS 可视化地图

1.1.4 物联网技术

物联网的
发展

现阶段，物联网技术在建造领域的应用频率越来越高，物联网市场规模也在不断扩大。2013 年，我国物联网产业规模为 5000 亿元，且连年扩大，2017 年首次突破 10000 亿元大关，达到了 11500 亿元；随后，2018—2020 年我国物联网产业市场规模不断增加，在 2020 年达到了 22165 亿元。物联网已然成为智能建造和信息化整体方案的主导性技术思维，在推动传统作业方式变革、智慧城市的智慧建造发展环节发挥了巨大作用。自 2012 年以后，物联网技术在建筑行业的应用范围就在不断拓展，为实现建筑物与人、物和部品构件之间的信息交互提供了技术保障；传感器产业、RFID 产业的发展更推动了物联网信息处理和应用服务水平的提升，使基于物联网的建筑管理工作质效不断提升（图 1-4）。

1.1.5 装配式技术

装配式建
筑的优势

装配式建筑（预制装配式建筑，Prefabricated Construction，简称 PC）改变了传统建筑的建造方式，把传统建造中的大量需要现场作业的工序转变成工厂化制作，在现场进行吊装装配而成的建筑（图 1-5）。实现了建筑从传统的"建造"向"制造"的转变。

图 1-4　物联网

图 1-5　装配式建筑

　　装配式建筑的形式主要有预制装配式混凝土结构、预制钢结构、预制木结构、预制砌体结构等，采用标准化设计、工厂化生产、工业化装配、流水化作业、信息化管理等，体现了现代建筑工业化的生产方式。

5

随着建筑工业化的推进和发展，装配式建筑在经历了短暂的"低谷期"之后，又成为建筑市场的新一轮热潮，且基于BIM的装配式建筑研究已取得初步成效，但目前的研究主要集中于装配式建筑效益优势、BIM在装配式建造阶段的应用点研究以及建筑工业化水平评价体系研究，缺少对基于BIM的装配式建筑智能建造管理体系的研究。所以对于装配式建筑智能建造管理体系的构建，在我国还有待提高。

1.1.6　智能机器人技术

智能机器人的研发过程遵循科学且可行的研发路径，其研发涉及工业机器人应用开发、自动化设备编程、嵌入式软件设计等多项机器人技术。

机器人在研发过程中分为机械、电路、程序三大部分。机械部分负责保证机器人的结构稳定性能，电路则负责给机器人各模块提供稳定的供电系统，程序负责联动机器人的各部分，配合安装在机器人上的各种传感器，将机器人真正驱动起来。

机器人研发过程遵循科学的试验方法，通过将大任务拆分成多项小任务的方式寻找解决方案。对于物料搬运的过程，采用了夹取、吸取等多种方式进行理论计算与小规模试验，制定出机械结构方面的可靠的解决方案。在电路布线方面，大量采用工业级电缆，保障了机器人的稳定性。软件设计采用模块化、参数化的设计思想，将功能层层封装，便于后续功能的开发及拓展（图1-6）。

图 1-6　焊接机器人

1.1.7　大数据技术

在新一轮工业革命的驱动下和智能建造的不断演进过程中，中国大数据智能建造已由自动化和集成技术纵深发展转向新一代智能建造——数字化网络化智能化建造，这是应对各国政府普遍重视智能建造环境下中国智能建造的全新布局。发展智能建造是推动发达国家或地区建造业进步的内在要求，同时可运用其中的原理引导中国建造业从传统建造向智能建造转型升级，最终形成大数据智能建造的新型模式（图1-7）。

图 1-7 大数据服务平台

1.1.8 3D 打印技术

3D（Three Dimensions）打印（3DP）的学术名称是"增材制造"，其中，"增材"是指通过将原材料沉积或粘合成材料层来构成三维立体的一种打印方法；"制造"则是指 3D 打印机依据可测量、可重复及系统性的过程制造材料层。3D 打印是以数字模型文件作为基础，通过用粉末状塑料或金属等可粘合材料进行逐层添加制造三维物体的技术，它将材料、生物、信息和控制等一系列技术相互融合渗透，在一定程度上完成了向智能化演进的具有变革性的发展历程（图 1-8）。

图 1-8 3D 打印机

1.2 智能建造概念

1.2.1 什么是智能建造

智能建造技术涉及建筑工程的全生命周期，主要包括智能规划与设计、智能装备与施工、智能设施与防灾和智能运维与服务 4 个模块。

1.2.2 智能建造概述

智能建造是一种工程建造的创新发展模式，属于传统工程建造系统与智能化、信息化、数字化技术深度结合下的产物。相比于国外发达国家，我国的智能建造技术以及相关工作模式起步晚、发展不完善，在基础理论技术体系、中长期发展战略、智能建造装备、关键智能建造技术、软硬件产品开发和人才储备方面都存在不足。在实际应用环节，智能建造需要贯穿建筑工程的全生命周期，应实现智能规划设计、智能生产、智能施工和智能运维服务。智能建造管理工作当中，最为常见的技术就是 BIM 技术和物联网技术，二者的有机结合为实现低成本、高品质、短时效和强细节的有效综合管理提供了保障（图 1-9）。

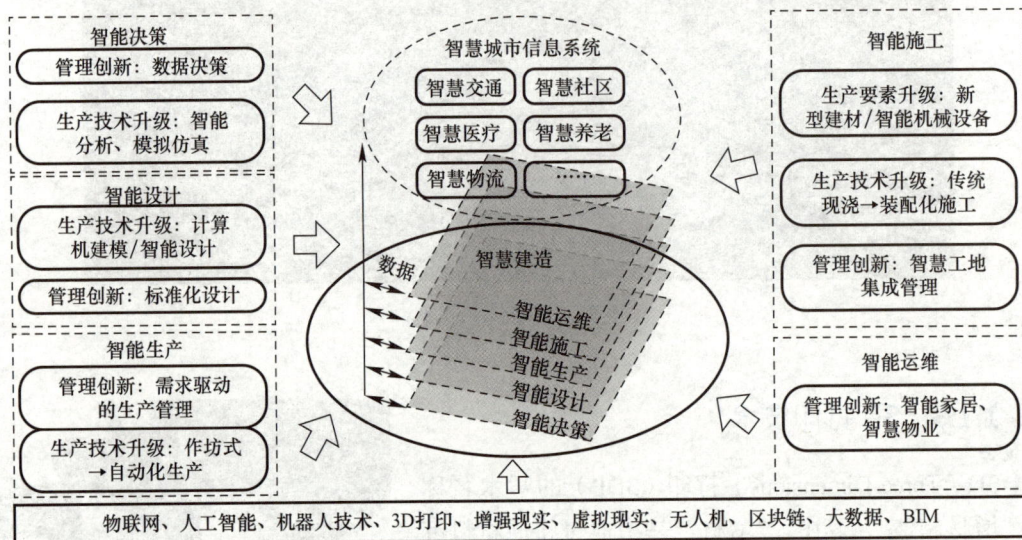

图 1-9 智能建造理论框架

1.2.3 智能建造系统

作为智能建造概念的实现形式，智能建造系统是一种基于"信息-物理"融合的智能系统，通过物理施工进程与信息计算进程的循环反馈机制实现两者之间的深度集成与实时交互，形成"状态监控-实时分析-优化决策-精准控制"的闭环体系，进而解决项目建造过程中的复杂性与不确定性问题，提高建造资源的配置效率，实现建造过程的动态优化机制。

从技术实现的角度讲，智能建造系统属于信息物理系统的范畴，在此基础上融合了精益建造的管理思想，以技术系统的发展驱动智能建造模式的实现。

1.2.4 智能建造实例

1. 巴林世贸中心

巴林世贸中心（图 1-10）是一个现代化的风力发电塔，主要是利用波斯湾的海风进行发电。这个智能建筑的形状特殊，它能引导气流通过三个风力发电涡轮机，每个涡轮直径 3m，由两个 240m 的摩天大楼支撑。通过安置在引擎舱的变速箱，发电机以每分钟 1500 转的转速运行发电，产生电量可以满足建筑内 11%~15% 的能源需求。

图 1-10 巴林世贸中心

2. 香港 ZCB 大厦

这是香港第一座"零碳"建筑，ZCB 大厦（图 1-11）将被动设计[①]的特点与高能效主动系统结合在一起，如 HVLS 风机（大容量、低速）、高温冷却系统和智能控制系统连接，并采用了先进的光伏技术可将能源需求减少 25%。该建筑的发电量目前已足以满足其自身需求，ZCB 的目标是"超能"，通过产生比自身需要更多的电量，以抵消其建设过程中所需材料的碳排放。定制的 BEPAD 系统（建筑环境性能评估仪表盘）实时显示数据并评估建筑的环境性能，提供能耗、用水、房间占用率、室内空气质量等信息，这些信息来自建筑中 2800 个检测点数据。

图 1-11 ZCB 大厦

3. 阿布扎比 AlBahar 塔

AlBahar 塔（图 1-12），高 145m，它使用了动态遮阳外立面，更好的散热性可以减少空调的使用，对建筑减少 50% 的太阳光热影响，每年减少碳排放达 1750t。外立面配备了

[①] 被动设计，指被动式建筑节能设计。就是通过建筑物本身来收集、储蓄能量（而非利用耗能的机械设备）使得与周围环境形成自循环的系统，减少用于建筑照明、采暖及空调的能耗。这样能够充分利用自然资源，起到节约能源的作用。

图 1-12　AlBahar 塔

一个智能系统，完全由计算机控制，可以自动适应不断变化的天气条件。设计灵感来自阿拉伯国家一种传统的 Mashrabiya 自然通风装置。由于 Mashrabiya 的作用，外立面可以加速风的流动，风与充满水的湿表面、水池充分接触后，将冷空气传播到建筑内部。

1.3　智能建造概况

建筑行业在发展过程中，逐步引入新技术，不断提高生产力水平。过去 40 年，建筑行业引入最重要的新技术包括 CAD 技术和信息化管理技术，极大地推动行业发展。智能建造是工程建设系统应用新一代信息技术和新兴应用技术的建造模式，可以说，智能建造给建筑行业带来了新机遇。

1.3.1　智能建造可提高建筑行业生产力水平

历史上，机械生产代替手工劳动，依靠电子系统和信息技术实现生产自动化，每次科技进步的成果都带动了生产力的巨大提升。智能建造作为新型建造模式，应起同样的作用，促进建筑行业的转型升级（图 1-13）。

图 1-13　智能建造生产车间

1.3.2　智能化管理系统可提高管理水平，真正实现管理效益

从管理上看，整个行业强调企业的信息化管理，提升管理水平（图 1-14）。通过智能化管理系统，使企业管理再上一个台阶。以施工项目计划管理为例，目前需要人工排程、确定计划，这样确定的计划优化程度取决于排程人员的经验，而如果采用智能化计划管理功能，则只需排程人员输入有关基础信息，不管排程人员是否有经验，系统均会自动生成优化的计划。另外，从制造阶段或施工阶段看，通过使用智能化装备或设备，可大大提高工作效率，提高工作质量，降低安全风险。如在超高层建筑施工过程中使用造楼机，工期至少可缩短 20%，施工质量和安全更有保障。

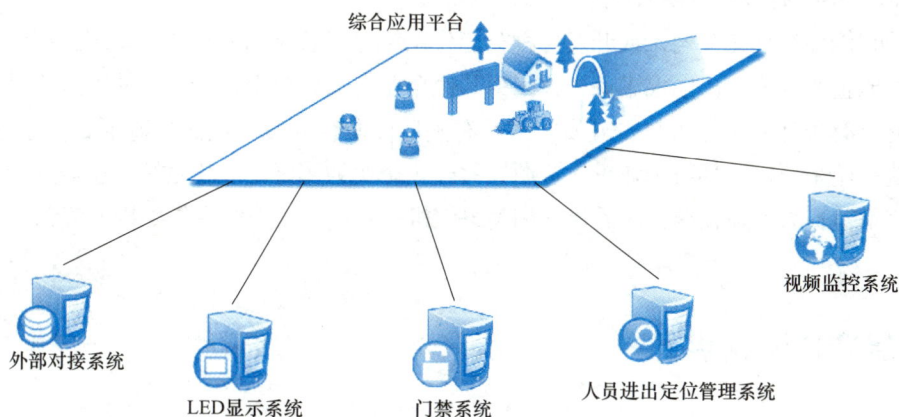

图 1-14　智能建造管理流程

1.3.3　可解决建筑行业面临的急迫问题

智能建造通过智能化系统，可实现完全取代人或少人化，且可改善操作环境、降低危险度。另外，据有关资料显示，因施工中错误信息传递导致返工，使建筑工程中存在 30% 的浪费。智能建造通过 BIM 等手段，可防止错误的信息传递，或通过信息共享去除错误信息，从而避免返工，大幅度减少浪费，为企业带来效益。

1.3.4　智能建造迎来的挑战

智能建造虽然美好，但不可能一蹴而就。从智能建造理念的提出，到完全实现的过程中，智能建造需运用一系列智能化系统来实施，而智能化系统需要人们利用新一代信息技术和新兴应用技术来实现。目前已出现部分智能化建造系统，如基于 BIM 的设计系统、造楼机、焊接机器人、3D 打印机、砌墙机器人等，通过利用这些系统，可帮助用户实现建造过程中局部的智能化，但要实现整个过程的智能化，仍存在一些主要挑战。

1. 需不断完善智能化系统

智能化系统刚诞生时需不断改进才能走向成功。以施工现场使用的焊接机器人为例，某机械化施工企业从开发出产品原型到完善使用，经历了长达 8 年的过程。当然，若系统

相对简单，花费的时间也会短些。

2. 需集成应用新技术开发智能化系统

建筑工程最显著的特性是建造场地的流动性、产品的单件性和多样性。因此，需开发和利用多种多样的系统。目前已存在的智能化系统远远不能满足智能建造的需求。同时，在智能化系统开发过程中，需充分集成应用新技术。如人类工作，需综合运用感知、记忆、计算、分析等能力，智能化系统同样需要具有这些能力才能替代人类，而每种能力对应到信息技术中，都有不同的技术与之对应。如对应于记忆能力可以有 BIM 技术、GIS 技术，对应于分析能力可以有大数据技术等。所以，智能化系统意味着多项信息技术的综合应用，不仅带来技术开发的难度，也会增加智能化系统的复杂度。

3. 需大量、有效的资源投入

实施智能建造首先要购入或开发各种智能化系统，但若仅购入智能化系统进行应用，即使能够形成企业竞争力，也很难持久，因为其他企业得知后会很快购入，并迅速获得该竞争力。为此，有条件的企业可自行开发，或与有关厂商联合开发，从而打造企业核心竞争力。但无论购入还是开发，都需企业投入资源。另外，企业为用好智能化系统，还需进行人员培训、应用示范；为加强领导，还需建立相关组织机构，这些工作同样需要投入资源。

1.4 智能建造特点

智能建造特点即"以建筑为平台，兼备建筑自动化设备 BA、办公自动化 OA 及通信网络系统 CA，集结构、系统、服务、管理与它们之间的最优化组合，向人们提供一个安全、高效、舒适、便利的建筑环境"。

1.4.1 生产设备网络化，实现车间"物联网"

工业物联网的提出给"中国制造 2025"、工业 4.0 提供了一个新的突破口。物联网是指通过各种信息传感设备，实时采集任何需要监控、连接、互动的物体或过程等各种需要的信息，其目的是实现物与物、物与人，所有的物品与网络的连接，方便识别、管理和控制。传统的工业生产采用 M2M（Machine to Machine）的通信模式，实现了设备与设备间的通信，而物联网通过 Things to Things 的通信方式实现人、设备和系统三者之间的智能化、交互式无缝连接（图 1-15）。

在离散制造企业车间，数控车、铣、刨、磨、铸、锻、铆、焊、加工中心等是主要的生产资源。在生产过程中，将所有的设备及工位统一联网管理，使设备与设备之间、设备与计算机之间能够联网通信，设备与工位人员紧密关联。

如：数控编程人员可以在自己的计算机上进行编程，将加工程序上传至 DNC 服务器，设备操作人员可以在生产现场通过设备控制器下载所需要的程序，待加工任务完成后，再通过 DNC 网络将数控程序回传至服务器中，由程序管理员或工艺人员进行比较或归档，整个生产过程实现网络化、追溯化管理。

图 1-15　智能化车间

1.4.2　生产数据可视化，利用大数据分析进行生产决策

"中国制造 2025"提出以后，信息化与工业化快速融合，信息技术渗透到了离散制造企业产业链的各个环节，条形码、二维码、RFID、工业传感器、工业自动控制系统、工业物联网、ERP、CAD/CAM/CAE/CAI 等技术在离散制造企业中得到广泛应用，尤其是互联网、移动互联网、物联网等新一代信息技术在工业领域的应用，标志着离散制造企业也进入了互联网工业的新的发展阶段，所拥有的数据也日益丰富。离散制造企业生产线处于高速运转，由生产设备所产生、采集和处理的数据量远大于企业中计算机和人工产生的数据，对数据的实时性要求也更高（图 1-16）。

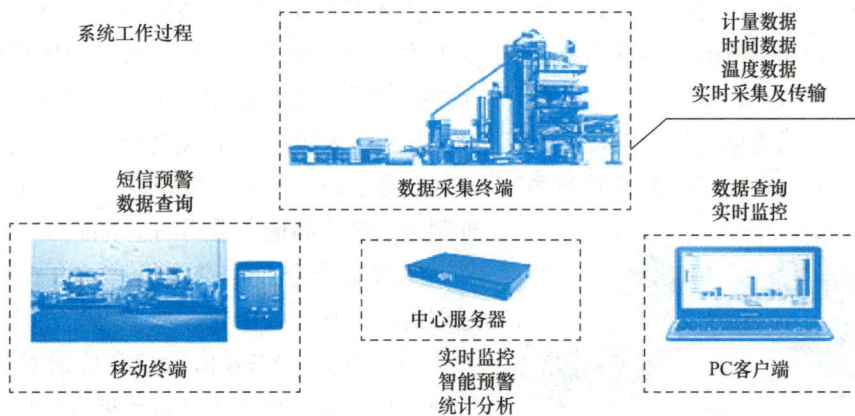

图 1-16　智能系统分析流程

在生产现场，每隔几秒就收集一次数据，利用这些数据可以实现很多形式的分析，包括设备开机率、主轴运转率、主轴负载率、运行率、故障率、生产率、设备综合利用率（OEE）、零部件合格率、质量百分比等。首先，在生产工艺改进方面，在生产过程中使用这些大数据，就能分析整个生产流程，了解每个环节是如何执行的。一旦有某个流程偏离

了标准工艺，就会产生一个报警信号，能更快速地发现错误或者瓶颈所在，也就能更容易解决问题。利用大数据技术，还可以对产品的生产过程建立虚拟模型，仿真并优化生产流程，当所有流程和绩效数据都能在系统中重建时，这种透明度将有助于制造企业改进其生产流程。再如，在能耗分析方面，在设备生产过程中利用传感器集中监控所有的生产流程，能够发现能耗的异常或峰值情形，由此便可在生产过程中优化能源的消耗，对所有流程进行分析将会大大降低能耗。

1.4.3　生产文档无纸化，实现高效、绿色制造

构建绿色制造体系，建设绿色工厂，实现生产洁净化、废物资源化、能源低碳化是"中国制造2025"实现"制造大国"走向"制造强国"的重要战略之一。目前，在离散制造企业中产生繁多的纸质文件，如工艺过程卡片、零件蓝图、三维数模、刀具清单、质量文件、数控程序等等，这些纸质文件大多分散管理，不便于快速查找、集中共享和实时追踪，而且易产生大量的纸张浪费、丢失等。

生产文档进行无纸化管理后，工作人员在生产现场即可快速查询、浏览、下载所需要的生产信息，生产过程中产生的资料能够即时进行归档保存，大幅降低基于纸质文档的人工传递及流转，从而杜绝了文件、数据丢失，进一步提高了生产准备效率和生产作业效率，实现绿色、无纸化生产。

1.4.4　生产过程透明化，智能工厂的"神经"系统

"中国制造2025"明确提出推进制造过程智能化，通过建设智能工厂，促进制造工艺的仿真优化、数字化控制、状态信息实时监测和自适应控制，进而实现整个过程的智能管控。在机械、汽车、航空、船舶、轻工、家用电器和电子信息等离散制造行业，企业发展智能制造的核心目的是拓展产品价值空间，侧重从单台设备自动化和产品智能化入手，基于生产效率和产品效能的提升实现价值增长。因此其智能工厂建设模式为推进生产设备（生产线）智能化，通过引进各类符合生产所需的智能装备，建立基于制造执行系统MES（图1-17）的车间级智能生产单元，提高精准制造、敏捷制造、透明制造的能力。

MES系统的应用

离散制造企业生产现场，MES在实现生产过程的自动化、智能化、数字化等方面发挥着巨大作用。首先，MES借助信息传递对从订单下达到产品完成的整个生产过程进行优化管理，减少企业内部无附加值活动，有效地指导工厂生产运作过程，提高企业及时交货能力。其次，MES在企业和供应链间以双向交互的形式提供生产活动的基础信息，使计划、生产、资源三者密切配合，从而确保决策者和各级管理者可以在短时间内掌握生产现场的变化，做出准确的判断并制定

图1-17　MES分析图

快速的应对措施，保证生产计划得到合理而快速的修正、生产流程畅通、资源充分有效地得到利用，进而极大限度地发挥生产效率。

1.4.5 生产现场无人化，真正做到"无人"工厂

"中国制造2025"推动了工业机器人、机械手臂等智能设备的广泛应用，使工厂无人化制造成为可能。在离散制造企业生产现场，数控加工中心、智能机器人和三坐标测量仪及其他所有柔性化制造单元进行自动化排产调度，工件、物料、刀具进行自动化装卸调度，可以达到无人值守的全自动化生产模式（Lights Out MFG）。在不间断单元自动化生产的情况下，管理生产任务优先和暂缓，远程查看管理单元内的生产状态情况，如果生产中遇到问题，一旦解决，立即恢复自动化生产，整个生产过程无需人工参与，真正实现"无人"智能生产（图1-18）。

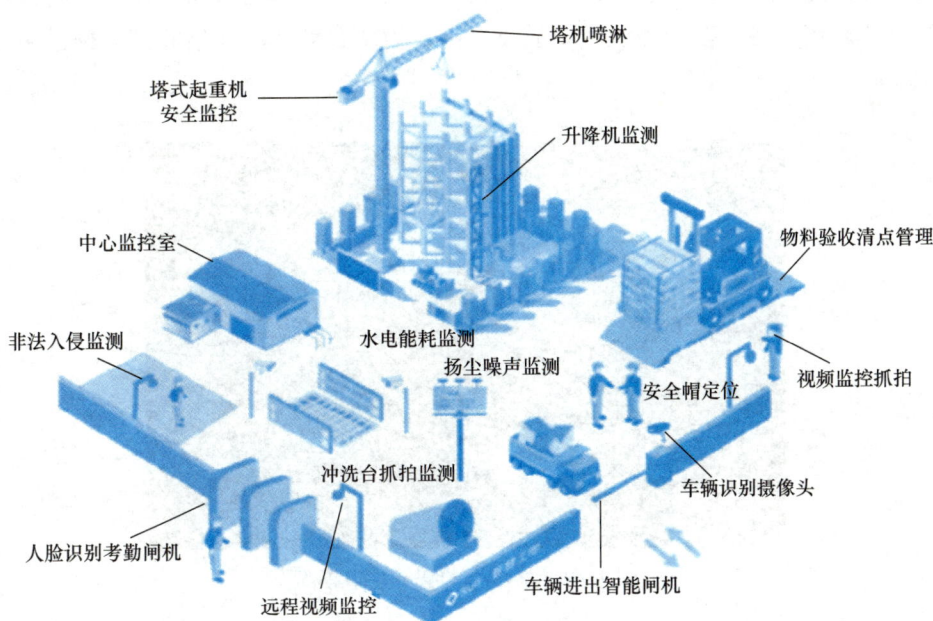

塔机喷淋
塔式起重机安全监控
升降机监测
中心监控室
物料验收清点管理
非法入侵监测
水电能耗监测
扬尘噪声监测
安全帽定位
视频监控抓拍
冲洗台抓拍监测
车辆识别摄像头
人脸识别考勤闸机
远程视频监控
车辆进出智能闸机

图 1-18 施工现场自动化

1.5 智能建造的意义

我们处在"互联网、大数据、人工智能"的第四次产业革命新时代，这一轮产业革命的核心是智能化与信息化，将数字技术、物理技术、生物技术有机融合在一起，迸发出强大的力量，影响着经济和社会，毋庸置疑也将促使建筑行业向数字化、信息化、智能化、系统性集成建造的方向发展。智能建造是面向工程产品全寿命期，实现泛在感知条件下建造生产水平提升和现场作业赋能的高级阶段，是工程立项策划、设计和施工技术与管理的信息感知、传输、积累和系统化过程，是构建基于互联网的工程项目信息化管控平台，在

既定的时空范围内通过功能互补的机器人完成各种工艺操作，实现人工智能与建造要求深度融合的一种建造方式。

1.5.1　智能建造对院校的意义

随着我国经济由高速增长转向高质量发展阶段，建筑业逐渐进入存量时代，发展面临诸多挑战：如传统管理体制和建造模式相对落后，效率不高；劳动密集、现场作业环境差、劳动强度高，劳动者老龄化严重；行业的信息化水平不高，智能建造推进总体滞后；少有高效实用的人工智能工具和施工现场作业机器人；缺乏切实推动工程项目智能建造有效实施的数字化管控平台，促进行业转型升级的效果不明显。但目前，我国已经拥有世界最大的建筑信息模型（BIM）技术应用的体量，在机器人的研制方面也已起步，但我们没有自主知识产权的 BIM 基础平台和三维图形系统及其引擎。

因此各大高校应开设智能建造这一科目的课程，将创新能力培养作为提高人才培养质量的重要举措，融入新的专业教学质量标准，为融合创新人才培养体系提供实践平台（图 1-19）。

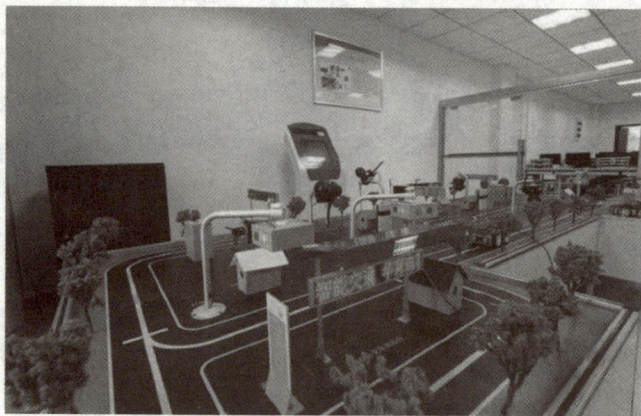

图 1-19　学校中的智能建造模型

1.5.2　智能建造对企业的意义

长期以来，我国建筑业主要依赖要素投入、大规模投资拉动发展，企业管理标准化程度低，信息化应用难，管理主体多元，目标诉求不一，管理信息透明难；工业化、信息化程度较低，建筑业与先进制造技术、信息技术、节能技术融合不够，机器人和智能化施工装备能力不强，迫切需要利用 5G、人工智能、物联网等新技术，升级传统建造方式。积极推进建筑工业化与智能建造融合发展，智能建造已成为行业发展的必然趋势。企业要紧紧抓住这一历史性机遇，积极在智能建造领域进行创新和积累，以新的姿态拥抱行业发展变革，持续提升自身的技术实力，以技术创新实现新的发展。企业要充分结合自身实力，强化风险防控意识，在深刻理解国家各项政策的基础上，借助新技术，积极创新商业模式，实现多样化发展，取得新的突破。

　　智能建造为企业带来了极大的便利，例如：美好置业江夏房屋智造基地配备了德国叠合剪力墙技术体系，采用艾巴维、沃乐特生产线和先进的 BIM 技术、Myhome-YTWO 企业级云平台，以工业化、智能化、数字化方式实现更快速、更高效、更低廉的房屋规模生产，实现像"造汽车一样造房子"；湖南省装配式建筑全产业链智能建造平台，依托自主可控 BIM 技术，融合互联网、云计算、物联网、大数据等新型信息技术，建立全流程标准化和数字化应用体系，实现了装配式建筑的数字设计、智慧生产和智能施工；广州市施工图三维数字化审查系统，使用行业通用、统一、开放的标准数据格式，规整了多源 BIM 模型，利用云端引擎在网页端进行模型浏览与智能审查；北京亦庄 5G 智慧工地，中国联通在工地现场建设 5G 专属网络，采用全 5G 的形式实现 1080P 高清视频和 4K 超高清视频低时延传输，各级管理人员可以在任何地方查看现场施工的直播视频，并进行变焦、转动等操作，为远程监管、数字旁站、问题 AI 分析、数字施工日志、设备远程操作奠定基础。

　　企业要按照《关于推动智能建造与建筑工业化协同发展的指导意见》来进行技术改革，《关于推动智能建造与建筑工业化协同发展的指导意见》从加快建筑工业化升级、加强技术创新、提升信息化水平、培育产业体系、积极推行绿色建造、开放拓展应用场景、创新行业监管与服务模式七个方面，提出了推动智能建造与建筑工业化协同发展的工作任务主要有四条：

　　一是要以大力发展装配式建筑为重点，推动建筑工业化升级。

　　二是要以加快打造建筑产业互联网平台为重点，推进建筑业数字化转型。

　　三是要以积极推广应用建筑机器人为重点，促进建筑业提质增效。

　　四是要以加强示范应用为重点，提升智能建造与建筑工业化协同发展整体水平。

　　智能建造是通过计算机技术、网络技术、机械电子技术、建造技术与管理科学的交叉融合，促使建造及施工过程实现数字化设计、机器人主导或辅助施工的工程建造方式，是加快建筑业转型升级，实现建筑业现代化的主导途径。智能建造带给企业很多便利，能够解决劳动力短缺的问题，通过这一项技术可以大大节省时间，提高工作效率，对企业自身发展非常有好处（图 1-20）。

图 1-20　企业中的智能建造

1.6 智能建造体系

智能建造是一个复杂的多目标、多属性的综合性智慧化体系，建立智能建造系统通用体系结构，以明确系统的基本功能框架、各类组件及其依赖关系、交互机制与约束条件等，为设计开发面向不同工程类型的智能建造系统提供理论依据。

1.6.1 智能建造系统功能

智能建造系统总体功能体系架构涵盖建造能力与建造过程两大体系（图 1-21）。建造能力包括施工组织、施工技术、建造资源与约束条件，这些因素是构成智能建造系统的基础。建造过程是一个建立在精益建造理论基础上的"计划 - 执行 - 监控 - 优化"迭代过程，通过各项技术手段使智能建造系统拥有类似于人类智能的自组织、自适应与自学习能力，从而减少建造过程中对人为决策的依赖性。

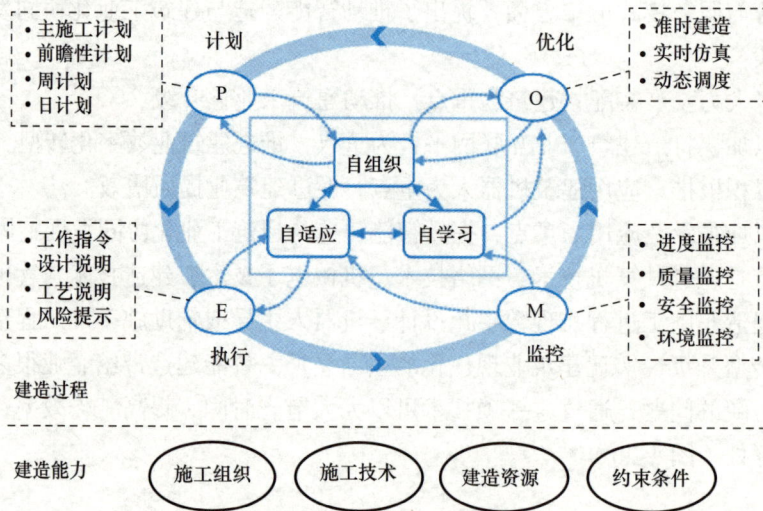

图 1-21　智能建造系统功能

1.6.2 智能建造系统技术架构

智能建造系统的技术架构（图 1-22）建立在物联网、云计算、BIM、大数据以及面向服务架构等技术的基础上，形成一个高度集成的信息物理系统。物联网通过各类传感器感知物理建造过程，通过接入网关向云计算平台传送实时采集的监控数据。云计算平台为大数据的存储与应用、基于 BIM 的实时建造模型以及各项软件服务提供了灵活且可扩展的信息空间，支持不同专业的项目管理人员在统一的平台上共享信息并协同工作。在信息空间中经过分析、处理与优化后形成的决策控制信息再通过物联网反馈至物理建造资源，实现对施工设备的远程控制以及对施工人员的远程协助。

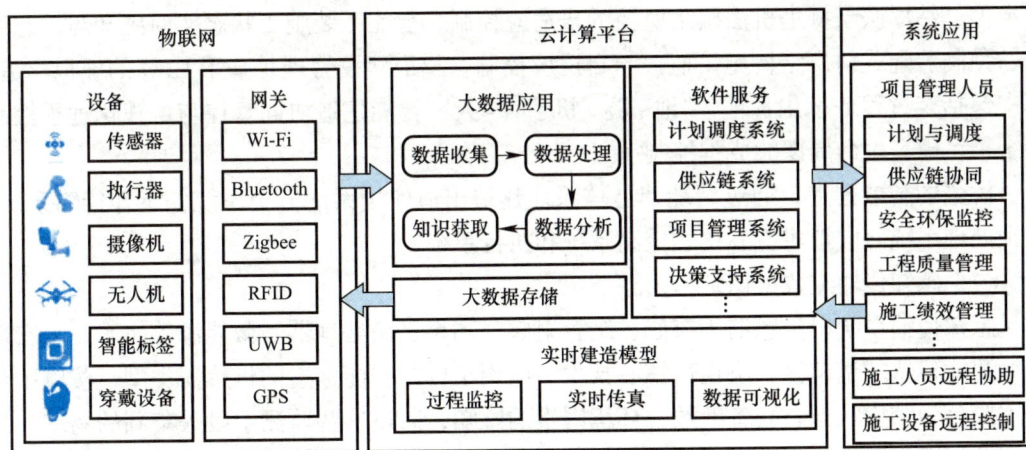

图 1-22 智能建造系统技术

1.6.3 智能建造体系的应用

深中通道钢壳混凝土沉管隧道就利用了智能建造体系，首先进行沉管钢壳智能制造：研发钢壳小节段车间智能制造、中节段数字化搭载、大节段自动化总拼生产线。其中小节段车间智能制造是核心，研发"四线一系统"智能制造生产线，具体包括板材 / 型材智能切割生产线、片体智能焊接生产线、块体智能焊接生产线、智能涂装生产线、车间制造执行过程的信息化管控系统。其次是钢壳混凝土沉管自密实混凝土智能浇筑：①研发智能化浇筑装备和智能浇筑小车；②基于 BIM、智能传感和物联网技术，研发混凝土生产、运输、浇筑、检测的钢壳沉管混凝土浇筑全过程智能化、信息化管理系统，利用大数据，实现沉管预制各环节任务智能分配、实时监控记录以及施工缺陷快速定位、自动生成报表的优质、高效、智能化、精细化管理。然后是钢壳混凝土密实度智能化检测设备：结合定位、激振器、传感器、控制主机等功能，提出脱空位置精确定位智能化检测方法，研发出阵列式智能冲击映像设备，实现了钢壳混凝土的快速检测，同时可实现精准检测缺陷脱空位置、脱空面积、脱空高度，可视化处理形成二维或三维图像。最后是钢壳沉管管节智慧安装：为降低施工风险、保障水上公共安全、提高对接精度、减少疏浚量，结合项目需求，研发沉管运输安装一体船。

铁路隧道建造也是应用了智能建造这一体系，铁路隧道智能建造技术体系分为隧道勘察设计、隧道工程施工、隧道建设管理三大部分。其中隧道勘察设计是基于 GIS 的工程勘察和基于 BIM 的工程设计，基于 GIS 的工程勘察包括了空天地一体化隧道地质勘察预报、基于 GIS 的智能化量测、隧址范围内地形地貌全要素信息获取与快速处理、隧道工程地质和环境综合勘察、基于隧址范围内地址信息的综合勘察，进行了铁路隧道工程地质环境信息综合勘察判释；基于 BIM 的工程设计包括了 BIM 建模、围岩自动分级与爆破参数自动优化、设计参数智能化选择与修正、协同设计、三维图纸存档、数字化设计交付、基于 AI 虚拟现实与 BIM 技术的建造过程展示。隧道工程施工是基于 BIM 的土建工程施工，包括了围岩监控量测与超前地质预报、洞内循环作业优化与有害气体检测、火工品管理与人员定位、钻爆法与掘进机法施工监控的自适应控制、智能工装施工状态实时感知与动态调控、预制装配式衬砌结构施工监控与自适应控制。隧道建设管理是基于 BIM 的虚拟建造，其中包括全过程数字化管理、"地 - 隧 - 机 - 信 - 人"智能建造协同管控与可视化远程控制系统、考虑全生命周期的成本控制。

桥梁的智能建造，通过智能建造体系而建造出适应桥梁的五个系统：感知传输系统、识别处理系统、虚拟建造系统、控制系统和执行系统。

（1）感知传输与数据识别

感知传输系统以传感器为核心，结合射频、功率、微处理器、微能源等技术，来实现桥梁智能建造的基础性、决定性核心技术。应用于桥梁智能建造的传感器类型，按应用范围主要分为结构状态、装备参数、环境因素的感知，通过这些监测手段采集到的物理、几何信息，以先进的远程数据传输方式传输到数据识别系统。数据识别的目的就是为了初步分析处理这些传感数据序列，以发现有价值的信息和知识，剔除掉不合理的错误数据，为决策行为提供必要的支持。

（2）虚拟建造

用数据交换的方式处理涉及全过程建造各个要素的特征值，在整个建造系统高效率运行过程中，与感知层采集到的真实数据通过各种智能算法进行交互验证，确定被控对象的当前实际工作状态，产生自适应控制规律，从而实时地调整与要素相关的各项参数，使智能建造系统始终自动地工作在最优的运行状态。

（3）控制与执行

起到了分析判断系统和安装精度、施工工艺、质量控制、自动化装备之间的信息集成和信息传递的作用，能够实现指令下达、设备监控、工艺控制等功能，以整个建造过程中各个关键要素实现高度信息融合为目标，为各层次的管理人员提供具备一定智能化水平的辅助决策支持。

根据智能建造这一体系，可以繁衍出很多生活中工程上所需的建筑体系，方便企业施工，减少企业施工人员压力，提高施工效率，进而实现智能建造的全方面覆盖。智能建造对于中国建筑业而言是一场重大的变革，不仅能提升行业的技术与管理水平，提高建筑工程的质量，更能助力中国实现可持续发展，迈入智能建造世界强国行列。

复习思考题

一、填空题

1. 智能建造过程是一个建立在精益建造理论基础上的"_____ - _____ - _____ - _____"迭代过程。

2. 装配式建筑的形式主要有_____、_____、_____、_____等。

3. 智能建造将促使建筑行业向_____、_____、_____、系统性集成建造的方向发展。

二、判断题

1. 智能建造无论是购入和开发，都不需要企业投入资源。　　　　　　（　　）

2. 智能建造管理工作当中，最为常见的技术就是 BIM 技术和物联网技术。（　　）

3. 目前我国 BIM 技术在施工项目管理中的应用已有较多工程实例，但其应用还局限于零散的点的管理，缺乏全过程建造管理手段。　　　　　　　　　　（　　）

三、单选题

1. 智慧工地就是充分利用新一代信息技术，来改变施工项目现场参建各方的交互方式、工作方式和（　　）。

A. 交流方式　　　　　B. 建造方式　　　　　C. 管理模式　　　　　D. 验收方式

2. 装配式技术实现了建筑从传统的"建造"向"（　　）"的转变。

A. 装配　　　　　　　B. 制造　　　　　　　C. 一体化　　　　　　D. 现代化

3. 智能机器人在研发过程中分为机械、电路、（　　）3 大部分。

A. 程序　　　　　　　B. 应用　　　　　　　C. 设备　　　　　　　D. 集成

四、多选题

1. 智能建造是通过（　　）和机械电子技术与管理科学的交叉融合。

A. 计算机技术　　　　B. 建造技术　　　　　C. 网络技术

D. 设备技术　　　　　E. 以上都是

2. MES 在企业和供应链间以双向交互的形式提供生产活动的基础信息，使（　　）三者密切配合。

A. 计划　　　　　　　B. 售后　　　　　　　C. 生产

D. 资源　　　　　　　E. 保修

五、简答题

1. 智能建造的主要技术是什么？

2. 智能建造的特点是什么？

3. 需要怎样解决智能建造迎来的挑战？

教学单元 2 智慧工地应用 >>>

【学习目标】

通过本单元的学习，详细了解智能建造的背景、现状和其技术支撑。通过介绍智能建造和 BIM 的关系，BIM 与互联网技术相结合，来体现智能建造的 BIM 应用部分。简单概括了智能建造所需要的绿色施工，以及施工现场等方面的概述。让学生充分了解智能建造的具体应用，并掌握此项技术。

【学习要求】

（1）了解智慧工地的背景和现状；
（2）掌握智慧工地的技术支持；
（3）熟练掌握智慧工地的实践应用；
（4）理解 BIM 技术与智慧工地的应用；
（5）了解智慧工地的发展对工地信息化建设的影响。

【课程思政】

本教学单元主要培养学生的工匠精神。工匠精神是一种严谨认真、精益求精、追求完美、勇于创新的精神。我国政府曾多次强调要弘扬工匠精神，党的十九大报告提出"弘扬劳模精神和工匠精神"，党的十九届四中全会提出"弘扬科学精神和工匠精神"。在新时代大力弘扬工匠精神，对于推动经济高质量发展、实现"两个一百年"奋斗目标具有重要意义。当代智能建造的发展是现代科学进步和技术创新的外在表现，技术创新除了创造先进的技术应用之外，还需要将这项技术做好、做精，从而解决一些复杂难题。我国智能建造的发展，需要的是做好建筑产业现代化的每一个环节，将 BIM 技术和装配式建筑技术做精做尖，实现中国速度的同时，提高安全保障。从这一角度来讲，智能建造的发展是当代中国不忘初心的工匠精神的新传承。

2.1 智慧工地的背景及现状

2.1.1 智慧工地的建造背景

随着互联网、物联网、传感技术、人工智能等科学技术的不断发展，智慧城市、智慧交通、智慧校园、智慧物流等理念不断被提出，这些"人工智慧"在我们当今社会的方方面面都影响和改变着我们的生活、学习和工作方式，人们切实感受到了科技进步为我们社会带来的便捷与高效。这一点同样体现在工程建设领域，在我国"十三五"规划期间，国家对建筑业提出更高的要求，重点要提升信息化水平，要加强云计算、物联网、智能化、移动通信、BIM、大数据等信息技术集成应用能力。

建筑业是支撑我国经济发展的重要产业，从产值规模数据来看，建筑业的规模仍处于持续发展的阶段，但在当前传统的管理模式下，建筑工地生产效率很难提高，目前我国建筑业还处于粗放式增长阶段，且在当前经济发展、环保、绿色施工等方面的严苛要求下，建筑业利润越来越少、工地管控越来越难的局面仍然没有得到缓解。建筑业同时也是导致环境污染的重要产业，我国正在大力倡导绿色建筑以改善环境污染问题。我国建筑业的发展已经进入到了迫切需要转型升级的关键时期。

党的十八大以来，建筑行业发展方式的转换进一步加快，国家强调要从传统的发展模式转向绿色施工、智能管理、信息化管理的科学发展之路。国家政策要求建筑业信息化、智能化水平的不断提升，来提高建筑工程的管控能力。建筑业需要与时俱进，抓住互联网时代的发展机遇，利用现有的成熟技术资源，开发新的智能系统，更好地为建筑工地服务，在建筑业数字化、网络化、智能化取得突破性进展。建筑业从建筑施工一线的建筑工地开始，可利用现有成熟的技术走智慧化发展之路，解决建筑工地存在的诸多问题，实现由传统的粗放式管理到信息化、智能化、可视化的高效管理转变。通过物联网、云计算、人工智能等技术的综合应用，让施工现场具备感知功能，实现数据互通互联，达到工地的智能化管理。基于信息化、智能化、可视化的管理模式，实时监控施工现场的各个要素，并根据施工现场的实际情况进行智能响应。在此背景下"智慧工地"的概念应运而生。

2.1.2 智慧工地的现状

1. 智慧工地实施现状

（1）系统组成

在智慧工地实施过程中，无论施工单位还是智慧工地供应单位，均将劳务实名制、视频监控、物料称重、塔式起重机监控及防碰撞、环境监测系统等模块放入清单必选项；根据工程项目特点，将高支模、大体积混凝土测温、水文监测、水电监测等模块放入清单备选项；质量、安全巡检逐步从施工企业原有管理体系向智慧工地子模块倾斜；VR、AR 技术也被纳入智慧工地系统。众多企业建立了文件、规范、标准、方案等大数据库，并上传至系统进行共享。但在 BIM 技术应用中，图形及数据在不同软件平台间转化导致的丢失问题，加大了 BIM 技术移动化和轻量化的难度，加上三维交底、三量分析、施工过程模拟等碎片化应用较多，建立可整合全部功能的智慧工地平台仍需较长时间。

（2）存在问题

虽然智慧工地拥有很好的理念与产品，但在实际应用中，由于使用者认知不同，应用效果也不尽相同，许多项目一方面采用智慧化产品，一方面采用传统工作方式，造成基层管理负担，导致信息化成果不能应用推广。另外，项目管理自上而下的执行模式，使项目经理和公司层级的制度保障和管理支持成为决定智慧工地应用成败的关键因素。

2. 智慧工地应用现状

智慧工地和传统的施工方式区别较大，最为显著的区别是在施工过程中会用多种技术，进一步做好质量控制和施工数据分析，提高项目管理水平。在施工过程中，借助一些高科技技术手段，能让管理过程更加高质量，并节约成本，形成可视化的控制网络，实现对施工现场人员、机械设备、材料等方面的全过程管控。智慧工地的核心就是用有效的方式改变传统的施工管理过程，将责任落实到个人，全方位地迅速下达指令，并得出执行结果的管理体系。

网络技术目前在各领域都得到了有效的应用，在建筑行业发展过程中也向着智慧化的角度发展，但同时各项资源的紧缺形势，也改变了原本的管理过程。应做好资源的合理利用，提高其利用率，并借助一些新材料、新工艺和新方法来提高建筑施工质量。建筑施工在时代的发展促进下，积累了丰富的经验，且在施工过程中形成了系统的管理体系，针对具体施工的要求，也可制订出个性化的施工方案。目前在网络技术的发展下，智慧工地的理念也会随着绿色施工的发展而不断变化，进一步丰富其内涵。在具体施工中的应用可选择完全应用、部分应用和不应用三种方式。智慧工地的具体应用和当地的经济发展密切相关，也需要专业人才的储备，在如今社会发展的情况下，智慧工地会在建筑施工过程中得到更广泛的应用。

2.2 智慧工地的技术支撑

1. 人工智能技术

人工智能简称 AI，是 21 世纪三大尖端技术之一。其研究内容包括：机器学习和知识获取、知识处理系统、智能机器人、自动推理和搜索方法、计算机视觉等。建筑行业中人工智能技术应用已经比较广泛，比如人工智能技术已在建筑工程管理中的施工图生成和施工现场安排、建筑工程预算、建筑效益分析等环节应用，目前比较流行的基于 C/S 环境开发的建筑施工管理系统，涵盖了施工人员管理、施工进度管理、分包合同管理等方方面面，使工程管理工作得到了进一步的细化。未来建筑机器人将成为重要的建造辅助工具，代替人工完成高层作业等高风险作业任务。

2. 大数据技术的数据

各类数据集合使得建筑行业本身成为一个庞大的数据载体，大数据技术的核心价值即在于挖掘数据潜在价值，为建筑决策提供真实可靠的数据依据。比如在规划阶段，大数据可以根据建筑周边人口密度、人口分布、人口流向等方面，合理划分出商业、住宅等功能区域，作为建筑选址的有力依据；在运维阶段，借助大数据分析则可实现预测、预警、规划和引导，使建筑设备保持安全使用，建筑环境舒适度得到调整。

3. BIM 技术

BIM 技术是以三维数字技术为基础，集成工程设计、建造、运维等项目全过程各种相关信息的工程数据模型。BIM 技术是建筑业从二维向三维、从图形向数据转换的一次重大技术革命。相比传统的设计和施工建造流程，信息化模型能有效控制建设周期、减少错误发生。而从长远利益看，BIM 技术应用的好处则远不止设计和施工阶段，还会惠及将来的建筑物运行、维护和设施管理。对工程的各个参与方来说，可减少错误、缩短工期、降低建设成本。目前 BIM 技术主要在施工阶段应用较多，主要内容有：三维模型渲染，VR 宣传展示；模拟施工方案；错漏碰缺检查，减少返工率等。未来 BIM 将在设计和运维阶段中发挥出新的作用，比如 BIM 与 GIS 技术、BIM 与 VR 技术的集成应用，将为建筑设计带来更丰富的维度信息。

2.3　智慧工地的实践应用

2.3.1　智慧工地在施工现场中的应用

房建项目施工现场管理通常是由施工单位主导，其管理水平也受到施工单位自身的管理现状所制约。在当前的管理模式下，现场管理者多从其自身专业角度和接触到的信息去作出决策判断，很难从项目的全局考量，没有掌握整个项目的全部数据，难以快速且准确地对变动的信息做出反馈。住宅建设项目现场管理水平直接影响到事业的经济效益，关系到后期事业的运营效益。如果对房建项目施工现场数据信息收集、处理不当，则无法积累有效、可用的数据支持。

1. 智慧工地在国内房建项目中的应用现状

（1）房建项目产品的特点

房建项目产品具有唯一性，单件性的特点比较突出，任何一个房建项目的施工现场都具有不同的特点。即使是同一套施工图纸，房建项目本身建筑产品也会有所不同。首先项目本身地质有很大的差别，其次项目的建造者、各参与方组成成员不同，工作合同关系不同，每面临一个新的项目就是一个全新的开始。

（2）房建项目属于劳动力密集型产业

工程建设和建筑行业都是劳动密集型产业。劳动分工细致，各工种划分详细，且要求具有相应的施工作业资质。房建项目施工现场具有项目本身复杂（包括地址、环境等影响因素）、施工人员众多、施工工序繁琐且多交叉等特征。

（3）房建项目信息化建设有待提高

目前，整个建筑业正在转型升级、自我变革，紧跟时代科技步伐，迫切需要对房建项目进行信息化建设。现阶段房建项目施工现场信息化水平不足，大型机械化设备的管理利用还需要进一步提升。

（4）现场管理是目前现场施工管理的主要管理方式

施工公司的现场管理水平是其核心竞争力。现阶段房建项目施工现场管理方式主要还是以施工企业的工程部、技术部等部门现场管理为主、监理监管为辅，事事需要人员处理。国内在一些项目中应用了智慧工地进行对施工阶段的把控。

国内学者分别通过物联网、BIM 技术等提出智慧工地在施工项目中的运用。但在应用过程中仅仅是简单地采用对出现的问题直接解决的思路，并没有一套完整的、涉及多方面信息技术的解决方案。

目前我国的智慧工地发展已长出了萌芽，智慧工地已应用于部分房建施工项目中，以BIM、物联网为代表的信息技术，为施工现场的管理模式转变提升了动力。施工现场的人流量大且身份复杂，所以关于人员管理的重要性最为突出，在管理方面，将充分考虑现场存在的问题，实现施工现场的实时管控，提高管理效率，使工地能够更好更快捷地管理。

2. 智慧工地在国外房建项目中的应用现状

国外应用智慧工地管理房建项目施工现场主要分为两个方面：

第一个方面是对于理论的提出。有人提出可以应用互联网技术和通信技术提高房屋建设项目的管理水平。也有人认为 BIM 技术可以帮助施工现场有更好的管理效果。还有一部分人观点是，新时期房建项目施工现场安全管理需要一个更高效的系统，建筑业要借鉴其他行业先进理念和技术，施工现场要添加如报警系统、实时定位系统、以 BIM 为基础的监控模块、数据库系统、材料管理与控制系统等技术。

第二个方面是对于信息化管理手段的运用。国外专家提出施工现场的质量和安全管理可以使用 VR 等技术。彼得·德鲁克提出了在建设工程的过程中要利用计算机技术一类的先进管理理念和技术，改善住房建设项目施工现场中的管理模式，从而能够实现施工现场管理的跨越式发展。有学者研究认为，为了支持和确保建筑项目的安全管理，有必要建立一个建筑安全与健康监测系统（CSHM 系统）。通过研究优化了无线传感，不仅降低施工设备成本，并且极大提高了生产效率。勒·柯布西耶提出将物联网应用于消防设施中，通过各种通信网络进行互联建立控制手段。

2.3.2 智慧工地在绿色施工中的应用

1. 综合管理

（1）劳务管理

对施工人员实施实名制管理，从新进人员入手，为每个工作人员建立信息档案，这一信息档案可和当地公安部门联通，避免不法分子混入施工区域，影响施工现场或周边的治安，对其造成负面影响。将每个员工的基本信息输入人才库中，能实时地对员工工作状态进行监控，当员工进入工地现场时，可通过实名制通道、人脸识别、指纹识别等方式，将计算机技术与管理工作相融合，来采集员工的运动轨迹。通过数据采集，能了解员工进出工地现场的时间及进入周边生活和办公区域的时间，对员工实现实名制管理。同时将管理系统和移动终端相连接，实时反映工地的施工状态，也能在此基础上统计不同类型施工人员的组成和具体人数，为项目部人员的安排提供必要的支持。不同的统计方式来选择具有同样特征的人员，例如，每日的进出场人数，各个专业所需要和实际的用工人数及施工人员的地域分配、年龄特点等，可更为全面地分析现有劳动力。同时，管理系统也能确保整个施工现场的安全，实现施工现场的全封闭管理，施工人员进出现场可通过人脸识别留下足迹，避免人员私自进入或离开。在人员进入施工现场时，可扫描身份证件录入数据，同时人员离职后也可办理退场手续，这样能全方位地实时反映施工人员信息的变化，更为全面地进行人员管理。

（2）水电管理

从用电管理的角度来看，在施工项目的各区域安装智能电表，通过监控其用电量，将数据反馈到智慧工地的管理平台，通过系统的汇总和分析，形成可视化的图表。监控区域主要包括施工区域、办公区域和工作人员的生活区域，通过对采集数据的综合分析，一旦发现数据异常，可通过系统对管理人员报警提醒，使管理人员迅速排查，确定发生异常的位置，并找出原因，进而解决用电异常的问题，避免无端浪费情况的出现。

2. 绿色施工

（1）智能监测

智能监测设备代替了传统的管理人员巡逻监查管理模式。通过智慧工地企业级管理系统，企业对工程现场绿色文明施工情况实时在线监管。

以工程现场扬尘浓度、作业产生的噪声分贝等污染指标监测为例。通过在工程现场安装智能扬尘传感器和噪声检测仪，实时监测现场扬尘浓度以及噪声分贝值。在项目数据平台实时显示现场各类指标数据并通过移动互联网将数据上传至企业管理系统后台，根据污染程度不同系统的污染程度评价等级也不一样。

系统一共将扬尘污染程度划分为5个等级，24小时记录扬尘的变化趋势，可监测现场扬尘浓度以及后续降尘处理效果。当污染程度为1～2级时，系统会在作业现场通过高音喇叭提示现场专职人员采取降污措施。当污染程度达到3～4级时，系统会记录扬尘超标的时间点和位置信息，提醒现场管理人员合理规划施工方案降低空气中扬尘浓度。当污染程度达到5级时，系统将自动启动现场喷淋降尘设备，进行喷水降尘。企业可通过查询系统后台项目有关绿色施工的评分报表，对相关责任人进行处理。

（2）绿色施工信息化技术特点

传统的绿色施工技术的信息和数据往往依靠人工进行记录和分析，人工干预对现场环境影响较大。项目管理应依靠信息化技术，应用BIM信息技术可实现对项目的设计、施工总体部署、施工进度模拟、现场综合管控的可视化管理。应用现代物联网技术与现场工地管理平台相结合，可以对能耗、现场环境、机械安全、绿色施工等进行管理，起到有效的监测和管控作用，使现场管理更加智能化、自动化。VR安全体验馆可以模拟工地现场实景，有效解决传统体验馆的内容单调、资源浪费、占地面积大等弊端。

① 智慧水、电管理模块。在项目初期，编制临时用水、用电施工方案时，应充分考虑和规划好工程建设各区域，对于办公区、生活区规划布置不同类型用水方案，采用节水型设备和施工现场安装智能用电系统等，搭建智能水电网，水、电信息通过网关传输至后台，实现对项目用水、用电全过程监测。当发生水、电使用异常等情况时，后台可以接收告警、保护速断、远程控制等，实现对水、电使用的全程管控。

② 扬尘、噪声监测模块。扬尘和噪声监测仪器主要由LED显示屏和移动终端、电脑端相结合，电脑后台可以直接显示监测仪器状态和当前环境噪声情况，并且可以自动分析扬尘噪声情况。同时，监测仪器由太阳能电池板供电，免除现场布线的繁琐与复杂，环境监测仪器可以为项目管理人员和政府监管部门掌握施工现场环境情况提供真实可靠数据。

③ 扬尘监测及自动喷淋模块。施工现场分布式布置环境监测仪器，以便监测施工现场环境，同时针对作业现场粉尘浓度高、污染源多、粉尘量大且混杂的特点，实时监测环境中颗粒浓度，并且根据环境状况配置喷淋设备和雾炮洒水设备以降低环境扬尘。水喷淋系统主要是对自来水加压后，由喷头进行喷射，主要由加压水泵、PPR管、喷嘴和控制箱组成，现场安装时根据区域地形、扬尘分布等特点，合理分配喷淋点并绘制喷淋水系统路径，然后确定所需各类材料，进行布管和安装喷头。自动喷淋水系统可以根据环境需要自动喷淋除尘，当现场扬尘监测系统监测PM浓度达到设定值时，自动启动喷淋水系统，当PM浓度合格时，自动关闭喷淋水系统。同时可以从电脑后台和手机后台直接操控喷雾炮和基坑喷淋系统，根据需要解决环境扬尘问题，喷淋系统相比传统的洒水车作业，针对性强、除尘效果显著，提高了水资源利用率。

④ 固体废弃物管理模块。施工现场产生的固体废弃物较多，传统的处理方法比较粗放，主要依靠人工随意处置。固体废弃物通过现场盘点，并且根据种类和重量分类进行过磅，然后进行数据记录和传输。对现场产生的固体垃圾进行精准管控，可以通过管理后台的固体废弃物模块查询到固体废弃物的总量、分类、回收利用量、出场量等数据。

⑤ 再生资源管理模块。近年来，行业对再生资源使用进行了大量研究，为了计算再生能源设备使用效率，工地可配置专用电表，用来计量再生能源消耗量，结合设备投入成本、资源节约量和可周转频数等内容，统计分析再生资源的经济效益，以便指导建筑工程再生资源使用方案。项目工地的热水设备一般采用节能效率更高的空气能热水器，其制热效率是电热水器的4~6倍，其年平均热效比是电加热的4倍，能效利用率高。

⑥ 工程污水排放监测模块。项目工地上，生活区和办公区，还有施工过程中产生的污水经过处理后排放至城市市政管网中。工程污水排放监测模块自动实时在线监测污水水质，工程污水水质排放必须达到《环境管理体系 要求及使用指南》GB/T 24001和《污水综合排放标准》GB 8978的要求，实时监测系统将数据上传至绿色施工管理平台，当水质监测结构不达标时，后台进行报警，督促管理人员采取相关的污水处理措施，有效实现对排放污水的监管。

2.4 BIM 技术与智慧工地

2.4.1 BIM 技术及智慧工地概述

BIM 是当前建筑工程信息化模型，主要是通过利用数据信息技术，对建筑工程进行模拟而塑造的模型，最终形成工程数据信息库。BIM 技术主要在建筑工程中是为了协调管理，为项目各个单位提供相应的数据信息，通过对数据信息进行分析，考察工程施工效率，从而对建筑工地施工现场进行全面的管理，提升管理水平。

智慧工地是指一种现代化新型的工地管理方式，在建筑工地管理中主要应用在工程的施工设计以及施工运行等，充分采用现代化信息技术以及人工智能技术，对工地进行信息化管理，并对工地管理体系进行优化，促使工地在施工的过程中实现协同施工，并对工地现场各项资源进行全面整合，促使工地建设施工实现信息化共享。

2.4.2 实现智能化的项目管理体系

1. 管理理念和模式的革新

建筑工程行业是传统的职业，BIM 技术的实施，促使工地施工从二维转变到了多维立体，对工地管理数据信息进行集成，并利用智能化信息技术，辅助智慧工地建设，全面改变了传统化管理理念以及管理模式。

2. 基于云数据平台进行沟通交流

在 BIM 技术的作用下，不仅实现了云数据平台，而且在施工过程中，可以根据实际工地现场，对 BIM 模型进行分析，从而对工程建设设计图纸进行检测，一旦发现问题，需要及时与设计单位进行沟通交流，从而全面调整工程设计图，保障工程质量不会发生问题。

2.4.3 BIM 技术在智能工地建设中的应用实践

1. 智能场地布置与施工模拟

通过对现场施工工地面积的测量，利用 BIM 技术对现场施工进行全面规划，并对不同的施工现场进行 BIM 技术模拟，从而合理地规划现场施工材料运输路线，并对施工工地现场进行规划管理。在 BIM 技术的 5D 平台中，通过 BIM 模型，将建筑工程的各项信息进行集成最终生成了 Project 软件。通过该软件可以有效地对项目工程施工进度进行合理安排，并对不同项目中的模型构建赋予工程施工进度信息，从而建立四维模拟施工图形，全面展示出不同施工项目的施工方法，确保现场施工人员能够合理把握好施工工序，针对模拟，及时发现工程中存在的问题，并做好相关的解决措施，在实际施工中，对工程进行有效的调整（图 2-1）。

2. 智能二维码

施工质量检查启用智能二维码帮助施工进行质量检查主要的方式，就是在施工现场

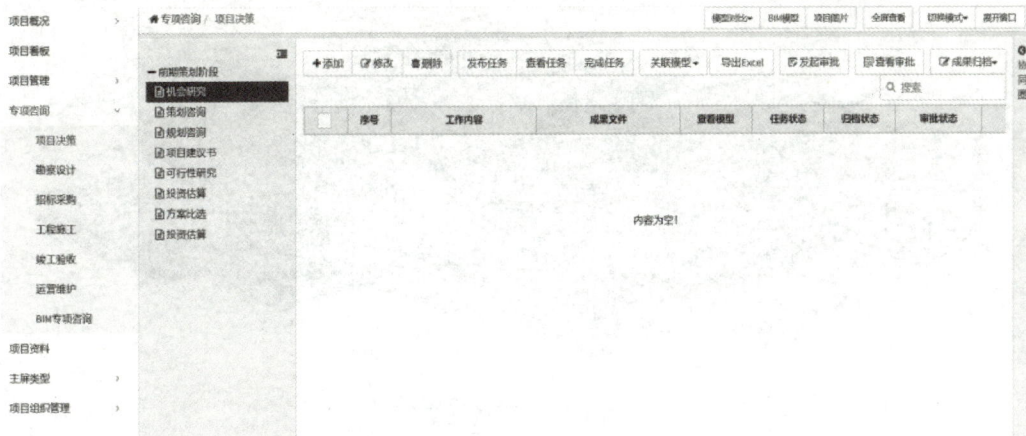

图 2-1　施工进度模拟

中，将由 BIM 技术 5D 软件所生成智能二维码粘贴到施工建筑当中，施工技术人员通过手机对二维码进行扫描，即可掌握相关的施工技术水平，对施工中的各项数据信息也有所了解，并掌握施工工地现场责任人对各项工程二维码在工程建设中的应用，能够将工程建设的各项数据信息以及资料全部储存到网络当中，从而在网络中也能够获取相应的数据信息，对工程建设施工工地进行智能化管理（图 2-2）。

图 2-2　生成构建二维码

3. 现场漫游检查

整个建筑工程的各项管道进行排布后，对管道进行模拟漫游检测，对管道的排布情况进行检查，分析管道的各项数据信息，同时也需要对管道排布各项数据与建筑物各项装饰数据进行分析，避免发生数据冲突，导致工程工期延误，甚至发生返工等现象，尽量对工程质量进行改善，并减少其中的危险因素，提升工程施工效率（图 2-3）。

4. 智能碰撞检查、优化调整

在工程设计中，传统的工程建设方式全部都是由人工进行协调的，不仅设计效率相对较低，而且在图纸中极容易疏漏相对应的数据信息，造成设计出现问题，一旦在施工中出现问题，会严重影响到整个工程施工质量。

图 2-3　现场漫游

通过使用CAD软件，结合 BIM 技术的 5D 软件，从而在碰撞检查功能智能检测的作用下，对建筑模型中的各项数据碰撞信息进行分析，并标注好碰撞点，通过数据分析后，做好碰撞分析报告，将报告上报给设计院（图 2-4）。

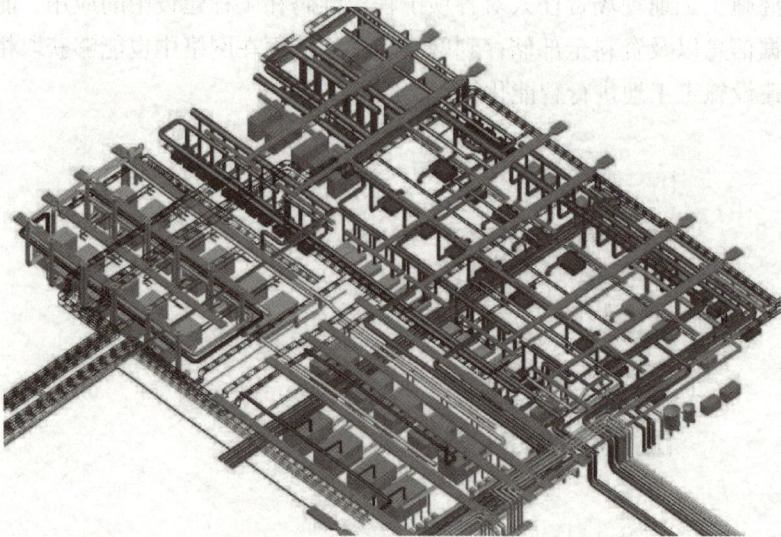

图 2-4　智能碰撞检查

5. 施工建造阶段创新应用

施工图设计完成并通过审核后，业主方需聘请专业团队开展具体施工作业。在此阶段，施工团队需合理规划场地布局，准确设计各分项工程建设规划，组织协调物资调控，并对整体工程建设进行全面管控。随着智能技术不断涌现，施工方可充分利用其进行场地布局优化，加强建设物资管控，并对建设过程进行全流程管控。

一是基于 BIM 的场地布局优化。利用 BIM 模型进行现场施工场地平面布置方案的有效模拟验证，通过模拟过程分析方案的可实施性，预先发现方案中的问题，在方案实施之前将一切不合理的隐患问题排除，合理安排加工场地、生活区、各种临时设施等功能区的位置，模拟选择出最优布置方案，确保施工的顺利进行。

二是基于物联网技术强化材料管理。物联网的 RFID[①] 技术能够快速、实时、准确采集与处理建筑材料信息，将电子标签或 RFID 芯片在生产阶段植入构件或原材料，采用 RFID 电子标签的阅读器在材料运输、进场、出入库时对其信息快速读取，并通过物联网进行跟踪和监控，使原料管理更为便捷、准确。

三是基于人工智能的作业管理。将人工智能感知系统、可视化监控系统及 BIM 技术相结合，对施工现场安全隐患和险情进行实时监控，完成智能安全监管及处置；对重点部位自动三维建模，判断工程进度情况，提升工程项目的进度管理，实现工程进度的智能化监控。

2.5 智慧工地的发展对工地信息化建设的影响

2.5.1 智慧工地建设的必要性与应用

1. 建筑工地发展现状

建筑业的工作模式基本固定，在施工过程中面临不同的施工环境。目前在项目管理中遇到的问题主要集中在人员素质不高，管理体制不完善。对于管理人员来说，要不断丰富自己的管理知识储备和管理经验总结，在建设过程中做好全面管理。施工工作的开展还需要建立规范的工作制度，有利于提高施工管理工作效率。另外，通过监督管理，可以将施工管理的各个环节落实到位，进一步提高建筑工程质量。针对建筑行业越来越多的个性化需求而进行的工作改进，可以推动建筑工程行业与时俱进的发展。此外，建筑工程施工需要运用先进的技术手段，将先进的施工理念有效结合。施工技术管理机制的建立和完善也是一项非常重要的工作。技术管理模式的改进使机制得到相应的优化，更好地应用于整个施工过程。在当前的现场施工管理过程中，各个施工现场的情况不同，会出现管理对策和管理方法适用性的分析，从而阻碍管理制度的实施。在传统的管理过程中，人工获取施工信息的方法相对简单，且在管理过程中难以兼顾环保、安全、质量进度等方面。因此，进行智能现场系统的建设十分必要。

2. 智慧工地建设的必然性

建筑行业的特点是产品固定，建筑形状不规则，建筑变化大。在施工过程中，施工条

---

① 注：RFID 又称无线射频识别，英语：Radio Frequency IDentification，缩写：RFID。它是一种通信技术，可通过无线电信号识别特定目标并读写相关数据，而无需识别系统与特定目标之间建立机械或光学接触。无线电的信号是通过调成无线电频率的电磁场，把数据从附着在物品上的标签上传送出去，以自动辨识与追踪该物品。某些标签在识别时从识别器发出的电磁场中就可以得到能量，并不需要电池；也有标签本身具有电源，并可以主动发出无线电波（调成无线电频率的电磁场）。标签包含了电子储存的信息，数米之内都可以识别。

件相对较差，存在一定的风险。安全事故的预防是困难的。建筑业属于劳动密集型行业，在建设项目的过程中参与建设的人员非常多，且以农民工为主力，一些农民工在建设过程中缺乏自我保护意识。有时安全管理跟不上工程建设的实际情况，由于施工条件的变化，在施工过程中存在风险较多的因素，如施工项目安全事故频繁发生，造成严重人员伤亡等。随着信息科学技术的快速发展和创新，科学技术不仅可以促进社会的发展，而且给建设项目的管理带来无限的可能性。建设智能化施工现场已成为解决施工现场管理问题的有效措施。建筑工程施工现场的具体管理过程主要包括施工现场的生产、人员安全、施工技术、质量管理等内容。管理过程中还包括以下几个特点：一是综合管理，在具体工程管理过程中，既要满足工程建设工期，又要考虑工程建设成本，既要充分考虑工程进度，又要充分保证工程建设安全，在同一场景下，既要对施工人员进行有效的管理，还需要控制建筑工程施工材料的质量；二是劳动力流动相对强劲，根据工程进展情况，施工人员按专业顺序分批进场，建筑工程专业分包规模较大，导致工程总承包管理困难；三是施工现场实体管理有效，在混凝土施工过程中，难以对施工现场进行材料管理、设备管理、人员培训教育等方面的综合管理。

3. 智慧工地的应用效果

（1）智能网站互联网信息采集系统可以有效监控人员的考勤、施工数据和资料的使用，提高施工人员的工作效率，将人脸识别技术引入三类人员和特种作业人员的管理，科学有效地管理安保人员的考勤。实时检测设备材料，避免材料浪费，保证机械设备的合理使用，降低维修成本。到施工现场监测进出车辆和材料的运输情况、每辆车的情况、每批材料的情况。在不出去的情况下，管理人员可以使用移动APP或互联网平台及时准确地了解施工现场的情况，并及时发布指令，提高科学管理的效率。

（2）结合BIM系统，智能施工现场可在施工前模拟项目全生命周期，提前发现问题并提前解决问题，避免施工过程中类似情况造成的损失，模拟项目中的资金使用情况，预测实际施工中的资金消耗。在施工过程中，对工程进度进行实时监控，与模拟进度进行对比，通过信息收集和分析，及时反馈和纠正，发现问题。同时对施工过程中的成本进行动态监控，明确资金流向，确保施工各方利益。在保证工程质量的前提下，指导和监督施工过程，有效提高施工效率。

（3）随着建设规模越来越大，施工现场的安全和秩序问题越来越突出，智能现场的出现正好解决了这一问题。施工现场全覆盖监测。一旦发现安全隐患，系统会自动报警，同时识别进出施工现场的人员信息，确保施工现场的安全有序。

2.5.2　智慧工地信息化关键技术

智慧工地实施过程中，会利用多种不同的关键信息技术解决施工现场的管理问题，主要包括了BIM技术、物联网技术、移动互联网技术、云计算技术等。此外，快速发展的智能分析相关技术也将支持智慧工地的分析决策。从智慧工地总体架构角度分析，BIM技术用以建立建筑产品的数字化模型，物联网技术主要实现了智慧工地的数据采集，移动互联网技术和云计算技术主要实现了信息的高效传输、储存和计算，智能分析相关技术利用收集的信息进行应用层的决策支持。

1. BIM 技术

BIM 技术作为智慧工地的核心信息技术，在信息化、智能化平台建设中，为项目精细化管理提供数据支持和技术支撑，在打造智慧工地的工程中具有关键作用，是构建项目现场管理的信息化系统的重要技术手段。

2. 物联网技术

物联网典型体系架构分为 3 层，自下而上分别是感知层、网络层和应用层。感知层是实现物联网的关键技术，关键在于具备更精确、更全面的感知能力，并解决低功耗、小型化和低成本问题；网络层主要以广泛覆盖的移动通信网络作为基础设施；应用层提供丰富的应用，将物联网技术与行业信息化需求相结合，实现广泛智能化的应用解决方案。本节将侧重介绍物联网感知层的关键实现技术。《2016—2020 年建筑业信息化发展纲要》明确将物联网技术（Internet of Things）作为提高建筑业信息化的核心技术。在智慧工地的总体框架下，物联网技术将通过各类传感器、无线射频识别（RFID）、视频与图像识别、位置定位系统、激光扫描器等信息传感设备，按约定的协议，将施工相关物品与网络相连接，进行信息实时收集、交换和通信。物联网技术将实现高效的智慧工地数据采集功能，为智慧工地的信息处理和决策分析提供实时的数据支撑。

3. 信息传输与数据处理技术

（1）移动互联网技术

移动互联网是移动通信技术、终端技术和互联网融合的技术，相比于传统的互联网，移动互联网可以随时随地访问互联网。移动互联网技术包含终端、软件和应用三个层面。终端层包括智能手机、平板电脑等；软件包括操作系统、数据库和安全软件等；应用层包括工具媒体类、商务财经类、休闲娱乐类等不同应用与服务。根据《移动互联网数据报告》显示，2014—2017 四年间中国移动互联网月度活跃设备总数稳定在 10 亿台以上，移动互联网在传媒、交通、金融电子商务等领域迅速发展，正改变着相关领域的商业模式和信息交流方式（图 2-5）。

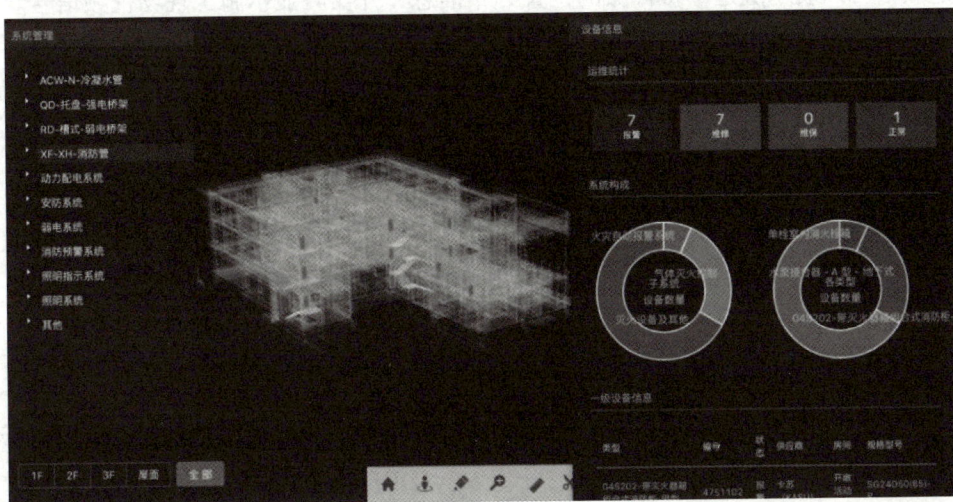

图 2-5 BIM+ 互联网技术

（2）云计算

美国国家标准与技术研究院将云计算（Cloud Computing）定义为提供可用的、便捷的、按需的、可配置的计算资源共享池（资源包括网络、服务器、存储、应用软件、服务）的网络访问服务，这些资源能够破快速提供，而只需投入很少的管理工作，或与服务供应商进行很少的交互。根据美国国家标准和技术研究院的定义，云计算服务应该具备以下几条特征：随需应变服务、随时随地用任何网络访问、多人共享计算资源池、快速重新部署、可以被监控测量的服务。云计算使计算分布在大量的分布式计算机上，而非本地计算机或远程服务器中，获得了超强的计算能力。

2.5.3　基于物联网和 BIM 的全方位信息采集系统

物联网在信息采集传输方面的应用改变了原来人工现场手动记录模式，实现了信息采集的自动化，保证了数据的可靠性。结合相应 BIM 模型获取所需要的模型数据，系统能够获得及时可靠的隧道施工现场全方位数据，以达到隧道信息化施工安全管控的目的。全方位信息采集系统主要包括以下两个方面：

1. 人员设备定位

首先在施工人员的安全帽上安装 RFID 射频芯片，通过固定位置读头读取 RFID 芯片信息确定佩戴安全帽的人员位置，将读头信息通过无线传输逐级传递到中央监控室。控制室可通过芯片源获取人员设备的经纬度坐标及高程信息，通过坐标自动转换，就能在 GIS+BIM 模型中确定施工人员和设备所处的具体位置。不仅可以直观显示人员和设备在隧道的实时位置，通过点击人员和设备图标，还可显示人员设备详细信息，当有突发状况时可及时通知施工人员逃生方向或进行救援。

2. 视频监控

视频监控设备可以实时展示现场施工画面，但传统的视频监控方案无法展示其所在隧道的位置信息，通过视频监控设备与 BIM 构件进行挂接，实现摄像头位置在 BIM 模型中准确定位，可以展示隧道中摄像头的位置分布信息，并实时显示施工现场视频信号。把实际摄像头位置信息展示在项目 BIM 模型上，通过点击 BIM 模型上的摄像头图标，可以实时显示视频信号。同时，可对摄像头进行旋转操作，实时多角度、全方位查看施工现场视频信息。

复习思考题

一、单选题

1. 人工智能的简称是（　　）。

A. AI　　　　B. MI　　　　C. BI　　　　D. DI

2. 物联网的（　　）技术能够快速、实时、准确采集与处理建筑材料信息。

A. RFID　　　　B. RFAV　　　　C. IDRF　　　　D. RFDI

二、多选题

1. 人工智能是 21 世纪三大尖端技术之一，其研究内容包括（　　）。

A. 机器学习和知识获取　　　　　　B. 知识处理系统

C. 智能机器人　　　　　　　　　　D. 自动推理和搜索方法

E. 计算机计算

2. 施工质量检查的智能二维码的内容包括（　　）。

A. 类型　　　　　　B. 构建名称　　　　C. 尺寸

D. 构件尺寸　　　　E. 体积

3. 可配置的计算资源共享池包括（　　）。

A. 网络内存　　　　B. 服务　　　　　　C. 物联网

D. 应用软件　　　　E. 网络

三、填空题

1. BIM+ 智慧工地，以_____为主线、以_____为核心，利用_____、_____、_____等核心技术，集成项目软、硬件系统，实时汇总数据，实现_____、_____、_____的全面数字化，为项目提供生产提效、管理有序、成本节约、风险可控的项目数字化解决方案。

2. 物联网在信息采集传输方面的应用改变了原来_____模式，实现了信息采集的_____，保证了数据的_____。

四、简答题

1. 智慧工地实施过程中会应用到哪些技术，请举例说明。它们的意义分别是什么？

2. 绿色施工信息化技术特点是什么？

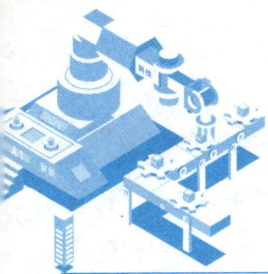

教学单元 3　智能建造与 BIM 技术应用 >>>

【学习目标】

【学习目标】

　　通过本单元对国内外智能建造发展背景的分析与讲解，理解并认识深化建筑工程智能建造的内涵和特征，再结合工程实践强大技术支撑体系，有机融合信息技术与建造技术，深度学习 BIM 技术在建筑智能化、智慧工地建设中的深化应用，并且掌握基于 BIM+物联网的智能建造综合管理、智能建造在铁路行业的应用与发展等应用实践，明白 BIM 技术在智能建造过程中的发展方向，从而推进建造过程的精益、智慧、高效、绿色、协同发展，进而提升智能建造技术，提高智能建造水平。

【学习要求】

　　（1）了解 BIM 技术在智能建造过程中的发展方向；
　　（2）熟练掌握 BIM 技术在智能建造过程中的深化应用；
　　（3）理解 BIM 技术与物联网技术结合原理；
　　（4）掌握 BIM+物联网综合管理系统的基本架构和系统搭建方法；
　　（5）学习 BIM 技术在智能建造在铁路行业的应用与发展；
　　（6）掌握 BIM 技术在实际工程智能建造中的应用。

【课程思政】

　　本教学单元主要培养学生适应新常态下的建筑行业发展要求，适应新时代的"新基建"对土建类专业人才的新要求，培养学生具有家国情怀、创新能力、实践能力，能够解决"新基建"中遇到的复杂土木工程问题，成为具有高度职业素养和社会担当精神的卓越土木工程师。

3.1 基于 BIM 技术的智慧建造

随着国家的快速发展，数字经济也快速发展。但目前我国建筑行业数字技术应用尚且落后，整个行业生产效率低下。随着 BIM 技术的不断成熟，基于 BIM+ 新技术的工程智能建造技术近年来受到了业内的高度认可与关注。以 BIM+ 智能设备、智慧工地为出发点，结合了工程 BIM 应用实践。本节主要阐述基于 BIM 的智能建造技术在工程施工中的应用价值。

在建筑施工中，基于 BIM 技术，将行业工程技术、项目管理、人工智能、物联网、三维扫描等技术深度结合的智能建造技术，可实现对建筑施工全过程的精细化、智能化管控，包括参数化建模、智能深化设计、工业化加工、信息共享管理、智慧工地等。随着 BIM+ 智能建造技术的逐渐成熟，信息网络、智能监测设备与 BIM 技术的结合，现已成为工程项目管控的主流方式，后台的 BIM 技术精准地为前端智能设备、管理人员提供基础数据，驱动生产，实现智能建造。

3.1.1 BIM 技术在施工阶段的价值体现

基于 BIM 的项目信息化管理应用平台，结合 BIM 技术的可视化、协调性、可出图性、参数化的特点，可以提升施工效率、建筑产品质量、现场安全保障，降低工期、降低成本，具体应用包括三维平面策划、BIM 审图、方案模拟、提取工程量、多算对比、碰撞检查、可视化交底，BIM 技术在施工中的价值体现如下：

（1）投标阶段全专业建模提取工程量，指导成本预算，可视化模拟方案，直观展现施工部署和关键方案。

（2）前期策划阶段全专业建模，碰撞检测出专业间的图纸问题，建模发现图纸本专业的问题，同时规避施工不合理的设计问题。

（3）全专业的模型可以指导项目前期策划，结合场地的条件，周边环境、建筑物的外轮廓的空间关系，优化场地布置、机械设备等方案，安全文明布置深化，从而规避方案不合理的问题。

（4）模型结合时间参数，动态演示施工部署，暴露施工过程中的问题，充分考虑资源合理调配。

（5）施工过程中项目管理人员可从 BIM 模型提取工程量，指导现场施工。

（6）基于三维模型进行二次结构深化，充分考虑一、二次结构的交接关系，最大限度地避免二次浇筑，便于下道工序、砌体、门窗的深化设计和现场施工。

（7）数字工法样板，借助 BIM 技术，根据工艺流程和质量标准，制作工艺工法动画，实现可视化交底。

（8）简化管理，管理人员基于 BIM 模型、BIM 协同平台，各类信息集成与管理平台，指令通过移动端传达至现场，可借助 BIM 模型直接查阅现场情况，管理更加便捷、准确、高效和精细。

（9）降低成本，降低了培训成本，工程量、材料计划等资料自动生成，降低人工管理成本；管理提升，降低返工成本。

3.1.2　BIM 项目管理平台

1. 应用背景

建筑行业发展快速，现场管理良莠不齐。行业管理人员趋于年轻化，对于规范、标准的熟悉程度较低，现场情况多变，难以快速把控。变更签证等资料易发生遗漏，扯皮事件频发。现场工人对工艺标准不熟悉，出现工序遗漏、颠倒等现象。工人流动性较大，面临班组交底难，交完底后执行难的问题。

2. 应用价值

进行项目信息化智能管理。利用 BIM 模拟，将相关行业标准、工艺要求等，形成工艺工法库，上传至管理平台，实现多维度动态交底，实现过程标准导航。基于 BIM 建立统一高效的管理模式，输出最佳的实践经验。应用 BIM 模拟，可视化展现项目的计划、关键方案。拆分每个阶段的任务、交付物、时间节点，指派负责人。通过方案前置可视呈现项目整体的状况，施工日志及无人机照片实时反馈现场工作状况。项目人员能够及时得到信息，随时查看图纸、文件及规范等。

（1）通过 BIM 建模，碰撞检测出的图纸问题，上传至项目管理平台，管理者通过平台协同处理问题，参与各方通过实时查看问题情况，提取工程量，编制材料计划，实现限额领料。

（2）现场发现的质量、安全问题上传至平台，关联 BIM 模型，可以清晰地反映问题出现的位置，处理进展情况、验收情况等。

（3）将各类工程标准、工艺做法上传至平台，各个专业工种基于移动端快捷查看标准规范，实现标准导航。

（4）项目的日常管理，人员考勤、安全教育、施工日志、资料文件、工人劳务实名制等工作集成至项目管理平台，资料关联 BIM 模型构件，施工日志电子化、资料无纸化，随时线上调取项目的情况、变更签证的情况，通过 BIM 模型定位的功能清楚地查看工人的进出场时间、教育培训、工资发放、施工情况等。

（5）根据项目特点编制进度计划，关联 BIM 模型，4D 模拟进度是否合理，资源配置和工作面是否冲突。

（6）利用 BIM 技术进行铝模排版、木模排版、钢筋深化、砌块排版、饰面排版、机电深化排版、安全文明施工深化等，出具深化排版图、材料单，通过线上任务派发至管理人员和班组，并结合平台的工艺工法库，以及数字工法样板，进行三维交底指导施工。施工完成的进度和质量进行 BIM 模型对比。对于现场未解决的问题，派单任务至指定人员，问题解决后，拍照上传至平台，形成闭合的管理动作。

3.1.3　BIM 技术与物联网在施工阶段的应用

1. 三维图形平台

三维图形平台是支撑 BIM 建模以及基于 BIM 相关产品的底层支撑平台。在数据容量显示速度模型建造和编辑效率渲染速度以及质量等方面满足 BIM 应用的各种支撑。

2. 虚拟施工与方案论证

借助 BIM 技术可以直观地进行项目虚拟场景漫游，在虚拟现实中身临其境地开展方案体验和论证。基于 BIM 模型可以对施工组织设计方案进行论证，在施工中的重要环节进行可视化的模拟分析。可以根据进度计划对施工方案进行模拟和优化，对重要的施工环节、施工关键部位、施工现场平面布置等施工方案进行模拟和分析，以提高方案的可行性。可以直观地了解整个施工环节的时间节点和工序，清晰地把握施工过程中的难点和要点，从而优化方案、提高施工效率，确保施工方案的安全性。

3. 碰撞检查与减少返工

在传统的建筑施工中，因建筑工程专业、结构专业、设备及水暖电专业等各个专业独立设计，导致图纸中平立剖面图之间、建筑图与结构图之间、安装与土建之间及安装与安装之间冲突的问题很多，而 BIM 的三维技术可以在前期进行碰撞检查，快速、全面、准确地检查出设计图纸中的错误、遗漏以及各专业之间的碰撞等问题，减少由此产生的设计变更和施工中的返工，提高了施工现场的生产效率，有利于保证质量、节约成本、缩短工期和降低风险。

4. 形象进度与 4D 虚拟

建筑施工是一个高度动态且复杂的过程，常用以反映进度计划的网络计划，难以形象地表达工程施工的动态变化过程。通过 BIM 与施工进度计划的链接，将空间信息与施工信息整合在一个可视的 4D（3D+Time）模型中，能直观、精确地反映出整个建筑的施工过程和虚拟形象进度。4D 施工模拟技术可以合理地编制施工组织设计并准确地掌握施工进度，优化使用施工资源及科学地进行场地布置，实现对整个工程的施工进度、资源和质量统一有效地管控。

5. 精确算量与成本控制

工程量统计结合 4D 的进度控制，就是 BIM 在施工中的 5D 应用。施工中的预算超支现象十分普遍，缺乏可靠的基础数据支撑是造成超支的重要原因。BIM 是一个富含工程信息的数据库，可以真实地提供造价管理所需的工程量信息，借助这些信息，计算机可以快速地对各种构件进行统计分析，进行工程量计算，保证工程量数据与设计图纸的一致性。工程量计算的准确性直接影响到工程预算、工程结算及成本控制的准确性，BIM 技术恰恰解决了这一问题。

6. 现场整合与协同工作

BIM 集成了建筑物的完整信息，给项目参建各方提供了一个三维的、便于交流的、便于协同工作的平台，参建各方将 BIM 模型统一通过 BIM 服务器平台进行数据存储和数据交换。项目各方人员通过平台获取和浏览 BIM 模型，为施工现场人员提供三维模型、施工方案模拟、施工工艺工法、节点大样图浏览、钢筋料表相关的进度成本等信息，从而帮助现场人员更好地理解项目，方便洽商达成共识。

7. 数字化加工与工厂化生产

BIM 结合数字化制造，能够提高建筑企业的生产效率。采用工厂精密机械技术对门窗、预制混凝土结构和钢结构等构件进行数字化加工预制，不仅能减小预制构件的误差，而且大幅度提高了预制构件的生产效率。这样一种综合项目交付（IPD）方式，可以大幅度地降低建造成本，提高施工质量，缩短项目周期同时减少资源浪费，并体现先进的施工管理，实现建筑施工流程的自动化。对于没有建模条件的建筑部位，可以借助先进的三维激光扫描技术快速获取原始建筑物或构件的模型信息。

3.2 BIM 技术在建筑智能化中的应用

随着建筑信息化技术的不断发展，建筑工程的智能化水平也越来越高，BIM 技术得到了充分的应用。本节通过分析 BIM 技术在建筑生命全周期中的应用措施，整体介绍从设计阶段到管理阶段对 BIM 技术的应用成果，具体分析 BIM 在建筑管理和运维中发挥的作用，介绍 BIM 技术在建筑智能化建造施工的经验和存在的问题。

3.2.1 BIM 技术在建筑工程设计管理中的应用

在科学技术的带动下，各种先进技术被应用到各个领域，为做好建筑结构设计，BIM 技术也被应用进来，使得建筑结构设计更加顺利。但现阶段在将 BIM 技术应用到建筑结构设计的过程中依然还存在问题，影响了 BIM 技术应有作用的发挥。

1. 建筑工程设计管理存在的弊端

（1）设计存在矛盾

在传统建筑工程设计过程中，相关设计人员往往会通过二维设计图纸来表达项目工程的设计意图，而对于这种类型的设计来说，项目的设计通常只能通过平面图、主视图或者立面图呈现出来。然而，这样的表现方式不但割裂了建筑工程项目整体的系统性，也对建筑信息的全面表达产生了影响，从而导致建筑发包方与设计方之间出现矛盾，致使建筑设计工作无法有序地开展。

（2）指标论证能力较低

就目前来看，建筑工程项目设计时，对建筑项目的节能、通风以及消防等功能性的指标存在表现能力低下的现象，尤其是部分设计单位不能对关键性的指标进行分析计算，往往通过联动或者反馈的方法进行协调，从而导致建筑工程项目设计指标的论证能力得不到有效的提高，造成建筑设计工作的周期时常出现推迟的现象。

2. BIM 技术在建筑工程设计管理中的具体应用

（1）协同设计

协同设计指的是不同专业对于工程建设之间的协调共同设计，协同设计要保证有效，首先要保证不同专业之间的协调性，以往二维技术和建设设计管理的结合并不能促进这些专业之间的交流合作，所以在协同设计中，很容易出现设计变更。而以三维模型直接显示建筑整体工程的 BIM 技术则有效解决了这个问题，使不同专业人员通过该技术提供的信息交流平台紧密联系到一起。并且每个专业人员对设计对象做出的管理措施和改善调整内容最终都会体现在三维模型上，其他专业的人员可以将该专业设计管理内容作为参考依据，进行本专业流程设计和模型建立管理，这意味着所有专业人员之间在建筑工程信息上面得到了共享，有助于使协同设计水平更高。

（2）模型演示效果和动画

设计人员可以通过 BIM 技术，使整个建筑工程按照一定比例还原到三维模型中，另外 BIM 技术中的动画技术可以随时满足相关人员对模型真实信息了解的需求，毕竟动画技术在保证三维模型信息直观化的同时，更加精准、细化。相关人员可以将业主的要求直接输入到相应软件中，使三维模型演示建筑要求在实际中变得可行。设计人员可以利用这些模型演示效果和动画技术对设计作品进行验证，查看其是否存在设计变更，信息模型发出的信息反馈用时短，准确度高，意味着设计人员可以在施工阶段进行设计图纸更改，这种时效性，并不会对施工进度产生影响。

BIM 模型-LOD 400 精度漫游动画

（3）模型提高设计图纸质量

BIM 技术在设计管理中的应用可以体现在对建筑工程某些环境的分析上，以此来保证工程在功能上得到满足，比如采光分析和日照分析等，这些分析结果最终会体现在模型中，如此设计人员对设计图纸进行调整，设计图纸质量提高，落实到实际中的建筑功能也得到保证。比如在日照分析中，以日照条件比较差的建筑作为研究对象，对该建筑日照条件最差时的全天日照时间进行信息采集，并将其输入到 BIM 模型中，根据模型显示，可以看到如何设计，才能使建筑物采光时间最长，进而在设计图纸中，对一些采光设施和建筑设计进行改造和调整。

3. BIM 技术在建筑工程设计管理中应用的必要性及适应性

（1）必要性

建筑工程的设计管理对项目工程的设计质量有着直接的影响，确保建筑工程设计的质量就必须加强对建筑工程设计的管理，要想实现这一目标，就必须采用先进的生产流程以及科学技术，把信息化引入到设计管理的过程中。BIM 是一项利用数字模型技术实现对项目全寿命期管理的新理念，BIM 技术以其智能化、数字化以及模型信息关联性等特点，为建筑工程的设计管理搭建了一个便于交流的平台，从而提升了建筑工程行业的生产效率，确保了设计的质量，为建筑工程项目的质量安全提供了必要的保障。

（2）适应性

BIM 作为建筑工程项目设计管理的信息化平台，为部分在传统建筑工程设计模式之下难以有效衡量的管理活动提供了更为全面、准确的数据支持，体现出其在建筑设计管理中极强的适应性。同时，BIM 技术通过自身的协调设计、设计检查以及设计文件管理等多方面的功能，把建筑工程的项目策划、文案设计、初步设计及施工图纸设计等众多环节连接起来，形成统一的整体，使得建筑工程的设计更趋向于科学、有效，实现了建筑工程设计管理水平的提升。

3.2.2　BIM 技术在建筑运维管理中的应用

BIM 技术在运维管理中的具体应用主要包括：空间管理、设施管理、隐蔽工程管理、应急管理和节能减排管理等。

1. 空间管理

空间管理主要应用在照明、消防等各系统和设备的空间定位。获取各系统和设备空间位置信息，把原来的编号或者文字表示变成三维图形位置，直观形象且方便查找。利用 BIM 将建立一个可视化三维模型，所有数据和信息可以从模型获取调用。如装修的时候，可快速获取不能拆除的管线、承重墙等建筑构件的相关属性。

2. 设施管理

在设施管理方面，主要包括设施的装修、空间规划和维护操作。BIM 技术的特点是，能够提供关于建筑项目的协调一致的、可计算的信息，因此该信息非常值得共享和重复使用，业主和运营商便可降低由于缺乏互操作性而导致的成本损失。此外，还可对重要设备进行远程控制。

3. 隐蔽工程管理

基于 BIM 技术的运维可以管理复杂的地下管网，如污水管、排水管、网线、电线以及相关管井，并且可以在图上直接获得相对位置关系。当改建或二次装修的时候可以避开现有管网位置，便于管网维修、更换设备和定位。内部相关人员可以共享这些电子信息，有变化可随时调整，保证信息的完整性和准确性。

4. 应急管理和节能减排管理

基于 BIM 技术的管理不会有任何盲区。公共建筑、大型建筑和高层建筑等作为人流聚集区域，突发事件的响应能力非常重要。传统的突发事件处理仅仅关注响应和救援，而通过 BIM 技术的运维管理对突发事件的管理包括预防、警报和处理。通过 BIM 结合物联网技术的应用，使得日常能源管理监控变得更加方便，通过安装具有传感功能的电表、水表、煤气表，可实现建筑能耗数据的实时采集、传输、初步分析、定时定点上传等基本功能，并具有较强的扩展性。系统还可以实现室内温湿度的远程监测，分析房间内的实时温湿度变化，配合节能运行管理。在管理系统中可及时收集所有能源信息，并通过开发的能源管理功能模块对能源消耗情况进行自动统计分析，并对异常能源使用情况进行警告或标识。

3.2.3 BIM 技术在建筑智能化工程中的应用

1. 规划设计阶段的应用

BIM 技术应用于建筑智能化工程管理工作中，首先体现在规划设计阶段。规划设计作为一项工程项目管理的初始阶段，其工作是否做到位，直接决定了后期的工程管理工作落实是否与规章制度相符合、是否与建筑市场发展相适应。而将 BIM 技术应用于规划设计阶段，能够在工程项目管理方案形成的基础上，通过该技术实现碰撞检测，结合最终碰撞结果为规划方案改进提供依据。在项目规划设计阶段，BIM 技术的应用重点体现为各个参与利益主体和各部分工程单位之间的沟通。如，设计单位和管理单位，尤其是成本管控和质量建设部门之间的沟通交流，要保证最终在借助 BIM 技术应用基础上，项目规划设计方案价值能够实现最优化。

模型建立 + 碰撞检查

2. 施工建设阶段的应用

BIM 技术应用于建筑智能化工程项目管理工作中，重点则是施工建设阶段。对于一项工程项目管理而言，无论是成本管控还是质量管控，都集中体现在施工建设阶段。施工阶段是材料、设备和人员以及方案等方面充分结合的过程。面对当前工程项目施工规模不断扩大的形势，为了达到工程项目施工建设水平，积极创新使用 BIM 技术有着非常必要的价值。实践证明，BIM 技术在建筑智能化工程项目施工建设中的应用，能够在动态化监测的技术手段应用下，结合工程项目最初规划提供的施工方案，根据实际的施工建设结果输入反馈，在对比分析的基础上，及时发现项目施工建设阶段存在的问题，反馈给管理人员。管理人员在接收问题之后，通过 BIM 技术直接定位工程项目问题存在的方位，针对性地改进。同时，根据反馈结果形成相应的改进方案。这种方式，极大改变了传统建筑智能化工程项目管理模式，提升了问题解决的实效性，对于提升管理效率起着非常重要的作用。

而以上工作实现的重要基础则是，建筑智能化工程项目施工管理应用 BIM 技术，需要进行三维模型的具体构建。通过三维模型直观化、可视化的观察工程项目管理的实际状况，为实际工作创新改进提供改进依据。

3. 竣工阶段的应用

现今，建筑市场发展下，建筑智能化工程项目管理工作落实的重要标准则是工程质量建设达标，同时工程成本能够控制在最佳范围内，整体上实现投入产出效应的最大化。强化 BIM 技术在建筑智能化工程项目管理中的应用，在竣工阶段能够通过前期专门化数据库的建设，实现信息数据的直接调用，避免数据信息中间传输过程中存在偏差现象，保证数据信息的真实性、客观性的基础上，为成本核算和质量量化处理奠定基础。BIM 技术是信息化技术创新使用的结果，在成本核算和质量量化处理中，能够充分发挥自身自动化和智能化趋势，有效减轻竣工阶段工作人员压力。

4. 运维阶段的运用

在建筑智能化工程完成之后，还要注意对其进行及时的后期维护与管理，而要实现这一工序，同样需要发挥 BIM 技术的作用，通过这一技术对建筑项目的实际使用、性能变化等状况进行监督，并且实现对收录数据的实时更新，可以为建筑工程管理以及维护的相关工作提供客观的参考。另外，发挥 BIM 技术的作用，还可以全面地收集与整理有关建筑承租人、装修设计以及承租单位的实际收入等相关信息，继而将这些信息收入到数据库中。通过对这些数据的分析来对建筑本身的实际商业价值进行分析与探究，寻找提升建筑工程商业价值的有效方式。不仅如此，这些信息还可以帮助找出建筑物中故障出现的主要原因以及故障根源，引导相关管理部门及时地将故障扼杀在摇篮中，促使建筑物的使用寿命不断提升，进而更好地满足承租者的实际需求。

建筑智能化工程施工管理中运用 BIM 技术，可直接贯穿整个施工过程与环节，实现信息内容的共享。施工单位应选择合适的技术人员，切实发挥 BIM 技术的优势，提升施工管理质量与效率。

3.3 BIM 技术在智慧工地建设中的应用

如今，我国政府对于工程建设质量问题越加重视，BIM 技术在智慧工地建设中的应用，不仅能够有效提升工程施工质量，而且也能进一步降低工程建设施工难度。

3.3.1 智慧工地的基本概念

（1）智慧工地是智慧地球理念在工程领域的行业具现，是一种崭新的工程全生命周期管理理念。

（2）智慧工地是指运用信息化手段，通过三维设计平台对工程项目进行精确设计和施工模拟，围绕施工过程管理，建立互联协同、智能生产、科学管理的施工项目信息化生态圈，并将此数据在虚拟现实环境下与物联网采集到的工程信息进行数据挖掘分析，提供过程趋势预测及专家预案，实现工程施工可视化智能管理，以提高工程管理信息化水平，从而逐步实现绿色建造和生态建造。

（3）智慧工地将更多的人工智能、传感技术、虚拟现实等高科技植入建筑、机械、人员穿戴设施、场地进出关口等各类物体中，并且被普遍互联，形成"物联网"，再与"互联网"整合在一起，实现了工程管理干系人与工程施工现场的整合。智慧工地的核心是以一种"更智慧"的方法来改进工程各干系组织和岗位人员相互交互的方式，以便提高交互的明确性、效率、灵活性和响应速度。

3.3.2 智慧工地建设中 BIM 和物联网技术联合应用建议分析

1. BIM 与物联网技术在智慧工地建设中的应用

（1）管理施工位置

在施工过程中，往往会有很多相对较为特殊的施工位置，加之其往往隐藏于表皮之下，无形之中为施工的质量带来了很多不必要的影响。对此，技术人员通过使用 BIM 技术，不仅可有效解决工程中常常出现的下水、雨水和线路管道的问题，还能对管道中的构件问题带来远程的修改和纠正效果。在进行特殊施工位置工作中，要对 BIM 模型中各个管道的尺寸和彼此之间的距离予以详细的记录，以方便对所标记的地方进行更换。当所有的参数检测完毕之时，需要相关的技术人员对 BIM 所记录的数据进行及时共享，为工程施工探讨工作奠定良好的基础，同时也为工程施工的需求提供了强有力的保障性，从而大大提升了工程的质量。

（2）管理设备运行

BIM 技术和物联网技术的联合应用，对管理人员来讲，可以帮助其对故障设备进行及时有效的排查工作，使得工作的开展具有快速性和精准性；对设备使用而言，利于对其真实的状态进行全面性的检查，最终为管理层的决策提供强有力的技术支撑作用。一般来讲，BIM 模型不仅会涉及设计参数，更多时候还会涉及属性全面查阅，为此，工作人员对设备信息的掌握能力得到明显的提高，与此同时，通过设备维保记录，相关的业主可以在最短的时间里实现设备的维修与保养，为了进一步遏制安全事故的发生，可以对设备进行及时更换。

（3）应急安保管理

BIM 技术和物联网技术的应用，不仅减少了应急安保管理工作中的盲区，还为智慧工地中突发的事件起到应急的作用。通常情况下，很多施工现场在处理突发事件中只是一味注重救援和应急响应，在这一点上，智慧工地建筑具备事先预警的功能。BIM 技术的引用，为智慧工地建设注入了可视频的安保效果。对此，其对建筑内部的实际情况拥有实时检测的效果。BIM 技术和物联网技术二者之间的结合应用，在"找"图纸和"对"图纸的工作中，使得其在时间上明显缩短，二维码的使用，更为智慧工地建筑提供了精准定位以及快速查询的功能。

（4）日常维护工作

在设备的正常运营中，BIM 模型的引入，使得实际结构的反映更具有直观性，除此之外，还包括设计参数和维修记录等内容在内。物联网，为智慧工地建设中的所有设备提供了与之符合的二维码，如此一来，在对设施设备的定位查看中，利用智能终端对二维码进行扫描就可以实现即时定位的效果。同时，对设备的属性和运维信息也可以进行及时的查询。在设备维护工作中，最注重设计的科学性，以防止过度维修对设备造成影响。如果在维修成本得到减小的情况下，又能提升维修的质量，不外乎是一种最佳的效果。

2. 智慧工地建设中对 BIM 和物联网技术应用的建议

（1）注重 BIM 技术相关系统构建的科学性

在构建 BIM 技术时，要求相关的技术人员对过往的设计情况进行参考，同时，结合现有的工程实际情况进行合理设计。在工程的应用情况中，设计人员将其分为四个主要部分，这四个主要部分包括工程施工设计、工程施工质量控制设计、建筑工程施工进度控制设计以及工程施工安全控制设计。在工程施工设计中，不仅通过利用 BIM 自身的技术优势，实现了工程建设技术的交底事项；工作人员也通过利用 BIM 技术，实现了交底技术的高度模拟。而工程施工质量控制设计和施工进度控制设计，则是在工程施工模拟技术的基础上，利用 BIM 模拟技术的优势，进而模拟出其施工的时长，根据实际情况对施工进度进行合理的调整。

（2）注重物联网技术相关工地系统设计的科学性

在智慧工地建设中，物联网技术的应用可以为施工情况制定合理的管理体系。同样，在物联网技术的应用中，包含了四个主要部分：远程控制系统、工程项目管理系统、工作人员实名制关系体系和工程安全监控体系，其不仅可以在最短的时间里收集到来自四面八方的信息，还可以对施工的进程予以实时监控，确保工程施工的安全性和有序性。工程安全监控体系，对塔机安全监控系统的构建起着至关重要的作用，通过传感器以及 GPS 设备的使用，可以对违章的情况予以及时的监督和分析，使得塔机处在生产运转的状况之下，在一定程度上杜绝了盲调现象的发生，为整个施工过程提供了最大的安全。

3.3.3 BIM 技术在智慧工地建设中的应用实践

1. 智慧工地建设的总体思路

（1）以顶层设计指导智慧工地的整体推进

① 将智慧工地作为企业信息化的重要组成部分，其自动采集、产生的数据将提供给企业级项目管理系统，为企业管理提供真实、基础的第一手数据，为企业管理服好务。

② 着力于为项目生产服好务。智慧工地包含智慧管理、智慧生产、智慧监控和智慧服务等四个方面。智慧管理包括进度计划管理、任务自动分配、资源组织、知识积累与传承等，重点在项目生产管理工作。

③ 智慧生产是指智能化的生产设备，包括焊接机器人、抹灰机器人、设备安装机器人等，这方面还相对滞后，需要重点突破，智慧监控则是运用各种传感器、摄像头智能分析等技术，对项目质量、安全进行监控。智慧服务是整合现场及社会资源，为项目部管理人员、建筑工人提供专属、个性化的工作、生活服务。

（2）以 BIM 技术的普及奠定智慧工地建设的基础

众所周知，BIM 技术的普及应用是智慧工地建设的基础与关键。智慧工地需要进一步深化应用 BIM 技术，将实际生产数据与 BIM 模型有机联系在一起，共同发挥作用。

中国建筑在 BIM 技术集成应用研究和工程实践中起步早、成效显著，支撑引领了行业的发展。截至 2016 年底，中国建筑已有 3000 多个项目在不同程度上应用了 BIM 技术，已有 20000 多人通过了系统的 BIM 培训，成为具有专业经验和 BIM 应用技能的 BIM 人才，为全面推进智慧工地建设奠定了坚实基础。

（3）以示范工程引领智慧工地应用

中国建筑实施的一批示范工程项目，如北京中国尊、天津周大福金融中心、武汉绿地中心、珠海横琴国际金融中心、郑州奥体中心等，都在不同程度上实践了基于 BIM、物联网、移动通信、大数据、云计算、智能技术和机器人等智慧工地技术和设备的集成应用，为提升企业项目管理水平发挥了重大作用。

2. 智慧工地建设典型案例分析

（1）信息化综合管理

智慧工地的信息化综合管理基于大数据、云计算等先进技术，利用 ERP 管理系统（Enterprise Resource Planning，是企业资源计划的简称，是集物资资源管理、人力资源管理、财务资源管理、信息资源管理一体化的企业管理软件）、OA 协同管理平台、互联网 +质量管理系统、DBworld 工程云平台、BIM5D 项目管理平台，达到互联互通、智慧管理，是智慧工地建设的核心要素。具体包括：

① 项目协同管理系统

主要在 ERP 系统、项目内部管理系统和协同平台中实现，集成了项目营销管理、进度管理、合同管理、成本管理、物资（采购）管理、人力资源管理、财务管理等内容，实现了各管理模块之间的数据关联与钩稽。

② BIM+项目管理系统

围绕建筑标准化施工的基础工作，应用基于 BIM 的多项目＋多部门＋多方参与的 DBworld 管理平台，进行各类图文档、模型、邮件、人员、流程、通知、报表、权限等工程信息的管理和汇总。

③ 互联网＋质量管理系统

基于互联网终端和包含局、公司、事业部、项目部四级管理的工程质量管理平台，通过相关信息（以带有时间轴的照片为主）的采集、整理，实现工程质量全过程的实时监控。

④ 钢结构信息化管理

以工业化管理观念为基础，采用 BIM、物联网、云计算、大数据等新一代信息技术，快速建立钢结构专业的工程可视化管理系统、施工全过程追溯体系、施工质量保障体系、商业智能数据分析体系，实现信息化、智能化的项目管理。

（2）BIM 技术应用

针对该项目分包单位多、深化设计要求高、各专业协同任务重的特点，利用各专业模型进行 BIM 综合管理；利用 BIM 技术辅助建模、三维模拟，进行设计优化和节点深化、编制施工专项方案、进行可视化技术交底。在 Revit 中进行碰撞检查、设计支吊架、优化管线布置。采用 BIM 模型设定好的信息，通过 3D 打印形成实体模型，展示工程的特点、难点和亮点。通过 BIM+VR 技术，让客户体验虚拟建造过程，直观而形象地了解节点。

（3）绿色建造的现场管理

通过设计和施工两大领域的管理达到绿色建造的效果。设计领域采用绿色设计理念，减少环境污染、减小能源消耗。施工领域通过光伏发电系统、空气源热泵技术等新清洁能源利用和中水回收系统、装配式临建等节能措施，达到节约资源、物尽其用、绿色环保、可持续发展的绿色建造目标。智慧工地的建设在我国还处于起步发展中，中国建筑虽然做了一些探索研究和实践，但仍存在不少问题，需要向国内外同行们学习提高。

3.3.4 BIM 技术在智慧工地建设中的应用价值

项目临时设施布置

建筑业作为中国最大的产业之一，带动着中国经济发展，它的一举一动都影响着我国经济走向。然而，建筑行业相对于其他产业而言，许多方面都还是处于比较传统的状态。提起建筑工地，最先想到的是混乱的施工现场、堆积如山的材料、尘土满天的环境、施工人员忙乱的场景（图 3-1），但随着科技的进步和行业的规范，越来越多的施工企业注重工地管理，维护建筑业长期发展。工地管理是影响施工质量、施工成本、施工进度以及安全管理的重要因素。因此，在实际发展中如何合理、科学、有效地进行工地管理，推动工程项目的安全稳定发展，成为当前建筑施工发展中主要面临的问题。

图 3-1 混乱的施工现场

随着当前市场经济的快速发展以及全球贸易活动的快速增加，基建行业在发展中各类技术的融合发展应用现状较为良好。一方面，BIM 技术在建筑工程施工中的应用对工程施工的稳定发展以及工程质量的保障发挥了积极的作用；另一方面，智慧工地近年来快速发展，综合应用 BIM 和前沿数字化技术驱动施工现场管理升级的新型技术手段，聚焦施工生产一线，通过对施工现场"人、机、料、法、环"等关键要素的全面感知和实时互联，实现工地的信息化、数字化、智能化，从而构建项目、企业和政府的平台型生态体系，促进行业稳定发展。

近年来，智慧工地从概念到政策的火热，已经成为行业的又一个风口。2017 年住房城乡建设部信息中心发布的报告《中国建筑施工行业信息化发展报告（2017）——智慧工地应用与发展》中，明确未来的施工工地一定是智慧工地，同时政策密集的安全风向标也指向智慧工地。现在的智慧工地不仅仅作为一个集成平台，展现通过各类传感器从施工现场采集的数据，例如：基坑的水位、人员的考勤、施工视频影像等，而是在平台中植入 BIM 技术，实现施工现场从发现问题到处理问题的全流程管理。BIM 技术在智慧工地建设中的应用主要包括：技术管理中的应用、成本管理中的应用、安全管理中的应用、进度管理中的应用以及现场设计中的应用。

建筑施工中涉及的技术应用内容较多，各类技术内容的有效实施，为工程施工质量和工程施工效果的落实奠定了良好的基础。当前 BIM 技术在智慧工地建设中关于技术管理的应用，主要通过结合建筑信息模型、色彩管理、图像标注以及进程管理的方式，进行相关技术的标注和监控，以此确保技术应用推进的完善性和准确性。

成本管理中的应用是 BIM 技术在智慧工地建设中的核心应用内容，其应用主要体现为：通过可视化的建筑信息模型分析工程成本的主要构成要素，之后通过对应的行政优化管理及规范化管理进行成本管理的控制，以此达到加强资金应用的效果和合理控制施工成本的目的。

建筑施工发展中的安全管理是工地管理中的要点内容，良好的安全管理保障了工程施工发展的稳定性。当前，BIM 技术在智慧工地安全管理中的应用主要体现在通过结合 BIM 技术进行各施工模块的标注以及立体化展示，结合安全管理人员，标注存在安全隐患的位置，并且通过现场设置安全铭牌、安全指示灯和路障等方式，确保施工人员及工地施工的安全性。另外，根据安全管理的落实点位和需求管控点位合理设置安全管理人员，以确保工程施工的安全稳定发展。

工程施工中，施工进度与施工成本直接挂钩，在确保施工质量和安全的前提下分析，工程施工进度越快，工程的施工成本越低，因此，进度管理也是工程施工的主要管控内容。BIM 技术在智慧工地进度管理中的应用，主要根据工程的整体施工工期，结合工程施工的实际进度进行工程进度管理的实际规划和落实，以此确保工程施工中进度管理的合理性，并且减少因进度管理不合格而造成的成本增加等现象的发生。

合理的工程设计对提升工程施工质量意义重大，当前 BIM 技术在智慧工地设计中的应用，主要为施工现场设计中的应用，针对因工地限制或前期施工监管不到位，而造成的设计无法等效还原的现象。现场设计的影响因素较多，结合 BIM 技术进行现场设计，可有效提升工程设计质量，并且发挥设计的实际效果，保障工程的安全稳定施工。

3.4　基于 BIM+ 物联网的智能建造综合管理实现

在建造过程中引入现代化、智能化技术已经越来越常见，智能建造方式应运而生。相比于传统建造，智能建造管理对信息技术和智能技术的依赖性更强。本节重点学习智能建造的内涵与特征，学习 BIM+ 物联网综合管理系统的特点和功能，掌握基于 BIM+ 物联网的智能建造综合管理系统架构和应用路径。

智能建造的出现，可实现物联网、大数据、BIM 等先进信息技术的高效集成，为建筑施工全部生命周期提供支持，进而提高建造工作科学性、高效性。在智能建造发展环节，有效的综合管理十分必要，建立基于 BIM+ 物联网的综合管理系统，更符合智能建造管理工作需求，对提高管理质效十分有益。

3.4.1　BIM 技术与物联网技术应用原理

1. BIM 技术应用原理

BIM 技术被广泛地应用在建筑领域的设计阶段、施工阶段以及建成后的维护和管理阶段，现在已经成为设计和施工单位承接项目的必要能力，受到了广泛的重视。目前 BIM 技术专业咨询公司已经出现，发展势力非常活跃，为中小企业应用 BIM 技术提供了强有力的支持。

BIM 技术在运用上是将三维数字技术作为基础，在此基础之上集成了建筑工项目中各式各样的相关信息。BIM 技术可以对工程项目设施实体和功能特性进行数字化表达。完善的信息模型可以将建筑项目在不同周期的数据、资源以及过程连接起来，能够将完整的工程对象描述出来，能够方便地被各个建筑项目参与方使用。BIM 信息模型具有单一工程数据源，可解决分布式①、异构工程数据②之间的一致性和全局共享问题，支持建设项目生命周期中动态的工程信息创建、管理和共享。建筑信息模型同时又是一种应用于设计、建造、管理的数字化方法，这种方法支持建筑工程的集成管理环境，可以使建筑工程在其整

---

① 分布式数据库：Distributed Database（DDB）。分布式数据库管理（DDBMS）是网络技术与数据库技术相结合的产物。分布式数据库系统是由若干个站集合而成，这些站又称为节点，它们在通信网络中联结在一起，每个节点都是一个独立的数据库系统，它们都拥有各自的数据库、中央处理机、终端，以及各自的局部数据库管理系统。因此分布式数据库系统可以看作是一系列集中式数据库系统的联合，它们在逻辑上属于同一系统，但在物理结构上是分布式的。

② 异构数据库：HDB Heterogeneous DataBase。异构数据库系统是相关的多个数据库系统的集合，可以实现数据的共享和透明访问，每个数据库系统在加入异构数据库系统之前本身就已经存在，拥有自己的 DBMS。异构数据库的各个组成部分具有自身的自治性，实现数据共享的同时，每个数据库系统仍保有自己的应用特性、完整性控制和安全性控制。

个进程中显著提高效率并大量减少风险。

BIM 技术具备可视化、协调性、模拟性、优化性、可出图性、完备性、关联性、一致性的特点，从而可以进行更好的沟通、讨论与决策，减少不合理变更方案或问题变更方案。

2. 物联网技术应用原理

物联网技术的原理其实就是在计算机互联网的基础上，利用 RFID、无线数据通信等技术，构造一个覆盖世界上万建筑的"Internet of Things"（图 3-2）。在这个网络中，建筑（物品）能够彼此进行"交流"，而无需人的干预。其实质是利用射频自动识别技术，通过计算机互联网实现物品（商品）的自动识别和信息的互联与共享。

图 3-2　物联网技术的原理

物联网的核心技术还是在云端，计算就是实现物联网的技术核心。物联网包括三项关键技术：传感器技术、RFID 标签、嵌入式系统技术，三项关键领域：公共务管理（节能环保、交通管理等）、公众社会服务（医疗健康、家居建筑、金融保险等）、经济发展建设（能源电力、物流零售等）。

传感器技术是一种计算机应用中的关键技术，将传输线路中的模拟信号转变为可处理的数字信号，交于计算机进行处理。

RFID，是一种将无线射频技术与嵌入式技术融为一体的综合技术，在不久的将来将广泛应用于自动识别、物品物流管理方面。

嵌入式系统技术是一种将计算机软件、计算机硬件、传感器技术、集成电路技术、电子应用技术集成于一体的复杂技术。

3.4.2　智能建造综合管理系统的建设和应用

1. 系统平台设计目标

智能建筑在设计上要以提高管理水平和提高建筑公众服务能力为基础，使建筑的信息化水平不断提高，并使其具备有效的监测、信息、养护、指挥、应急服务等多种功能，保证建筑的设计水平满足行业需求。

（1）整合管理平台功能

管理平台的功能性不断提高，保证多种业务协同工作，将信息业务引入建筑管理的平台中，实现整体性的管理部门对接。

（2）实现移动终端的业务控制

根据建筑的基础功能和适应需要将 iOS（原名为 iPhone OS，是苹果公司为其移动设备所开发的专有移动操作系统，为其公司的许多移动设备提供操作界面，支持设备包括 iPhone、iPad 和 iPod touch。iPhone OS 自 iOS 4 起便改名为 iOS，它是继 Android 后全球第二大最受欢迎的移动操作系统）和 Android 部署于移动终端系统中，对建筑的应急性、日常管理、养护管理、决策辅助等起到直接控制作用，并且使用户在手机和移动终端上完成对建筑的实际管理。

（3）提高建筑的智能采集功能

在建筑使用过程中，对建筑的温度、室内环境变化等数据进行检测，并且提高建筑和室外环境的温度调配，使建筑的网络控制能够全面提升，实现建筑对于使用性能的控制，使建筑管理者能够更好地进行决策和负责。

（4）提高建筑管理的技术性和规范性

根据国家和省市级要求采取合理的技术控制，建立建筑模型的技术规范和数据交换，提高多种接口及代码标准。

（5）实现高效信息交换

在建筑中可以依靠电话、互联网等完成区域内消息的传送，保证建筑内所有的设备都实现信息交换功能，以完善智能化升级使用。

（6）提高对建筑的整体决策控制

使建筑能够被辅助控制，满足基础设计和使用功能，使建筑对于应急情况具备更加完整的控制优势，并且实现各个信息和控制部门之间的协作管理。

2. 平台的设计特点

（1）全局性控制

智能建筑的平台设计特点都是以全局性为基础，从多个角度来规划综合管理平台的发展。平台的整体性要符合建筑的管理现状，明确平台运用过程中的管理范围。首先，在平台设计上要制定好建筑的整体性，将业务管理进行进一步控制，要明确业务的管理范围，每个链接点都要具备基础职能，并且分析好不同区域之间的业务关系，使平台管理关系捋顺。将业务分析作为另一个基础特点，智能区域中的科室关系进行基础分析，使信息流得到分析和执行。在总体分析和职能控制的基础上，将多个交底的信息流进行业务、功能、权限的划分并建立全区域性模型。要根据公路信息化的状态和权限关系进行规划，以求建立全区域模型。信息化主要体现在宏观资源配置、平台技术、框架技术、技术定义等方面。使系统在全面规划和升级的同时符合系统影响，并且直接连接到服务器和数据库等多方面服务范围。

（2）以 SOA 数据交换平台为基础

（Service-Oriented Architecture）简称为 SOA 系统，它可以通过 Web，ESB，JMS 等分别完成数据平台的交换服务，通过数据传输完成主要核心构件的数据功能，使其具备较强的通用性。数据平台在建设和实施中都是以多个系统之间的业务形态和共享集成为基础。以服务型管理为建筑整体数据、权限交换进行服务，要将信息在松散状态下耦合成单独的信息岛，再通过数据链将信息资源在应用系统之间相互联通。

（3）以云平台作为数据服务基础

云运算在网络控制上通过计算和处理来拆分程序，使程序由大向小划分，最后传送到服务器所组成的庞大系统中，再通过计算将数据相互传递。智能建筑综合管理平台能够处理海量数据，共享多种需求，形成高稳定性。在云运算中，要根据不同的管理平台进行数据采集、交换、处理，以求提高公路管理的硬件资源利用效率，在平台运行上提供高稳定性，以实现平台框架的虚构和拟化。

（4）平台设计中的多层框架技术

多层构架是传统的客户端连接形式，它将信息传输到后台信息库后再依次传送到业务层、逻辑层等。多层构架信息平台是核心业务的独立部分。独立形成的逻辑层可根据业务要求进行实际的业务编辑，这种变化和修改，不会导致系统内容发生改变，这就大幅度提高了软件的可维护性和扩展性，同时也可保证可移植性和开源代码库的可用性，满足服务端的大容量调度基数，也符合大多数标准。

（5）平台设计中的建筑建模

建模是智能建筑综合管理服务平台的关键，它直接影响着应用软件的使用和后续升级。智能建筑中的综合管理服务平台由计算机软件、硬件等信息系统组成，并且所形成的建筑空间和现象都可以直接融入模型对象中，将建模引入综合管理服务平台中。建筑设计空间中所对应的数据库模式都是以空间对象为建模概念的，所面对的数据模型可以根据本建筑段中的空间图形和属性数据进行集中，有利于空间数据与属性数据相互对应。

3. 平台设计和互联网融合

建筑小区在智能综合管理相互融合，并且划分结构层次，这样就能够将平台和互联网相互融合，平台也因此具备了感知网络信息等能力。融入用户服务领域中，以使检测系统更好地进行定位，具体形式包括能源系统传输、物业管理、绿化管理等。平台控制要符合智能化、信息化、服务化三种构建形式。通过综合管理服务平台的开发和应用，为建筑整体性建立统一平台，根据功能组合和优势互补，使信息资源得到节约，这样就能够为平台的智能化管理提供更便捷的形式控制。

联网监控系统已经可以收集到大量的建筑数据，优化后进行二次升级，已开发出面向公众的手机 APP，丰富服务、状态感知、事件感知和网络调控的手段。再开发面向建筑管理人员的手机 APP，丰富状态感知、事件感知和应急指挥的管理。所有的互联网技术都可以持续升级，使管理形态的时效得到提高。平台系统动态更新，满足各业务系统对交通信息采集和处理建筑信息的需求。在规划设计智慧建筑综合管理服务平台结构划分的同时，有机地将交通物联网的感知、网络、平台、应用层次融合在一起，使建筑的使用功能更加合理。

4. 平台与生活融入

综合管理平台在监督、管理等方面对建筑本身进行预测，并且进行实施统计，对建筑的内部管理实施监控，通过对比来使小区的运营数据得到完善。在协调控制方面，控制功能是智能建筑的主要形式，使不同建筑在平台网络的应用上能够统一协调管理，并且实现对号呼叫、移动办公、手机等多种多媒体推送。

3.4.3　物联网及 BIM 技术项目级应用实践

（1）BIM 技术在项目级的应用，可以解决施工管理过程中的诸多难题。在过程设计中，运用 BIM 技术综合排布，可以指导预设加工和布置。针对异形结构项目，可以对幕墙进行深化设计，用以指导幕墙的生产与安装。在测量放样中，传统的建筑工程施工过程的测量放线工作由劳务队完成，通常采用三角测量和拉钢尺的方式进行作业，工作方法粗糙，操作麻烦，工作效率低，空间局限性较大，关键的缺陷是其施工精度不够，导致施工质量不能满足设计要求。利用 BIM 云平台，将 BIM 模型带到施工现场，与智能全站仪进行集成应用，使现场测量与定位更加精确。将 BIM 技术与 VR 相结合，建立虚拟现实模型，可用来指导施工、校核三维空间、检测净高和校对图纸等，即使坐在办公室也可以体验"身临其境"之感。

（2）尝试利用 BIM 模型的信息化功能进行物业管理。通常的方式是在所有设备上张贴二维码，通过扫描获取构件的 ID 号后，再通过 BIM 模型的 ID 号获取构件信息。而二维码数量庞大，制作张贴难度大，容易损坏，超高和隐蔽构件的二维码的获取难度尤其大。一些施工单位通过云平台技术，实现了模型的构件与现场构件的一一对应，建立了多个物业管理的分区巡更视角管理系统。云平台成员打开相应空间的视角，利用 iPad 的陀螺仪和操纵杆能快捷地找到相应的构件并获取构件信息，工作效率大幅度提高，并从根本上解决了超高、隐蔽构件的可视信息管理问题。

此外，通过物联网和 BIM 技术，一些施工单位在临时照明分析、安全疏散模拟、VR 应急演练和公路工程施工安全监管一体化系统、数字地铁智慧工地平台、智能化绿色施工自评价系统、智能化模架体系监控系统应用等各方面都取得了较好的成绩。

3.4.4 BIM+ 物联网综合管理系统的基本架构和系统搭建

1. 基本架构

综合管理系统由感知层、控制处理层、应用层三层结构组成，层间利用网络进行数据信息的传输。感知层由物联网内的定位装置、视频前端、智能传感器、二维码、RFID 标签等信息传感设备构成，通过在施工现场安装信息传感设备，可以实时化、不间断地采集、感知、监督、控制建筑"环境及状态信息的变化"，相关参数通过网络汇集至数据库系统中，能够形成连续、可追溯的动态监测记录，这些参数和记录为"静态的 BIM 模型"提供实时化的数据信息源。控制处理层由集合大数据、云计算和人工智能技术的 BIM 综合管理平台组成，对感知层传递过来的数据信息继续实时分析、计算和辅助决策，并向应用层的设备发送控制信息。应用层由配备智能穿戴设备的施工人员、数字化智能施工机械和建造机器人等组成，按照控制处理层传来的控制指令信息执行具体施工任务，并将实施状态实时反馈回感知层设备，完成数据信息流的闭环。

2. 系统搭建

为实现综合管理系统的功能需求，基于系统的基本架构，将重点搭建以下 3 个平台系统。

（1）"可插拔"式集成应用的数据输入平台

以前端感知设备和终端应用设备为数据载体，利用物联网信息通道，按照统一的模型标准，搭建各阶段、不同专业的信息交互通道，将感知层的定位装置、视频前端、智能传感器、二维码、RFID 标签等传感设备按照功能划分分别接入不同的信息通道，最终汇入统一的数据平台，建立基于信息模型的标准化数据，为后续处理提供"可插拔式"的信息数据交互、集成平台。

（2）基于 AI、大数据、云处理技术的数据处理系统平台

作为 BIM+ 物联网综合管理系统的核心部分，在控制处理层，借助于人工智能、大数据和云处理等先进技术对 BIM 信息数据以及感知层上传的数据信息进行判断、鉴别、分析、判断和决策处理，并将处理方案由物联网推送至智能终端实施。平台的数据处理并不局限在核心计算模块中，而是向感知层和处理层延伸。在感知层，通过植入人工智能训练过的智能算法，对现场实时变化进行预判断和预处理，筛选更加精确有效的信息流，上传至数据处理中心。在应用层，同样对相关操作设备植入智能算法，使其在具体实施过程中实时判断现场情况，及时调整工作状态。

（3）基于数字化运行的智能操作终端

受人工成本增加和技能工人缺失等因素影响，建筑产业向智能化、无人化发展是大势所趋。建造机器人适应性强，操作空间大，可以在各种极端严酷的环境下长时间工作，替代人类执行简单重复的劳动，工作质量稳定高效，避免了人工操作的安全隐患，这些特征都使得建造机器人拥有比人类更大的优势。在综合管理系统的应用层，构建以建造机器人为代表的、基于数字化运行的智能操作终端体系，按照控制处理层发出的时空信息和指令信息，完成相应的实施过程。

3.4.5　BIM+ 物联网综合管理系统应用

基于 BIM 技术与物联网技术的综合管理系统，通过在施工管理和运维管理的相关技术领域开展应用，可以大幅提升技术水平，提高工作效率，克服目前单一 BIM 技术应用中存在的诸多问题，最终实现智能化、精细化管理。

1. 传统管理模式的数字化升级

BIM 应用过程中信息数据采集、感知方面的问题在传统施工方式中是比较突出的，针对这一类问题，可以采用 BIM+ 物联网技术手段对传统管理模式进行数字化升级加以解决，具体应用包括：

（1）施工管理

钢结构施工中，对所有钢构件进行统一编码，利用二维码技术进行现场定位，通过移动端扫码填报信息的方式，集成到 BIM 平台中进行统一管控。通过 RFID 射频技术实时对预制构件进行定位，并传输到 BIM 平台中进行监控，结合虚拟现实（VR）技术对施工项目的进度进行远程管理，通过物联网技术对施工现场的有害气体进行集成监控，保证施工安全。

（2）运维管控

通过前端传感设备对建筑内的机电设备进行实时监测，并将其与 BIM 模型中的设备进行绑定，在 BIM 平台中进行动态的可视化查询与管理；通过传感采集设备对能耗、环境信息进行监测，与相应的建筑空间数据进行绑定，结合大数据、云计算和人工智能技术对建筑能耗进行实时管理和优化。

2. 基于 BIM+ 物联网的新型无人化数字施工技术

要彻底解决目前 BIM 技术应用中存在的输出端问题，必须要突破传统以人工为主的

施工方法，打造以无人化施工设备为载体的、基于 BIM+ 物联网的无人化数字施工系统，真正实现在整个施工过程中的全数字化运行，最大限度地提高工作效率。下面以砌筑机器人和无人驾驶工程机械为例，简单介绍一下 BIM+ 物联网无人化施工系统的应用。

（1）无人化智能砌筑系统

砌筑工程一直是房建工程施工过程中自动化水平较低的一个工种，存在大量重复性劳动，消耗不必要的人工和时间，工程质量也很难保证。传统施工由于完全靠工人进行砌筑，BIM 技术基本上没有发挥作用的空间。将 BIM 技术与物联网技术结合，搭建无人化智能砌筑系统，由砌筑机器人作为输出终端，可以充分发挥 BIM 技术数字化信息的作用，实现无人化施工。系统通过 WSN、Zigbee、RFID 等传输技术建立砌筑机器人的实时定位和其他数据信息的采集和上传，在 BIM 数据处理中心，将周边环境的 BIM 数据与施工过程中的其他相关数据信息综合起来进行分析、判断、指引，实时准确地发布砌筑信息，指导施工机械启动相应的施工工序以及步骤。目前已经初步得到验证的砌筑机器人包括美国 Construction Robotics 公司的 SAM（semi-automated mason）系统、ETH Zurich 公司的 In-situ Fabricator 系统，以及澳大利亚 Fast brick Robotics 公司的 Hadrian X 砌筑机器人系统（图 3-3）。

图 3-3　无人化智能砌筑机器

（2）无人化土方工程操作系统

土方工程同样是目前现场施工中量大、耗时、自动化程度较低的工种。依靠 BIM+ 物联网综合管理系统，采用基于 BIM 技术的综合控制平台，连接基于物联网架构的遥控操作或无人驾驶技术，可以实现对于推土机、挖掘机、装载机等设备的机器人化改造，大大提高现场施工的工作效率和工程质量。系统借助旋翼无人机携带的 3D 激光扫描设备作为"眼睛"提供标高、土方类型、形状、方量等精准的环境信息，利用物联网传输技术将信息数据实时传送给智能建设系统，在处理中心结合场地 BIM 模型信息，由经过 AI 训练完成学习任务的智能控制系统，自主操控挖掘机、推土机等工程设备协作完成施工任务。目前已经初步得到推广应用的无人驾驶工程机械包括日本工程机械巨头小松株式会社所研发的智能建设（Smart Construction）系统等，系统已经成功集成了无人驾驶挖掘机、无人驾驶推土机和无人驾驶装载机等工程设备（图 3-4）。

图 3-4　无人驾驶挖掘机

3.4.6　基于 BIM 技术和物联网技术的建筑施工安全监控系统

1. BIM 安全监控技术

（1）BIM 技术是以信息技术为基础，集成建筑工程全寿命周期中的所有数据，支持项目各参与方的信息交流和共享的可视化、数字化表达。BIM 模型采用 IFC（Industry Foundation Class，产生于 1994 年 Autodesk 公司发起的一项产业联盟，用于定义建筑信息可扩展的统一数据格式，以便在建筑、工程和施工软件应用程序之间进行交互）体系，作为共同的数据标准，采用参数化建模技术，实现信息数据的一致性、关联性、及时性和共享性。

（2）针对建筑工程施工过程，从安全需求的角度出发，梳理出安全预警的监控对象，针对每一个监控对象分析其可能存在的安全隐患，并对安全隐患进行参数化处理，形成相应的参数化指标，通过 Microsoft Office Access 数据库管理系统建立建筑工程施工安全指标数据库。在设计阶段的 BIM 模型的基础上，添加场地图元信息和施工机械相关图元信息，并将建筑工程施工安全指标数据库作为外部链接关联到 BIM 模型中。通过 BIM 模型中各个构件图元与相应的文本文件之间超链接的建立，实现施工现场管理工作的具象化。

2. 物联网安全监控技术

（1）物联网是通过无线射频识别（RFID）、红外感应器、激光扫描器等信息传感设备，将任何物品与互联网按约定的协议约定连接起来，形成物与物、人与物之间的通信以及信息交换，以实现智能化识别、定位、跟踪、监控和管理的一种网络技术。采用物联网技术进行建筑施工安全管理，可以将施工现场的人员、机械、环境等因素与互联网连接起来，实现施工现场各类信息的实时互动，实现施工安全智能化的监控管理，提升安全管理能力。

（2）在目标跟踪定位方面，可以采用 RFID 区域定位技术和 ZigBee 点定位技术相结合的方式对施工现场的管理人员、施工人员以及机械设施进行定位。其中，RFID 射频识别技术主要通过网络的连通性和相邻节点的位置关系实现对待定位标签的区域性位置估计。ZigBee 蜂窝网络主要通过 RSSI 测距、TOA 测距等距离测量技术实现对节点之间物理距离的测量。RSSI 测距定位算法结构简单、易于实现、成本低、功耗低，是当前无线网络节点定位技术的热点。

（3）在应力监测方面，可以采用振弦式传感器对基坑支护结构、模板支撑体系等结构进行应力和变形的监测。采用化学性能稳定、抗拉强度大，且具有较高熔点的金属丝作为传感器的振弦材料，与磁铁、受力机和夹紧装置一起组成振弦式传感器，采用不同的受力机做应力和变形的测量。

（4）在危险预警方面，采用超声波技术和红外对射装置。超声波测距原理是利用超声波的传播速度和声波反射的时间差，计算出超声波发射点和遇到的障碍物之间的距离。超声波测距精度高，可用于机械施工中的近距离预警。红外对射装置的监测原理是利用LED红外发射二极体发射脉冲红外线到受光器，如果红外脉冲射束被遮挡或者断开，红外对射装置就会发出报警信号。因此，可以将红外对射装置布设在危险区域，如临边、洞口等，当有人进入时触发报警。

3. BIM 技术与物联网技术结合原理

BIM 模型在建筑施工安全管理中最主要的优势是信息的集成管理和共享以及三维模型可视化分析，但是 BIM 模型本身无法感知建筑工程现场的现实环境等各种信息数据，无法结合工程现场管理活动和工作任务进行实时的管理应用。而物联网技术可以解决施工现场工作和环境的实时监控问题。因此，将 BIM 技术与物联网技术的结合将实现建筑工程安全管理事故预防新的跨越。BIM 技术与物联网技术结合的方式可以实现安全事故的动态监控，原理如图 3-5 所示。首先，建立建筑工程施工安全指标数据库，该数据库包含了施工项目安全指标和行业安全指标，并将数据库与 BIM 模型进行链接，在事前进行危险源的防控。其次，在施工过程中通过物联网技术对存在安全隐患的人和物进行实时监控，将采集到的安全信息与 BIM 模型中安全信息进行实时对比，当临近危险状态时发出预警，使管理人员实时跟踪现场施工情况，进行安全隐患的预控和安全事故的处置。最后，施工结束后对安全管理进行总结并结合施工信息对安全信息数据库进行补充完善。

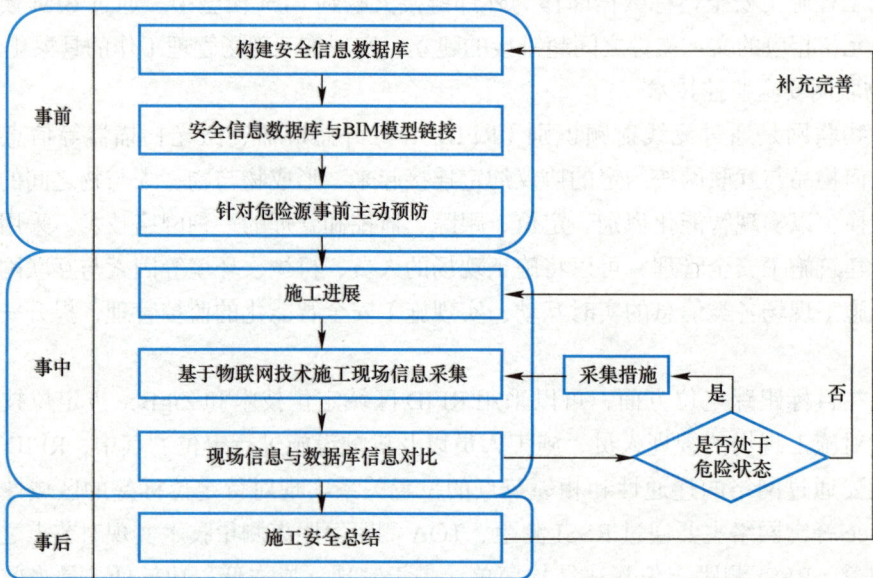

图 3-5　BIM 技术与物联网技术结合的安全事故动态监控原理

4. 安全监控系统结构

基于 BIM 技术与物联网技术的建筑施工安全监控系统是以集成综合信息的 BIM 安全信息模型为基础，采用物联网技术进行施工现场信息的实时采集，两者信息整合分析对比后，实现对工程项目动态实时的安全管理与事故预警的信息系统。该系统结构架构主要三个模块组成：现场信息采集模块、BIM 安全信息模块、安全监测数据处理与信息反馈模块。

（1）现场信息采集模块。现场实时采集的信息主要包括人员、材料、机械、建筑构件等属性信息，危险性较大工序的实时信息，隐患区域实时信息等。采集标签由定位节点、振弦式传感器、超声波装置和红外设备组成。首先，结合安全信息数据库和施工现场实际情况，定义 RFID 标签种类、数目以及位置，布设 ZigBee 信标节点、振弦式传感器、超声波装置和红外对射装置等。然后，将布设对象的基础信息添加到 BIM 模型中。在施工现场，运用物联网技术作为施工现场数据采集的工具，对人员、机械，以及支撑构件应力和危险区域进行实时监测。

（2）BIM 安全信息模块。将采集到的信息通过 ZigBee 无线技术发射到阅读器进行数据打包处理，进而通过光纤把数据发送给上层服务器，再对数据进行分析处理，共享到 BIM 安全信息模型中，实现施工全过程安全数据信息的交互，在 BIM 安全信息模型中呈现出施工人员和机械的实时位置、周围环境、检测参数等安全状态以及关键工序和关键构件的安全状态。

（3）安全监测数据处理与信息反馈模块。其主要功能是将施工现场实时数据信息与 BIM 模型嵌入的安全规则或参数化的危险源信息进行对比分析。施工现场质量安全信息与 BIM 模型的信息交互比对是实现事故预防的关键。可通过单独开发 API 功能模块或者通过支持 IFC 标准的软件，实现 BIM 数据库以及电子标签之间的信息数据读取格式转换、交互与读写，实现自动的数据对比，以及通过系统管理人员针对构件进行现场数据与嵌入模型安全规则的对比，项目安全管理小组所有成员可以随时查看施工现场各个关键点和危险点实时的安全状况。一旦施工现场发生人的不安全行为或者物以及周围环境的不安全状态，BIM 模型上就进行报警，并对危险行为或状态的级别进行分类。

5. 安全监控系统功能分析

（1）定位管理功能。该系统的建立可以在电脑终端通过 BIM 模型查询任何一个时间段的某个现场区域范围内人员的数量、身份，还可以查询某个员工的实际位置和活动轨迹以及安全装置佩戴信息。这样不仅可以对现场人员进行考勤，对施工人员的工作效率进行评价，督促安全员按时按点对现场进行检查，还可以为后续事故预防工作打下基础。

（2）报警功能。可分为人员报警功能和安全预警功能。人员报警功能是指当无权限人员进入某个施工区域时，该区域的报警系统发出报警，在 BIM 模型中的相应区域显示出来，并将信息推送相关管理人员。每一位现场施工人员和管理人员身上都佩戴了相应的标签，通过施工区域入口处的标签识别器可以识别出人员的属性，判断该人员是否具有进入该区域的权限。安全预警功能是指在施工过程中，构件应力或变形量超过临界点，机械或施工人员发生危险行为，可能导致安全事故时，现场的报警系统发出报警，在 BIM 模型中的相应区域显示出来，并将信息推送相关管理人员。

（3）多方协同功能。传统的安全管理主要是施工单位单方面的管理行为，基于 BIM 模型，可以整合项目各参与方（业主、设计、施工、监理等）的管理资源，各个项目参与方均可以在 BIM 模型中查看项目施工中的安全信息，及时了解施工安全状态，当存在安全隐患时，通过电脑终端向施工现场发出信息推送，实现项目多方参与者协同进行施工安全分析和安全管控的功能。

（4）动态更新功能。BIM 技术与物联网技术的结合，使得现场信息不再需要人工进行收集和录入，在施工现场采用物联网技术对现场施工环境及作业环节进行实时的监控，并通过数据传输，将施工现场施工安全信息实时更新到 BIM 模型中。在项目竣工后，又可对项目的安全管理进行评价，并对与 BIM 模型相连接的安全信息数据库进行补充和完善。

（5）全过程安全管理功能。传统的施工安全管理主要局限于施工过程中的安全监管，但是安全事故的发生具有因果效应，仅仅对施工现场进行管理并不能完全预防安全事故的发生，所以需要进行全过程的安全管理。在施工前，用 BIM 模型进行虚拟建设和冲突检查对施工进行模拟，结合施工安全信息数据库，分析施工过程中可能存在的安全隐患，在施工以前做好安全交底工作。在施工过程中，运用物联网技术对施工现场的环境及作业进行全程监控，克服人工监管的局限性，并通过 BIM 模型进行数据对比分析，科学地进行施工中的安全管理。在项目施工完成后，对项目施工安全管理进行评价总结，对施工安全数据库进行补充更新，为之后的施工安全管理提供指导。

3.5 BIM 云技术的智能建造分析

随着 BIM 技术在国内建筑业的日益普及，如何将其更好地应用于现场施工管理，实现高科技与传统管理的有机结合，使 BIM 技术真正服务于项目生产，已经是摆在建筑施工单位面前的一道新课题。

在对传统管理模式进行应用的过程中，实施现场指导与检查工作时，需要保持图纸、设计变更、施工方案、合同规范文件以及国家规范标准一应俱全，不仅便捷性较低，且难以进行高效的沟通，导致工作效率受到严重影响。而当前 BIM 云技术已经得到广泛的应用，为了提升现场施工管理工作的质量，应促使 BIM 云技术能够切实为项目智能化建造提供服务。建立工程智能建造云平台是建筑业信息化的战略选择。在我国的建筑行业之中，BIM 技术以及云技术已经得到广泛的应用。在此基础上，将 BIM 云技术应用于云端设计协同，能够有效实现云端数字化定位放样以及云端现场管控，从而有效提升施工的效率和精度，促使工期、成本得到节约。

BIM 云技术协同管理平台

3.5.1 BIM 云平台工作组

在多用户企业级模型汇聚管控的基础上可以形成 BIM 云平台，其不仅能够对施工项目的过程实现管控，还能够为项目的整个生命周期提供服务。

在一家企业中，如何借助 BIM 云平台开展有效的管理工作以及如何对高效的架构进行设置并实施管理，以保障平台能够正常运行，同时保障责任能够落实到个人以及信息的有效保密，是在对 BIM 云平台进行应用的过程中需要明确的问题。在企业之中需要对各个层面的管理员进行建立，企业技术中心以及各个分公司均应设立平台管理员，项目管理员是每一个项目的 BIM 负责人。正式成员是项目的 BIM 工程师，一般成员是现场施工管理的技术人员，浏览成员是业主工程师、顾问工程师、监理工程师以及公司视察领导。对各个层面的管理员进行设置，有利于进一步保障平台在运行过程中的安全性和稳定性。

3.5.2 BIM 云端设计协同

1. 建立云平台工作组

建设单位、顾问单位、施工单位以及各个施工管理单位均为项目的参建单位，为了保障项目上的多个用户模型具有良好的一致性，特别是在对模型进行修改之后，需要让每一位用户在对模型进行查看时都能够及时、快捷地接收到模型更新的提示，所以将分布式云平台技术进行应用，建立起项目的云平台工作组，在业主单位对图纸进行确认之后，技术人员方可及时对 BIM 模型进行更新，之后 BIM 云平台的管理人员才可以对相应的人员和数据进行更新。

2. BIM 模型导入云平台

对于双向插件 Revit 存在于设计软件之中的情况下，通过对插件的应用，碰撞检测结果能够自动定位至 Revit 相应的视图之下，并且在 NW2015（Navisworks 2015）之中具有专门的交互工具，通过对交互工具的有效应用，可以直接将云端的模型打开。

3. 平台碰撞检查

各用户登录云平台并对模型进行下载和更新，针对细节的处理问题，各用户均可对其进行标记并提出不同的意见，并且平台用户可以采用共享的方式对其进行集中处理。

4. 现场与图纸协同

对云计算数据传输的方式进行应用，信息的无障碍沟通便能够实现。在此基础上，云平台工作组的用户通过应用平板电脑对 BIM 模型进行观察，能够实现对现场的动态检查，并且对于现场中存在的问题，也能够有效进行记录，并对视点进行保存。在 Wi-Fi 环境下，所记录的信息既可以定向发送给相关工作组的成员，也可以上传至云平台工作组的共享栏。上传的信息首先需要进行审核，通过审核之后才能够在云平台上进行显示，从而实现多个用户之间的信息快捷沟通以及远程的控制工作。

5. 设计师修改模型

通过对 Revit 以及 BIM 360 Glue 软件接口的应用，工程师可以自动链接至 BIM 模型并开展相应的修改工作，且在完成修改工作后的文件能够直接自动对原云平台上的文件进行覆盖。

6. 模型同步更新

云平台的用户可以随时随地登录云平台，在 Wi-Fi 环境下将平板电脑打开，便能够收到模型进行更新的信息，从而对工作站用户模型更新的一致性起到了良好的保障作用，同时有效避免了模型更新不及时或是图纸变更所导致的误差甚至是错误，也就能够有效降低现场施工的返工率。

3.5.3　BIM 云技术的应用成效及价值

1. 保障施工精度

通过对 BIM 模型驱动的智能型全站仪进行应用，BIM 设计数据能够直接被带入施工现场之中，不仅有利于提升施工中各个环节的准确性，还有利于精细化施工管理的进一步发展。

2. 提升测量工作的效率

对 BIM 模型驱动的智能型全站仪进行应用，相对于传统放样方法，所需的人员投入更少且效率更高，同时设计与现场施工的连接也能够得到进一步深化，从而大幅度减少失误以及返工等情况出现的概率，能够对施工进度起到保障作用。

3. 节约施工成本

应用 BIM 模型驱动的智能型全站仪，能够有效减少失误次数，促使施工效率得到显著提升，从而起到节约工期成本的作用。

3.5.4　BIM 云端的现场管控

1. 便携图纸文档及同步

将合同规范文件以及图纸等相关的资料均导入至 BIM 云平台，用户将平板电脑带入施工现场，也就是能够将全部相关文件带入，以保障现场能够严格按照图纸开展施工工作。

2.　现场交底及质量控制

（1）按照专业进行分类并将模型导入平板电脑之中，各参建方能够随时随地对图纸进行查看，及时进行讨论或是会诊，实现多专业的可视化联动，促使方案的针对性以及交底效率大幅度提升。

（2）采用实时动态漫游模式对模型与现场开展核对工作可以对部分图层进行隐藏，也能够针对细节进行放大，从而实现对现场全方位、无死角的检查工作。

3.6　基于 BIM 技术的智能建造在铁路行业的应用与发展

我国铁路建造技术日益先进，建筑信息模型（BIM）技术在铁路建造领域取得了阶段性成果，促进了中国铁路建造模式的革新和转变。在对国内外智能建造发展背景分析的基础上，深化铁路工程智能建造的内涵和特征，结合工程实践形成铁路工程智能建造 7 大技术支撑体系，有机融合信息技术与建造技术，本节讲解工程设计及仿真、工厂化加工、精密测控、自动化安装、动态监测和信息化管理等应用实践，学习 BIM 技术在智能铁路建设过程中的发展方向，探索 BIM 技术在铁路智能建造过程中的深化应用，推进铁路建造过程的精益、智慧、高效、绿色、协同发展，进而提升铁路建造技术，提高铁路建造水平。

3.6.1　铁路工程智能建造的主要内容

（1）应推行铁路建设装备智能化，形成具有感知、决策、执行、自主学习、自适应功能的智能建造系统以及网络化、协同化的建造装备，打造单机智能化以及单机装备互联而形成的智能生产线、智能预制场、智能工地，推进工程化和产业化发展。

（2）应推行建设项目管理智能化，探索建造组织模式变革，与 BIM+ 智能网络协同平台实现系统集成，实现项目管理流程再造、智能管控、组织优化，实现建设过程、建设向运营所有信息系统的无缝集成。当前要全面推行信息化管理，依托铁路工程管理平台，构建基于智能技术综合应用平台，大力推广智能设备运用。

（3）应推行机器人制造技术研究开发应用，深度开展机器人技术研究，在智能构件厂、数字化工地、智能监测、远程诊断管理上有所突破。依托传感器、工业软件、网络通信系统、新型人机交互方式，开展隧道、桥梁、路基等试点示范，率先实施机器人智能建造，实现机械化与智能化有机结合，实时监控建设过程质量安全状况，为运营安全维护提供技术支撑基础（图 3-6）。

图 3-6　铁路巡检机器人

3.6.2　铁路工程智能建造的核心技术体系

1. 加强技术创新

当前，我国高铁的发展面临铁路建设管理由重工程数量、规模扩张和速度进度向重质量安全和效益转变，由劳动密集型向技术、知识和管理密集型转变，由传统建造向智能建造转变的严峻局面。

新一代智能建造是一个大系统，主要由智能产品、智能生产、智能服务三大功能系统以及智能建造云和工业智联网两大支撑系统集合而成。

智能产品需求：

（1）传感，产品需能够感受外部的变化情况，或者能够整合产品内部的数据；

（2）计算，包括产品本身的操作系统，以及产品使用的各种应用系统，也就是人工智能；

（3）联网，随着全球物联网的发展，产品可能具有雾计算、边缘计算和云计算相联结的功能。

因此，铁路建设领域需要从以上三个方面加强技术创新。

2. 关键技术

（1）推进 BIM 技术标准体系建设

当前，全面提升铁路设计和施工的信息化水平，研究数字化设计和施工推动智慧铁路建设是大势所趋。但是，依然存在专业数字化施工技术尚未实现全覆盖，标准不统一、不完善；信息平台综合能力不足，各专业兼容性差，数据重复录入效率低下；各种软件功能不强大，数据采集手段有待提高；信息技术对管理的要求与传统组织结构矛盾突出等一系列问题，需要高铁建设各方花大力气认真研究解决。

以高铁建设 BIM 技术为例：一是尽快建立完善中国铁路 BIM 标准体系，完成 IFC、IFD 等标准细化，并得到国际标准组织的认可，增加国际铁路市场的话语权；二是要基于 IDM 标准方法理论，尽快细化 BIM 协同流程，特别是专业间流程，进一步明确有别于二维设计的 BIM 专业分工，逐渐形成企业级 BIM 数据标准，以标准为导向，尽快形成企业级数据架构，建立满足于企业需求的各专业应用环境、协同设计环境，实现铁路 BIM 正向协同设计；三是落实设计源头责任，研究不同精度 BIM 模型的建模、交付，确保工程建设管理、施工管理、运营维护等阶段 BIM 模型和数据信息平滑传递；四是 BIM 应用涉及全产业链的分工和工作内容调整，改进传统的管理方法，补充完善相关规定和制度，加强政策引导，加快研究基于 BIM 的产业价值的分配考核机制，充分发挥设计、建设、施工、监理、咨询等企业市场主体的积极性，并通过工程招投标、工程创优评优等工作激励相关企业的 BIM 应用；五是软件开发要配套，这是当前的一个短板，必须要建立我国掌握话语权的软件机构。

（2）发展绿色装配式建造技术

相对于传统建筑的施工工艺，装配式建筑具有工业化生产、质量稳定、混凝土收缩徐变小、耐久性好、工人生产安全、绿色节能环保等特点。目前，在铁路领域，虽然以节段预制拼装为代表的桥梁装配式建造技术已进行了一定的研究，但在以下几个方面需要重点关注：一是全面采用胶接缝节段拼装桥梁，随着建设中对质量、工期和环保的要求提高，短线法胶接缝节段拼装桥梁优势日益显现；二是节段拼装桥梁施工标准化，随着节段拼装桥梁逐步推广应用和研究深入，形成成熟的胶接缝节段预制拼装桥梁方法，完善节段构造的相关规范和标准图，梁场重新布置设计，实现节段拼装桥梁的标准化、工厂化建设，规范建设行为，是当前节段拼装急需解决的问题；三是节段拼装设备自动化、专业化水平，根据节段拼装精度要求高的特点，研究智能化水平更高、线型监测方法更先进、准确，架设速度更快的现代化架桥设备；四是探索结构体系的优化，采用节段预制有必要对桥梁上、下部结构优化设计，应在局部地区考虑多联钢构桥设计方案，理论上钢构梁体与整孔简支梁基本一致，但桥墩、承台、桩基与整孔简支梁对比材料用量有所减少，有效减少建设投资，同时减少运营后桥梁支座等养护工作量（图 3-7）。

图 3-7　节段预制拼装

（3）研发实用的基础设施智能建维一体化技术

坚持建维一体化的管理目标已是高铁建设管理的共识，但涉及的技术复杂、管理部门众多，职责划分需要明晰。以桥梁建设全生命周期管理为例，结合高铁在建和运营的跨大江大河的特大型桥梁，已在利用信息技术从桥梁运营管理的核心业务出发，以设计、施工、运营为着力点，建立桥梁的结构监测、状态评估、安全预警和养护管理体系，实现统一、开放、互联、实时、状态评估、指导运营的桥梁全生命周期管理平台，但仅处于初步阶段。为此，一是应全面建立完善从设计源头出发的建维一体化顶层设计制度；二是对运营性能的关键评价指标确立、关键部位养护维修技术要求、结构整体状态可靠度评估研究方法、信息化管养平台应用实际等需要打破部门束缚，统一谋划，集各方资源所长，尽快结合具体桥梁进行深度研究和实践。

（4）构件标准化生产的智能工厂

构件标准化生产的智能工厂包含两方面的内容：一是"智能工厂"，重点研究智能化生产（设计、施工）系统及过程，以及网络化分布式、并行式生产设施的实现；二是"智能生产"，主要涉及整个建造产业的智能物流管理、人机互动、机器人使用以及 3D 建造打印技术在建造过程中的应用等。

目前，标准化构件生产的工厂化仍不彻底，仍是基于施工理念，不是基于制造理念。应大力研发基于部品化的、基于现代物流的真正工厂化，把预制安装变为部品、部件采购安装。以高铁桥梁为例，要建立基于 BIM 的梁场生产追踪协同管理系统，实现基于工业智能制造模式下的以梁生产过程为主体，根据项目建设中的关键要素，在人力、资源、成本、进度、效率、安全、质量和环保等方面，利用计算机互联网技术、BIM 技术、数据库技术、网络通信技术、数据仓储、数字测控、物联网、数据挖掘和海量信息处理显示平台等新一代信息技术，建立统一、开放、互联的基于 BIM 的梁场生产追踪协同管理系统，建立以梁为中心的数据分析、统计、预测机制，形成"数据采集、数据贯通、数据共享开放、梁体追踪、数据追溯"的新型管理模式（图 3-8）。

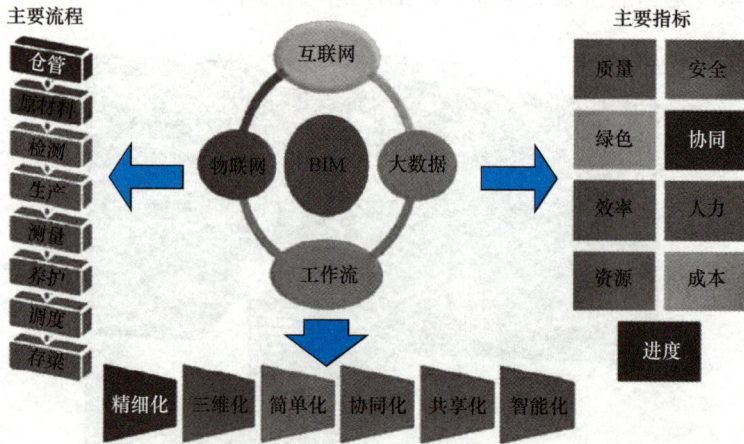

图 3-8　梁场智能生产系统构架

3.6.3　铁路工程智能建造的应用实践

中国铁路总公司在铁路工程设计、建设、运营全生命周期管理方面进行大的实践和探索，确立了铁路工程建设信息化总体规划，即以铁路工程设计、建设、运营全生命周期管理为目标，以 BIM 技术为核心、云计算为平台架构、感知技术为基础、移动互联为传输手段、建设项目为载体，初步建立全国铁路统一开放的工程信息化体系。该体系具有以下特征：突出工程调度系统、数据采集手段，以施工组织管理为主线管控建设项目进度；突出实验室、拌合站源头控制，夯实建设项目质量安全防控支撑基础；突出铁路 BIM 标准体系建立，推进铁路 BIM 标准国际化，组织开展铁路工程成段落多专业协同设计 BIM 应用的研究，构建部分铁路工程 BIM 模型族库，并初步探索在设计、建设阶段的应用场景。

我国铁路建设 BIM 技术在逐步试点应用，相关标准编制取得较大进展，极大地推动了我国高铁建设管理水平的提升，具体表现在以下几个方面：

（1）建设项目规划设计阶段，铁路建设系统尝试运用信息技术科学选线，通过低空遥感航测技术获得高分图像，合理规避环水保、城市规划、征地拆迁、既有设施保护等重点区域以及重要设施，极大降低铁路建设初期的决策风险。不仅如此，在规划设计阶段前期，还通过高质量 BIM 模型，采用 VR、AR 等手段取得可视化体验效果，从源头优化完善设计方案。

（2）在项目实施阶段，尝试运用物联网技术强化质量源头控制，开发实验室、拌合站信息化物联网管理系统，基于互联网技术、GIS 技术和 BIM 技术，以移动办公理念为出发点，立足工程质量安全的核心，建立新一代拌合站实验室一体化信息管理系统，进一步提高信息化的广度与深度，由传统的信息化手段提升为移动办公模式。

在强化工艺工序管理方面，坚持试验先行，对重难点工程进行工艺工序模拟。例如，在铁路隧道建设过程中，运用激光点云技术，通过尺寸差异分析隧道变形、超挖欠挖等质量问题，优化施工工艺。

在优化实施方案方面，已成功运用 BIM 建模、VR 实景模拟技术，对大型铁路客站的设计方案进行优化。在优化施工组织方面，运用三维模型结合协同管理平台，对跨越大江大河的桥梁及复杂条件下长大隧道施工组织设计进行辅助审查，优化技术方案、工程措施、资源配置，同时在进度把控方面，尝试采用二维码技术将实际进度与计划进度实时对比，实现施工进度计划动态管理与及时预警，提高了进度管控工作效率和资源的优化配置。

在围绕施工专业化和机械化方面，铁路建设系统在隧道工程建造中试验推行了全断面开挖施工机械化方法，以及铁路隧道衬砌施工成套技术及工装。本着倡导低碳建设、加强环保举措，先后在黄韩侯铁路芝水沟特大桥节段预制胶接拼装 64m 和 48m 简支箱梁，而后在郑阜高铁周淮特大桥节段预制胶接拼装（40+56+40）m 预应力混凝土连续梁，实现了节段预制梁胶接拼装施工从简支梁向连续梁的跨越。

依托铁路工程建设项目，我国铁路初步构建了隧道、桥梁、路基等专业 BIM 模型族库。例如，依托宝兰客专石鼓山隧道、西成客专陕西段清凉山隧道，初步建立隧道工程地形、地质建模和模型族库；依托渝黔铁路新白沙沱长江大桥、沪通长江大桥，初步建立铁路桥梁 BIM 模型族库，研究设计、施工模型转换和数据互通，探索施工组织、技术交底、构件制造和拼装等施工阶段的应用价值点；依托西成客专江油北站工程，完成路基 BIM 模型族库相关工作，开展基于 BIM 的路基数字化施工技术研究，研发北斗卫星定位覆盖、无线网络覆盖、数字化测量及机械化施工、实时数据处理、实时交互等信息化施工技术；依托海南西环线东方站、乌鲁木齐新客站、沈阳南站和杭州南站，利用 BIM 技术进行站房深化设计、管线综合、碰撞检查和可视化交底，探索基于 BIM 技术的站房三维建模标准和施工图交付标准。

在建立 BIM 模型族库的同时，设计部门也在探索实现 BIM 模式下多专业协同设计，以树状结构进行工程分解，将高铁工程按工点进行分段，再将工点按照工程结构关系及管理需要逐级细分，各专业在该结构树统领下开展设计，设计人员依据工程结构树进行工作任务分解（WBS），在协同管理平台上分级派发任务，并进行设计过程管理；对当前现状，正在推进铁路 BIM 标准验证应用，考虑制定项目级实施标准，从设计资源、行为、交付等方面进行标准化管理，规范信息传递的内容、形式以及精细度。

（3）在项目全生命期运维管理保障方面，在高速铁路建设管理中牢固树立"建设为运营服务"的建设理念，致力于实现"建维一体化"管理目标（图 3-9）。

当前在跨大江大河、长大隧道以及大型客站建设与运营一体化管理中，尝试基于 BIM 技术的铁路大型客站运维管理系统，对高铁站房内所属设备设施、图纸和维护手册等资料、巡检信息维修事件和维护任务、能耗管理、应急安全疏散等实行全方位管理。同时，尝试建立结构健康监测系统，通过施工、运维期间的结构健康监测系统，对结构振动、荷载分布、风动效应、温度效应进行安全评估，形成有效的故障预警机制。

设计　　　　　　　　建设　　　　　　联调联试—运营

高速铁路装备
设计资料

设计标准和规范
遥感及航拍资料
图纸
属性数据表
……

变更设计
检验批
试验报告
物资材料档案
……

检测
修理
病害
运行图
……

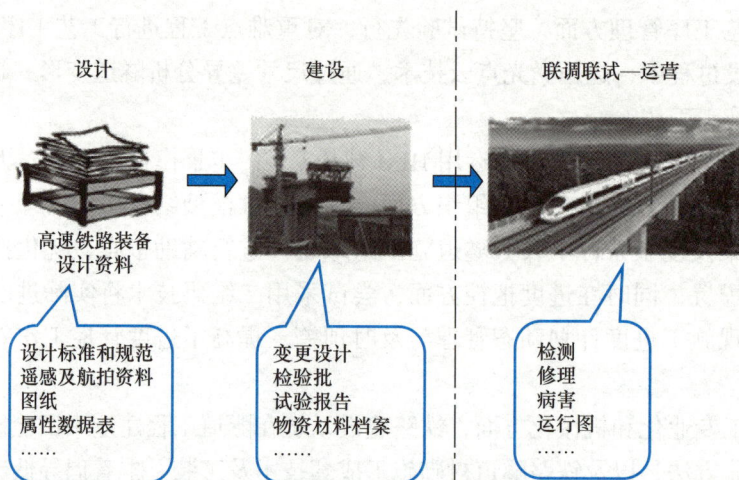

图 3-9　建设项目全生命期运维管理

例如，在宝兰高铁、宁杭高铁建设中，探索高铁工务、电务、供电专业建设运营一体化管理，研究铁路基础设施设备全生命周期属性数据整合、融合，尝试利用大数据技术，从地理空间位置角度出发，使具有线性、连续、长大特点的铁路基础设施设备的状态演变规律成为铁路基础设施设备养护维修决策基础。

3.6.4　铁路工程智能建造发展展望

1. 国内外发展现状

随着人工智能、计算机技术、互联网大数据及其相关技术的快速发展，世界各国各地都已经开展了利用高新技术改造传统铁路运输的研究，目的在于提高铁路运输效率、增强铁路运营安全、提高铁路服务质量、减少环境污染。

（1）早期阶段

国外对于智能铁路的研究，以欧、美、日为 3 大阵营，在早期产生了智能铁路 3 个最具代表性的成果，分别是日本、欧洲、美国的 CyberRail、InteGRail 以及 Smarter Railroad，但研究侧重点各不相同。

日本的 CyberRail 通过强大的信息提供功能，实现铁路运输与其他运输方式的无接缝、无障碍衔接和运输。CyberRail 根据乘客个人需求，实时向乘客推送定制化的旅行计划和个人导航信息，同时还可帮助铁路公司不断优化运输计划，以满足旅客的个性化需求和列车控制的高安全性。

欧洲的 InteGRail 面向欧洲铁路网的运输一体化展开研究，主要研究欧盟范围内的信息共享和资源一体化使用技术方案。通过建立集成共享信息系统，实现铁路主要业务流程的协同一致，以达到更高效、更高速、更准时、更安全、资源优化使用的目标。

美国的 Smarter Railroad 提出利用更全面的互联互通、更透彻的感知和度量以及更深入的智能化，实现智能信息的网络化，进而在整个铁路系统、企业内部以及合作伙伴之间实现信息的互联和共享。在此基础上，感知和度量可帮助铁路公司收集新信息，从而更好地监控运营，更主动地采取措施。此外，复杂信息的分析整合、数据建模，可将战略或运营决策与新锐洞察相结合，利于铁路系统提高服务质量、服务安全性、服务可靠性以及铁路运营效率，并节约成本。

中国对于智能铁路的研究起步较早，2000 年成立了国家铁路智能运输系统工程技术研究中心，对于智能铁路的概念、定位，特别是体系框架进行研究。借鉴智能交通系统（Intelligent Traffic System，简称 ITS）体系框架研究成果，结合中国铁路具体情况，提出了中国智能铁路的总体框架（RITS）。

（2）近期阶段

2013 年，欧盟提出的 Shift2Rail 科技创新项目是欧盟第一个以市场为导向的科研项目，是欧盟《地平线 2020》规划（《2014—2020 年研究和创新框架规划》）资助的唯一铁路项目。该项目的目标在于实现欧洲铁路一体化、增强欧洲铁路的吸引力及竞争力、巩固欧洲铁路在全球市场的领导地位。为此，Shift2Rail 划分了 5 个创新项目（IPs，Innovation Programmes）：

IP1：高效可靠的大容量和高速列车；

IP2：先进的运输管理和控制系统；

IP3：高质量、低投入的基础设施以及智能维护系统；

IP4：有吸引力的铁路服务的 IT 解决方案；

IP5：可持续和有吸引力的欧洲货运技术。

德国铁路股份公司提出了铁路 4.0 发展规划，包括运输 4.0、基础设施 4.0、物流 4.0、信号技术 4.0、IT4.0、生产制造 4.0、工作岗位 4.0、技术创新 4.0 等。具体内容包括：通过 APP 优化乘客路线设计、购票及换乘体验；实现高效、快速的运行线规划，提高线路使用效率；实现故障设施的自动诊断和自动报修，提高设备的可用性；向客户提供个性化物流解决方案；实现智能化的机车和货车，自动判断下一次检修的时间和内容等。

2015 年法国国家铁路公司推出数字化法铁（DIGITALSNCF）项目，通过加强工业互联网建设，构建连通列车、路网、站房 3 大区域的网络，既实现企业对安全、生产效率、能源经济、工作质量等的追求，又满足旅客对准点率和舒适性的需求。

近期，英国提出了数字时代下的铁路发展蓝图。该蓝图重点描述了当前英国铁路面临的 3 大挑战及应对措施，主要包括：运用蓝牙及生物识别技术替代传统售票技术，设计新型列车座椅以增加车厢容载量，研发智能列车以加大发车频率。

为加强铁路系统内部的过程管理，巩固铁路系统市场份额，确保铁路可持续发展，俄罗斯铁路公司（RZD）于 2013 年制定了《2016—2020 年全面创新发展计划》，提出数字化铁路的发展目标和任务，覆盖范围包括机车车辆和基础设施检测监测、运输管理和列车控制等，包含了从企业运营到资产管理的所有工作内容。

在中国，原铁道部及改制后的铁路集团有限公司加大了科研课题的支持力度，对于智能铁路发展战略、体系架构、关键技术等开展深入研究，大数据、物联网、无人机、虚拟现实、机器人等技术都不同程度地在铁路系统中得到应用。

2. 铁路工程管理平台建设的必要性

针对铁路建设信息化分散的情况，应考虑建设一个统一的铁路工程管理平台，提升铁路工程建设信息化水平，加快平台建设就显得尤为重要。

（1）有利于激发市场活力，牵引各参与方良性互动。铁路工程管理平台的核心作用是建立起一个完善的"生态圈"，让利益相关的诸多群体彼此交流互动，实现价值的飞跃。在基于平台的生态圈下，双方是互动的、统合的整体，能够产生快速壮大发展的网络效应。应用系统供应群体的增加，使供应商充分竞争，提供更丰富更优质的信息应用。同样，工程建设用户的增长也使供应商发现巨大的市场契机，驱使更多供应商向平台聚集，寻找利润空间。平台激发了铁路工程建设信息化市场活力，带来价值的跳跃式增长。

（2）满足多样化的应用需求，拉动潜在和深度需求。铁路工程管理平台为信息应用提供快速部署和运行支持环境。多样化的应用不但满足铁路工程建设多样化的需求，更改变了由用户预先确定需求、建设周期长、投入大、见效慢的传统信息系统建设模式。在平台模式下，应用开发商向目标用户群主动营销，主动向用户推送应用。用户低成本尝试不同的应用，重新定义需求、深入挖掘需求，优先选择最适合和最能产生效益的应用。铁路工程建设信息化应用不再限定在固定的框框，极大地扩展了铁路工程建设信息应用的深度和广度。

（3）带来规模效益，降低信息化建设成本。铁路工程管理平台采用集中资源部署、统一面向用户的建设和运营模式，符合信息化发展的趋势，使有限的建设资金发挥更大的效益。用户和基础设施资源庞大且集中，为铁路工程管理平台建设提升了议价空间。铁路工程管理平台的资源共享共用，进一步减少了铁路工程建设信息化基础设施建设成本。更为重要的是，避免了因为工程建设的周期性而导致的软硬件资源分散建设浪费。

铁路工程管理平台采用软件既服务基础设施又服务云计算的模式，减少了逐个信息系统集成的建设环节。用户规模的扩大，所带来的边际成本大大降低。应用软件供应商也减少了逐点营销、实施和服务成本。在进一步节约建设经费的同时，用户可以按需采购，甚至免费试用，极大降低了应用系统的使用门槛。

（4）符合新时期数据建设的发展需求。新时期铁路工程建设信息化已不再局限于生产控制信息系统和管理信息系统，大量数据集中管理与基于大数据分析的决策支持系统变得尤为重要，数据的价值得到深入认识。传统铁路工程建设信息化的分散建设模式，产生数据规格不统一、难以共享、质量难以保证的局面。基于铁路工程管理平台的信息化建设模式，应用集中部署，数据按照标准统一存放，现场采集数据直接存放在铁路工程管理平台中，数据的完整性、及时性和质量得到最大保证，数据变成可理解、可加工、可分析的宝贵资源。铁路工程管理平台为大数据分析、智慧铁路建设奠定基础。

（5）支持持续改进，满足面向服务的信息化发展要求。铁路工程建设正处在快速发展的新时期，伴随着大量的技术创新、管理优化和人员能力不断提升。信息系统作为铁路工程建设支撑，需要适应业务和技术能力的不断变化。传统的信息系统建设模式，技术设备的信息系统定位，建设与运营的阶段静态隔离，难以适应铁路工程建设信息化需求的不断变化与发展。

在铁路工程管理平台模式下，应用集中统一部署，大量减少应用调整与变化的成本，更容易监控服务质量，同时减少系统运行维护需投入的资源。专业化的信息服务也带来了应用系统随需而变的能力，使用户更加专注于重点业务和深化应用。

（6）建设技术和市场条件成熟。铁路工程管理平台建设具备所需要的技术和市场条件。在技术方面，面向互联网社会化信息平台已经有广泛的成功经验；铁路工程管理平台前期的建设经验积累也为其进一步发展奠定基础。在市场方面，首先随着铁路转企改制，铁路工程建设逐步深入融入社会市场环境，铁路工程管理平台具备市场发展的必要条件；其次目前铁路工程管理相对集中，能够有效引导铁路工程建设用户快速进入铁路工程管理平台。

3. BIM 技术是铁路工程管理平台的核心

国内外工程建筑行业大力发展 BIM 技术，得到广泛应用并取得了大量的经验、成绩。BIM 技术的广泛应用能够提升铁路工程建设技术水平和信息管理能力，是铁路工程建设信息化的核心和方向。

（1）BIM 是先进的信息处理工具，信息更精细、展示更直观、协作更便捷。BIM 技术的核心对工程建筑物的三维数字化，与所感受的物质世界基本维度一致，能够使铁路工程建设参与人员更直观、便捷地获得模型所承载的信息。三维模型更具有二维模型所不具有的立体组合拼装能力，利用标准族库快捷组装，极大提升效率，可带来自动化组装和基于时间的推演分析。

在标准化的基础上，BIM 能够适应不同项目阶段、不同项目参与方的铁路工程建设协同应用，能够显著提升复杂问题的处理能力。BIM 技术更能够支撑虚拟仿真、虚拟制造、集成制造，有效提升管理水平和工作效率。

（2）BIM 是大数据承载容器，实现基于模型化的数据集成、管理与分析。铁路工程建设过程周期长、参与方众多，包含了大量异构的设计数据、施工过程数据。这些数据是支撑建设和运营管理、决策支持的重要基础。一个统一的、能够承载细粒度、大批量数据的稳定信息集成模型是实现数据集成管理的关键。在众多信息集成模型中基于物质本体论的角度是最稳定的，BIM 是理想的数据集成模型。

BIM 是铁路工程建设领域大数据理想的承载容器。铁路工程建设各类过程管理、风险控制、建造成本，乃至运营期的养护维修等实时和历史数据，依附 BIM，链接、集成成为一体，实现全生命周期的铁路工程建设数据集成与管理。

数据的价值一方面体现在实际情况的掌握，更重要的是从数据中发现生产安全和经营的潜在效益和风险。基于 BIM 的铁路工程建设数据集成与管理，为大数据分析和智能化应用奠定基础。

（3）BIM 是推进铁路工程建设技术管理创新的重要手段。国内外工程建筑行业 BIM 应用发展经验表明，BIM 技术发展和推广应用过程，同时也是工程建设标准化管理推进的过程。BIM 在铁路工程建设领域应用能够进一步推进设计、施工数据标准化和建设过程的标准化管理。在 BIM 标准化支撑下，使铁路工程建设各类信息、技术更加透明开放，能够加速推动铁路工程建设全方位的技术创新。

铁路建设领域推行 BIM 技术有基础、有条件，更有广阔的发展空间。基于 BIM 的铁路工程建设全过程协同应用是发展的方向，但是铁路工程建设与传统的建筑行业有显著的不同，要应用更加丰富的技术。首先，铁路行业具有区域广、跨度大的特点，需要 3D-GIS 的支撑。其次，铁路工程建设管理具有其自身的特点，需要在业务过程应用和管理方面融合。最后，铁路工程建设较传统工程建设结构等方面较为简单，有利于加快 BIM 技术应用。

4. 基于 BIM 的铁路工程管理平台总体规划及建设目标

由于铁路工程建设面临建设规模大、技术标准高、建设速度快、管理协调复杂、周期长等挑战，传统管理模式难以适应铁路工程建设信息化快速发展需求。如何激发铁路工程建设信息化市场活力，形成快速、可持续发展的铁路工程建设信息化生态体系，成为首要问题。

自 2012 年以来，中国铁路总公司（简称总公司）着手研究铁路工程管理平台总体方案，确定将 BIM 技术作为铁路工程管理平台的主要技术发展方向，并研究制定了"以铁路工程设计、建设、运营全生命周期管理为目标，以标准化管理为抓手，以 BIM 技术为核心，建立统一开放的工程信息化平台和应用"的铁路工程管理平台的总体规划及推进计划。

依据总体规划和推进计划，总公司工程管理中心提出基于 BIM 的铁路工程管理平台发展模式，即"通过基于 BIM 的铁路工程管理平台连接铁路工程建设双边群体，提供互动机制，利用多样化的供应满足多样化的需求，构建具有成长潜力、多方共赢生态体系，转变铁路工程建设信息化发展模式，实现可持续发展"。

5. 铁路工程管理平台建设的目标

（1）连接铁路工程建设信息化各参与方，促进各方交流互动和规模快速增长；

（2）支撑建设项目工程设计、施工、运营维护全生命周期建设管理，勘察设计－施工－运维一体化的集中数据管理；

（3）提升铁路工程建设信息化水平，推动技术创新和行业进步；

（4）实现铁路工程建设信息化资源优化配置和可持续发展。

6. 基于 BIM 的铁路工程管理平台建设开放的市场和开放的技术

平台的特性决定开放市场。平台需要更多的应用开发商，各个领域具有先进技术和成功经验的应用软件都可以在平台一展身手。没有开放的市场环境，无法吸引更多开发商参与建设，无法形成有效的竞争，无法形成平台发展所必需的网络效应，无法建立平台基本的生态。面向市场才能带来更多动力，同时激发更多的需求，让铁路工程建设信息化快速发展。

平台需要开放的技术。技术不开放，容易形成技术壁垒，阻碍平台的发展。为实现平台能够自主发展，促进技术创新和持续快速的技术发展，实现各技术平台之间的互联互通，减少供应商和特定技术绑定，需要坚持采用开放的技术。

7. 基于 BIM 的铁路工程管理平台总体架构

铁路工程管理平台在技术管理上要实现应用数据、空间几个维度一体化发展。

在应用维度，铁路工程管理平台为有志于或有意向进入铁路建设信息化领域的应用提供公用的、整合的集成框架，使各类应用能够快速融入平台。

在数据维度，铁路工程管理平台提供能够控制和管理所有进出平台的数据，通过公共数据服务接口，实现各类数据在铁路工程管理平台的集中和多层次的管理，检验其与铁路工程管理平台的符合性，为下一步大数据分析应用做积累。

在空间（基础设施）维度，基于云计算的理念和技术，广泛采用社会资源，为铁路工程管理平台应用建立统一的通信、计算、存储基础设施，满足移动互联、在线应用的随时随地访问与信息处理需求。

3.7 BIM 技术在大型城市综合体工程智能建造中的应用

在智能建造中，BIM 技术的应用尤为关键。本节将以南昌工学院的建设为基础，通过介绍 BIM 在该项中的应用方面，来学习 BIM 在智能建造中发挥的作用。

3.7.1 工程概况

南昌工学院是一所全日制普通本科高等院校，截至 2020 年，校内有 28 栋宿舍楼、4 栋教学楼、18 个实训中心、1 栋行政大楼、1 座中国工艺美术大师博物馆等，图 3-10 为南昌工学院中国工艺美术大师博物馆的照片。

图 3-10　南昌工学院中国工艺美术大师博物馆

3.7.2 基于 BIM 的建模设计及审核流程

使用 BIM 技术进行建筑机电建模及审核流程设计时，一般遵循如下的工作流程：

1. 熟悉 CAD 设计图纸

国内在应用 BIM 平台时，主要还是以先用 CAD 绘制二维的专业图纸，然后再根据模型要求，通过转换、补充、重新建立等方法在 BIM 平台中完成三维模型的建立，因此，BIM 技术人员对于 CAD 软件的应用与图纸的识图能力就变得尤为重要。

2. 创建项目样板

项目样板是 BIM 模型的主要标准，如果仅仅以 BIM 模型本身提供的样板是无法满足当前国内设计、施工、成本管理等规范与标准要求的，这就需要 BIM 机电工程的设计具有一个合格的样板文件，但机电工程不同于其他专业工程，它包括了诸多的分支专业，单单建立一个样板模型还不能满足使用要求，需要各个分支专业在样板模型建立完成后，不断地充实与补充样板模型的信息，以便提高设计效率和减小建造难度。

3. 导入 CAD 图纸

在导入 CAD 图纸前，最重要的是要确定模型与 CAD 图纸的操作基准点，找到基准点后方可按照专业分类，然后进行不同专业 CAD 图纸导入的操作。

4. 建立土建模型

首先我们需要用 BIM 软件将结构模型与建筑模型建立完成，并仔细核对模型与图纸的完整性、准确性，确保模型与图纸的精度达到最佳，为机电模型的建立与管综优化做准备。

5. 链接 BIM 建筑结构模型

从有利于机电 BIM 模型的设计角度来说，建筑模型与结构模型是极为重要的建模基础，机电 BIM 模型只有在建筑模型与结构模型都较为准确之后，才可以做到准确无误，同时建筑模型和结构模型的准确也可以完整地检查机电模型是否与建筑物某一部分发生碰撞。

6. 进行 BIM 机电设计

在上述步骤相继完成后，可以开始创建机电 BIM 模型步骤。BIM 三维模型的建立包括暖通模型设计、给水排水模型设计、电气功能模型设计等内容，建立的过程中需要定义大量的族作为设计的主要技术单元。BIM 三维模型设计的主要内容有水管道设计、空调管道布置、电气排线设计、排水管道设计和通风管道设计等。

7. 碰撞检测

在完成机电 BIM 的三维模型建立设计后，利用 Revit MEP 程序对 BIM 模型设计的各类管道开展全面的检查，之后就是针对性地检测管道与线路是否存在松动、碰撞以及无法施工等内容，检查完成后形成文件，以备检查人员检查。

BIM 模型审核工作流程如图 3-11 所示。

BIM 碰撞检查

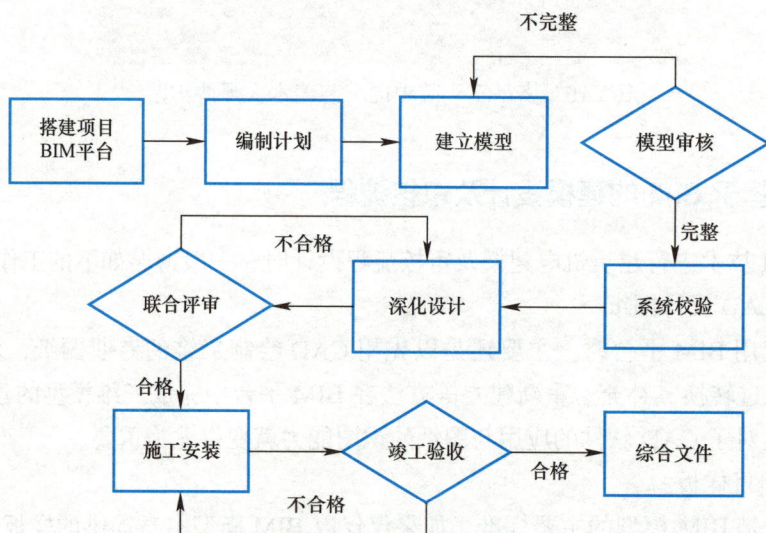

图 3-11　BIM 模型审核工作流程

3.7.3 基于 BIM 的施工前准备

1. 提供复杂工程预警方案

在南昌工学院中国工艺美术大师博物馆项目管理中，机电工程系统较为复杂，且机电工程的施工质量要求较高，个别机电工程设备和管线要求一次安装成型，不允许出现停工或返工现象。基于此，在该项目前期的设计阶段便提出了多种安装方案供施工单位参考，如一层顶设备间的大型设备吊装方案，便是通过 BIM 一体化平台做出的可视化三维模型进行的施工安装模拟，在模拟的过程中将所出现的难点问题都汇编成册，统一编写了安装技术指导书等文件，施工安装单位可根据安装技术指导书进行现场布置、起吊设备的组织、起吊作业技术准备、大型安装设备进场以及吊装所需措施等，进行了详细的施工吊装方案设计，且由于关键技术人员对施工安装的整个过程进行了三维可视化施工模拟，所以在实际的施工安装过程中极大地避免了各类难点的出现，确保了工程进度和安装质量。

2. 提供工程及材料管控

Revit 侧重于创建 BIM 三维模型，当需要统计模型中使用到的材料工程量时，可以使用 Revit 的明细表进行材料管控，但是明细表需要根据图元的类别分别创建，而图元的类别不一定符合工程所需要的材料分类的方式，此时，需要借助 Navisworks 的集成算量功能，具体应用如下：

（1）打开 RVT 文件，将其保存为 NWF 格式。

（2）为算量进行项目设置，如图 3-12 所示。

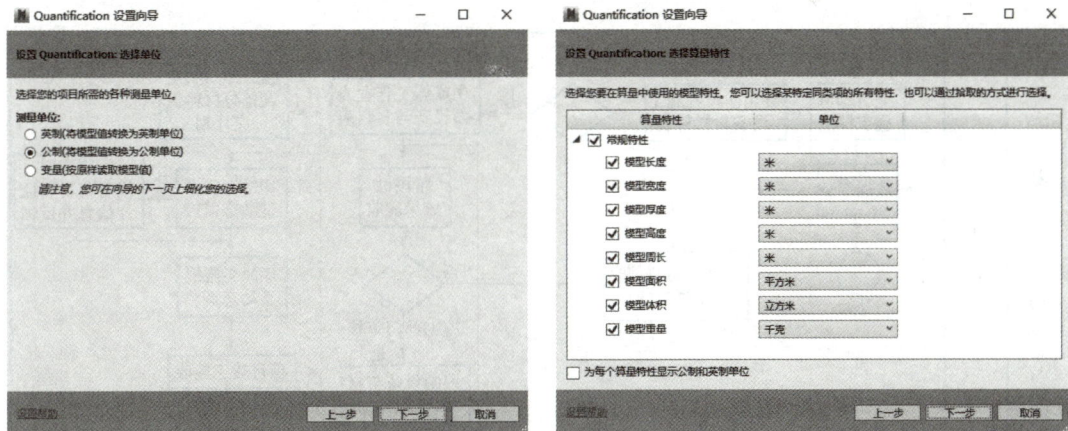

图 3-12 设置向导

（3）设置算量规则，建立项目中需要使用到的材料的 WBS 结构图，定义材料的算量方式，如图 3-13 所示。

（4）导出报告，可以将算量结果导出为 Excel 格式，该文件中包括模型中所有对象的信息，并且按照本文设置的分类方式分组罗列。

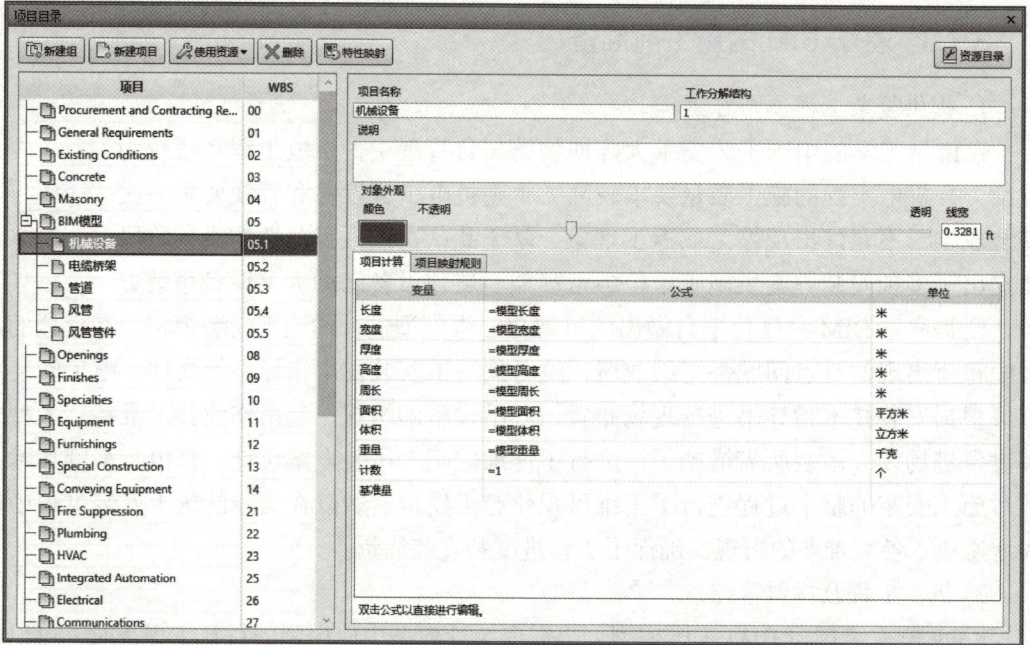

图 3-13　项目目录

3. 综合资料储存管理

BIM 在设备管理、资料管理以及材料管理方面能够更加便捷高效，这体现在 BIM 一体化平台的综合管理方面，在实际的工程管理工作中，其设备管理、资料管理、材料管理等都在一个大的流程架构中，如图 3-14 所示。

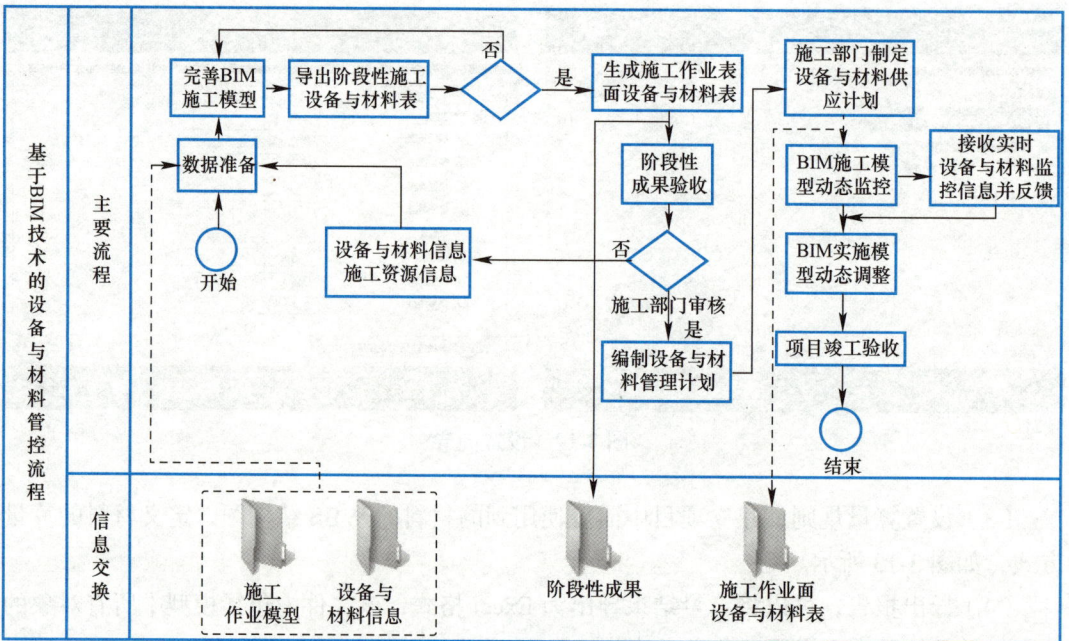

图 3-14　综合资料储存管理流程图

3.7.4 BIM 对于施工质量的控制效果

1. 定性分析

从定性的角度出发，南昌工学院中国工艺美术大师博物馆项目应用 BIM 一体化技术平台的实际过程中表明，BIM 技术在创新性、及时性、有效性等方便的表现出色，提升了建设单位、设计单位、监理单位、施工单位的工作效率，在机电工程安装的过程中，BIM 技术的应用得到了建设单位的普遍好评，对企业核心竞争力和企业形象有极大的促进作用。

该项目的成功应用，不但使得企业获得了极大的社会效益，还通过合作单位开展的三期集中培训，培养了一大批拥有 BIM 技术的团队，对于未来具有相似要求的机电工程而言，这无疑是一笔隐性的财富。下一步，其 BIM 团队成员将分别从企业管理、进度控制、成本控制、质量管理、安全考核等方面全面介入公司的其他项目中，对 BIM 一体化技术平台进行深入的扩展与研究。

2. 定量分析

从定量的角度出发，BIM 一体化平台在南昌工学院中国工艺美术大师博物馆项目中的设计深化管理、施工管理、运营维护等方面都有极大的提高，取得了显著的实际效益，具体分析如下：

第一，精确深化设计，避免设计错误，尽量减少工程投入和返工成本；

第二，利用 BIM 三维模型，精确计算出材料需用计划，避免材料的浪费；

第三，仿真施工，优化施工进程，降低施工成本；

第四，可视化的 BIM 三维模型，与项目各相关方沟通便捷，提高工作效率；

第五，提供真实、完整的建筑模型，为建筑后期的运营维护带来便利；

第六，建设绿色建筑，降低建筑能源消耗。

通过南昌工学院中国工艺美术大师博物馆项目这个平台，全方位历练了 BIM 技术整体团队的专业素养和 BIM 技术发展领导力量，促进团队 BIM 技术的推广应用，形成学习、应用 BIM 技术的良好氛围，提高工作效率和工作质量，进而提高团队的 BIM 技术应用能力，提高品牌优势。

复习思考题

一、单选题

1. 下列（   ）不属于 BIM 技术的特点。

A. 协调性 　　　　　B. 可出图性 　　　　　C. 参数化 　　　　　D. 全局性

2. 下列（   ）不是 BIM 技术在运维管理中的具体应用。

A. 空间管理 　　　　B. 设施管理 　　　　　C. 隐蔽工程管理 　　　D. 模型获取

3. 下列（   ）不属于智能化的生产设备。

A. 焊接机器人 　　　B. 智慧监控 　　　　　C. 抹灰机器人 　　　D. 设备安装机器人

4. 成本管理中的应用是 BIM 技术在智慧工地建设中的核心应用内容，其应用主要体现为，通过（　　　）的建筑信息模型分析工程成本的主要构成要素。

A. 可视化　　　　　B. 协调性　　　　　C. 可出图性　　　　　D. 参数化

5. 钢结构施工中，对所有钢构件进行统一编码，利用（　　）技术进行现场定位。

A. 条码　　　　　B. 二维码　　　　　C. GPS　　　　　D. RFID 射频技术

6. 结合（　　）、云计算和人工智能技术对建筑能耗进行实时管理和优化。

A. 无人化数字施工系统　　　　　B. 数字化表达

C. 大数据　　　　　D. 参数化指标

7. 下列（　　　）不属于智慧工地中的高科技。

A. 人工智能　　　　　B. 传感技术　　　　　C. 优化管线布置　　　　　D. 虚拟现实

8. 现场信息采集模块现场实时采集的信息主要包括人员、（　　　）、机械、建筑构件等属性信息。

A. 身份　　　　　B. 材料　　　　　C. 构件数量　　　　　D. 设备

9. 采用参数化建模技术，实现信息数据的一致性、（　　　）、及时性和共享性。

A. 协调性　　　　　B. 可出图性　　　　　C. 关联性　　　　　D. 全局性

10. 随着建筑工程设计管理中弊端的日益显露，（　　　）技术的出现，及时改变了设计管理的现状，提高了建筑工程的设计管理。

A. 施工　　　　　B. BIM　　　　　C. CIM　　　　　D. 装配式

二、多选题

1. 基于三维模型进行二次结构深化，充分考虑一、二次结构的交接关系，最大限度地避免二次浇筑，便于下道工序、砌体、门窗的（　　　）和（　　　）。

A. 深化设计　　　　　B. 施工管理　　　　　C. 可视化交底

D. 现场施工　　　　　E. 成本控制

2. 建筑工程设计管理现存的弊端是（　　　）。

A. 二维图纸设计存在弊端　　　　　B. 图纸分类较乱

C. 指标论证能力较低　　　　　D. 设计时间长

E. 图纸错误较多

3. BIM 技术在建筑智能化工程中的应用有（　　　）。

A. 规划设计阶段应用　　　　　B. 施工建设阶段应用

C. 竣工阶段应用　　　　　D. 运维阶段的运用

E. 竣工阶段应用

4. BIM 与物联网技术在智慧工地建设中的应用是（　　　）。

A. 管理施工位置　　　　　B. 管理设备运行

C. 应急安保管理　　　　　D. 日常维护工作

E. 管理施工人员

5. RSSI 测距定位算法（　　　）是当前无线网络节点定位技术的热点。

A. 结构简单　　　　B. 易于实现　　　　C. 成本低

D. 功耗低　　　　　E. 精度高

6. 安全监控系统结构架构主要由（　　　　）组成。

A. 现场信息采集模块　　　　　　　　B. BIM 安全信息模块

C. 安全监测数据处理反馈模块　　　　D. 定位管理功能模块

E. 后台服务器模块

7. BIM 云技术的应用成效及价值有（　　　）。

A. 现场交底及质量控制　　　　　　　B. 保障施工精度

C. 提升测量工作的效率　　　　　　　D. 节约施工成本

E. 加快施工速度

8. 新一代铁路智能制造是一个大系统，主要由（　　　）功能系统以及智能制造云和工业智联网两大支撑系统集合而成。

A. 智能产品　　　　B. 智能管理　　　　C. 智能生产

D. 智能服务　　　　E. 智能产品

9. 铁路工程管理平台在技术管理上要实现（　　　）维度一体化发展。

A. 数据　　　　　　B. 应用　　　　　　C. 空间

D. 管理保障　　　　E. 系统

10. BIM 三维模型设计的主要内容有（　　　）。

A. 水管道设计　　　　　　　　　　　B. 空调管道布置

C. 电气排线设计　　　　　　　　　　D. 排水管道设计和通风管道设计

E. 建筑模型设计

三、填空题

1. BIM 是一项利用数字模型技术实现对项目全寿命期管理的新理念，BIM 技术以其_____、_____以及_____等特点，为建筑工程的设计管理搭建了一个便于交流的平台。

2. BIM 技术在运维管理中的具体应用主要包括：_____、_____、_____、_____以及_____等。

3. 智慧工地是智慧地球理念在工程领域的行业具现，是一种崭新的工程_____理念。

4. BIM 信息模型具有单一工程数据源，可解决_____、_____数据之间的一致性和全局共享问题，支持建设项目生命周期中动态的_____和_____。

5. BIM 技术具备_____、_____、_____、_____、_____、_____、_____的特点，从而可以进行更好的沟通、讨论与决策，减少不合理变更方案或问题变更方案。

6. 在云运算中，要根据不同的管理平台进行_____、_____、_____，以求提高公路管理的硬件资源利用效率，在平台运行上提供高_____，以实现平台框架的虚构和拟化。

7. 将 BIM 云技术应用于云端设计协同，能够有效实现云端_____以及_____，从而有效提升施工的效率和精度，促使工期、成本得到节约。

8. 应推行铁路建设装备_____，形成具有感知、决策、执行、自主学习、自适应功能的智能建造系统以及_____、_____的建造装备。

9. 随着人工智能、计算机技术、互联网大数据及其相关技术的快速发展，世界各国各地都已经开展了利用高新技术改造传统铁路运输的研究，目的是在于提高铁路运输效率、_____、_____、_____。

10. BIM 机电三维模型的建立包括_____、_____、_____等内容。

四、简答题

1. 基于 BIM 的项目信息化管理应用平台，结合 BIM 技术可视化、协调性、可出图性、参数化的特点，可以为施工带来什么好处？

2. 简述建筑工程设计管理现存的两种弊端。

3. 简述智慧工地的基本概念。

4. 简述 BIM 技术与物联网技术应用原理。

5. 将 BIM 云技术应用于云端设计协同能够实现什么？带来什么好处？

6. 如何完善高铁建设的智慧铁路建设？

7. 使用 BIM 技术进行建筑机电建模及审核流程设计时，需要遵循哪些工作流程？

教学单元 4 智能建造与 GIS 技术应用 >>>

【学习目标】

通过本单元的学习，认识并理解智能建造与 GIS 技术的定义。通过学习前者，学生可以学到智能建造的定义、特点、优势；通过学习后者，让学生了解什么叫 GIS 技术，以及它的功能、涉及软件、技术升级、应用开发、不仅限于建筑的多方面发展。两者互相渗透、融合可以得出"1+1＞2"的成果。最后展望未来发展，让 GIS 技术全方位、多领域地完善智能建造。

【学习要求】

（1）掌握智能建造的定义、特点、优势；
（2）熟悉地理信息系统的意义、组成；
（3）熟悉地理信息系统的功能、软件；
（4）掌握地理信息系统在智能建造中的应用；
（5）了解地理信息系统在建筑以及建筑之外的应用；
（6）了解地理信息系统在各方面的发展前景。

【课程思政】

本教学单元主要树立学生的新工科智能建造专业思想，培养学生良好的职业道德，建立学生对工程建设与管理的质量意识、安全意识和环境保护意识；通过学习与新工科学科相关的各个分支学科所涉及的内容，对所从事的专业有一个感性的认识和初步的理解，了解智能建造的溯源和现代发展与未来展望；引导学生遵循学习规律，掌握学习方法，建立热爱新工科智能建造专业及行业的感情和对新工科事业的责任心，树立起对本专业学习的信心和热忱。

4.1 智能建造的概述

4.1.1 智能建造的定义

智能建造是指在建造过程中充分利用智能技术和相关技术，通过应用智能化系统，提高建造过程的智能化水平，减少对人的依赖，达到安全建造的目的，提高建筑的性价比和可靠性。也有其他学者定义智能建造为"以建筑信息模型、物联网等先进技术为手段，以满足工程项目的功能性需求和不同使用者的个性需求为目的，构建项目建造和运行的智慧环境，通过技术创新和管理创新对工程项目全生命周期的所有过程实施有效改进和管理的一种管理理念和模式"。

综上所述，智能建造是为适应以"信息化"和"智能化"为特色的建筑业转型升级国家战略需求而设置的新工科专业，是推动我国智能智慧项目建设所必须经历的关键一步（图4-1）。

图4-1 智能建造平台

1. 建造体系

以大力发展新型建筑工业化为载体，以数字化、智能化升级为动力，打造建筑产业互联网，对接融合工业互联网，形成全产业链融合一体的智能建造产业体系。智能建造技术是在现代传感技术、网络技术、自动化技术、拟人化智能技术等先进技术的基础上，通过智能化的感知、人机交互、决策和执行技术，实现设计过程、制造过程和制造装备智能化，是信息技术、智能技术与装备制造技术的深度融合与集成。智能建造，是信息化与工业化深度融合的大趋势。

2. 智能建造系统

智能建造系统架构主要解决智能建造标准体系结构和框架的建模研究，共包括生命周期、系统层级和智能功能三个维度。

生命周期：设计、生产、物流、销售、服务等一系列相互联系的价值创造活动组成的链式集合。

系统层级：设备层、控制层、车间层、企业层和协同层，共五层。智能制造系统层级体现了装备的智能化和互联网协议（IP）化，以及网络的扁平化趋势。

智能功能：资源要素、系统集成、互联互通、信息融合和新兴业态，共五层。

以上是关于智能建造系统架构的说明。作为车间信息管理技术的载体，建造执行系统MES（Manufacturing Execution Systems）在实现生产过程的自动化、智能化、网络化等方面发挥着巨大作用（图 4-2）。

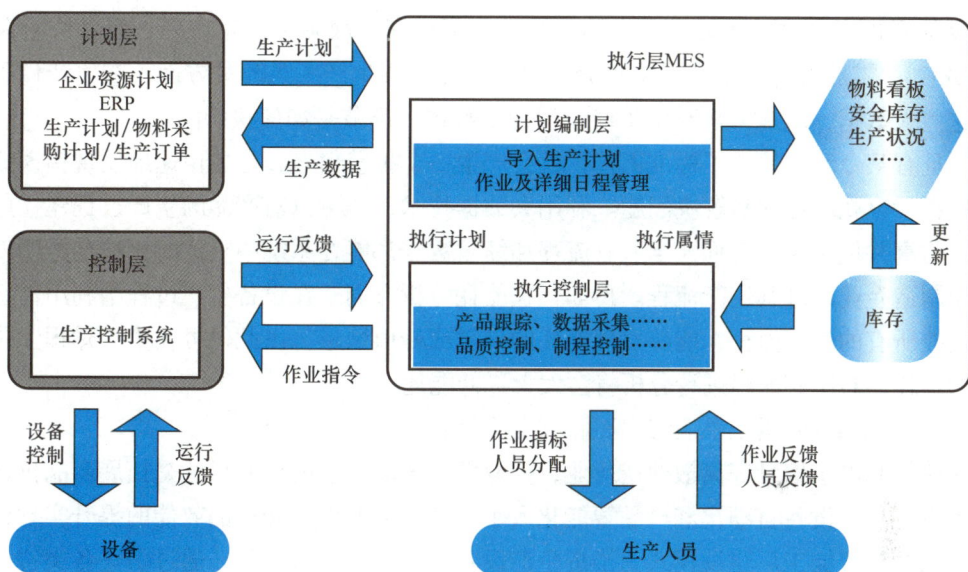

图 4-2 建造执行系统 MES

4.1.2 智能建造的特点

1. 生产设备网络化，实现车间"物联网"

物联网是指通过各种信息传感设备，实时采集任何需要监控、连接、互动的物体或过程等各种需要的信息，其目的是实现物与物、物与人，所有的物品与网络的连接，方便识别、管理和控制。

2. 生产文档无纸化，实现高效、绿色制造

生产文档进行无纸化管理后，工作人员在生产现场即可快速查询、浏览、下载所需要的生产信息，生产过程中产生的资料能够即时进行归档保存，大幅降低基于纸质文档的人工传递及流转，从而杜绝了文件、数据丢失，进一步提高了生产准备效率和生产作业效率，实现绿色、无纸化生产（图 4-3）。

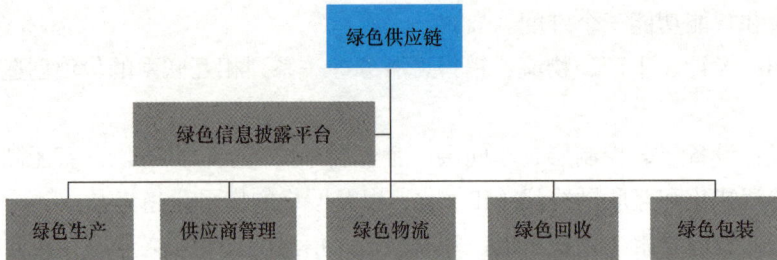

图 4-3　绿色制造供应

3. 生产数据可视化，利用大数据分析进行生产决策

在生产现场，每隔几秒就收集一次数据，利用这些数据可以实现很多形式的分析，包括设备开机率、主轴运转率、主轴负载率、运行率、故障率、生产率、设备综合利用率（OEE）、零部件合格率、质量百分比等。首先，在生产工艺改进方面，在生产过程中使用这些大数据，就能分析整个生产流程，了解每个环节是如何执行的。

一旦有某个流程偏离了标准工艺，就会产生一个报警信号，能更快速地发现错误或者瓶颈所在，也就能更容易解决问题。利用大数据技术，还可以对产品的生产过程建立虚拟模型，仿真并优化生产流程，当所有流程和绩效数据都能在系统中重建时，这种透明度将有助于制造企业改进其生产流程。再如，在能耗分析方面，在设备生产过程中利用传感器集中监控所有的生产流程，能够发现能耗的异常或峰值情形，由此便可在生产过程中优化能源的消耗，对所有流程进行分析将会大大降低能耗。

4. 生产过程透明化，智能工厂的"神经"系统

在建筑和电子信息等离散建造行业，企业发展智能建造的核心目的是拓展产品价值空间，侧重从单台设备自动化和产品智能化入手，基于生产效率和产品效能的提升实现价值增长。因此其智能工厂建设模式为推进生产设备（生产线）智能化，通过引进各类符合生产所需的智能装备，建立基于建造执行系统 MES 的车间级智能生产单元，提高精准建造、敏捷建造、透明建造的能力。

5. 生产现场无人化，真正做到"无人"厂

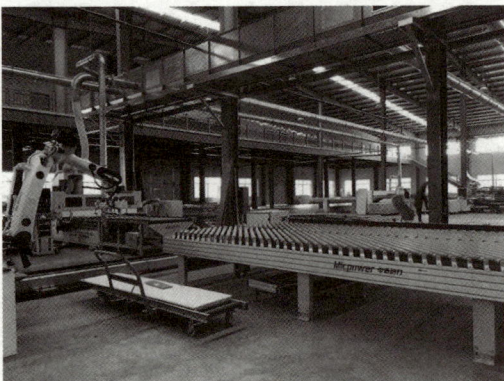

图 4-4　无人工厂

在离散制造企业生产现场，数控加工中心智能机器人和三坐标测量仪及其他所有柔性化制造单元进行自动化排产调度，工件、物料、刀具进行自动化装卸调度，可以达到无人值守的全自动化生产模式（Lights OutMFG）。在不间断单元自动化生产的情况下，管理生产任务优先和暂缓，远程查看管理单元内的生产状态情况，如果生产中遇到问题，一旦解决，立即恢复自动化生产，整个生产过程无需人工参与，真正实现"无人"智能生产（图 4-4）。

4.1.3 智能建造的优势

1. 打破行业壁垒

加快推进智能制造，是加速我国工业化和信息化深度融合、推动建造业供给侧结构性改革的重要着力点，对重塑我国建造业竞争新优势具有重要意义。

2. 提高生产效率

业界已充分认识到，智能建造能缩短产品研制周期，提高生产效率和产品质量，降低运营成本和资源能源消耗。加快发展智能建造，不仅能提升传统建造业的质量效益，还能有效带动智能装备、工业软件等新兴产业快速增长，同时有助于我国传统产业实现生产建造与市场多样化需求之间的动态匹配，增加产出、减少消耗、提高品质，大幅提高劳动生产率，抵消劳动力、原材料等要素成本上涨带来的影响。

3. 人才优势

基础人才的优势，可以直接对从事传统建造的人员进行再培训，可以快速地满足智能建造对基础人才的需求。同时技术层面的升级，有了原有的基础做支撑，改造、优化、升级也相对来说更容易些。

4. 市场优势

所谓市场的优势就是，传统建造业在长期的生产过程中不断向市场投放产品，从而进行对于市场需求的了解，以及市场规律和市场动向的把握。而正是通过这样的精准把握，才能和市场进行紧密的连接，形成掌控市场的局面。传统建造转智能，在同样的流程工艺基础上，因为使用机械化生产，所以在工艺上有很高的把握，而企业在传统制造业中吸取了诸多的价格制造经验。使之运用在智能化生产当中，形成 1+1＞2 的局面。

5. 管理优势

进一步明确政府、行业、企业在推进智能建造过程中的作用和职责，快速形成协同推进之大势，对于促进智能建造至关重要。智能建造是传统建造技术与现代化技术高度融合的建造方法，其综合性和创新性极强，不能一蹴而就，必须科研工作先行，持续加大科研投入，持续进行科技攻关，方能取得实质性效果。

4.2 地理信息系统的组成与功能

4.2.1 地理信息系统的基本含义与组成

地理信息系统（Geographic Information System，缩写：GIS）也称为地理信息科学，是以采集、存储、管理、显示和分析整个或部分地球表面与空间和地理分布有关的数据的计算机系统（图 4-5）。

因为 GIS 包含地理和信息技术，所以它肯定是一门交叉学科。作为传统科

GIS 与数字地球

学与现代技术结合而成的一个跨学科、多层次的研究领域，GIS 涵盖了较多学科内容，主要是遥感技术、计算机科学、地图学、地理学四个，其中计算机科学还包括软件工程、数据库技术等（图 4-6）。

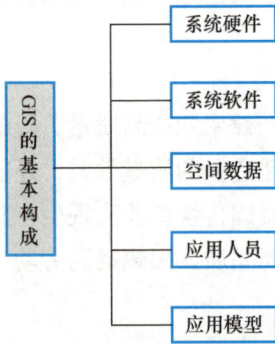

图 4-5　GIS 系统

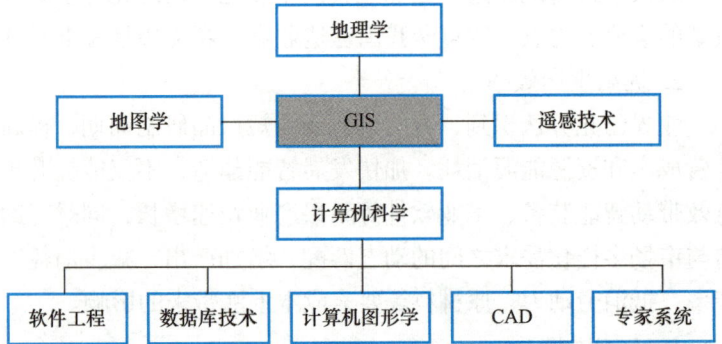

图 4-6　GIS 与相关学科、技术

4.2.2　地理信息系统的功能及应用

1. 数据采集与编辑

数据的采集与编辑是 GIS 最基本的功能，主要用于获取地理数据信息，保证地理信息系统数据库中的数据在内容上的充实性、数值上的正确性、逻辑上的一致性、空间上的完整性等。地理信息系统的操作对象是地理数据，它具体描述地理实体的空间特征、属性特征和时间特征（图 4-7）。

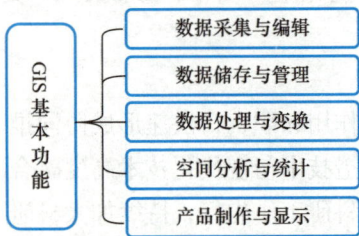

图 4-7　GIS 的基本功能

空间特征：地理实体的空间位置及相互关系。

属性特征：地理实体的名称、类型和数量等。

时间特征：实体随时间而发生的相关变化。

2. 数据存储与管理

伴随着 GIS 技术的发展，其数据存储技术也在快速的发展。一方面是从单节点存储转向多节点的分布式存储；另一方面是提供 NoSQL（非关系型的数据库）和 NewSQL（对各种新的可扩展 / 高性能数据库的简称）数据库，通过缩减关系型数据库中非必需的 ACID［ACID，是指数据库管理系统（DBMS）在写入或更新资料的过程中，为保证事务（transaction）是正确可靠的，所必须具备的四个特性：原子性（atomicity，或称不可分割性）、一致性（consistency）、隔离性（isolation，又称独立性）、持久性（durability）］部分特性，换取增强在其他方面的能力，来大幅度提升对于海量、多源、异构、实时等数据的存储能力。

3. 数据处理与变换

ArcMap（图 4-8）是一个用户桌面组件，由三个用户桌面组件组成，即：ArcMap、ArcCatalog、ArcToolbox。可用于数据输入、编辑、查询、分析等功能的应用程序，具有

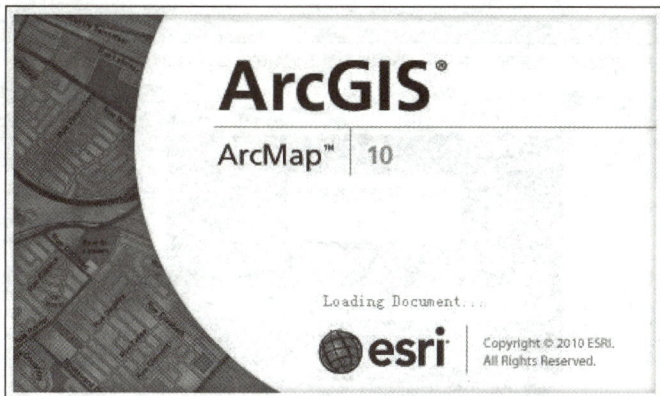

图 4-8 ArcMap

基于地图的所有功能，实现如地图制图、地图编辑、地图分析、空间分析、空间数据建库等功能。ArcMap 包含一个复杂的专业制图和编辑系统，它既是一个面向对象的编辑器，又是一个数据表生成器，是美国环境系统研究所（Environment System Research Institute，ESRI）于 1978 年开发的 GIS 系统。

ArcMap 提供两种类型的地图视图：数据视图和布局视图。

在数据视图（图 4-9）中，用户可以对地理图层进行符号化显示、分析和编辑 GIS 数据集。数据视图是任何一个数据集在选定的一个区域内的显示窗口。

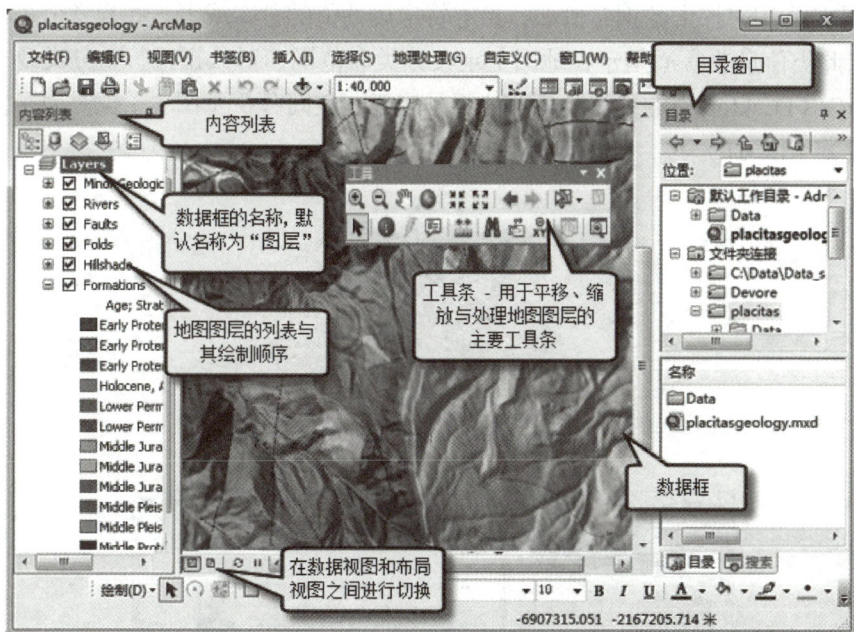

图 4-9 ArcMap 数据视图

在布局视图（图 4-10）中，用户可以处理地图的页面，包括地理数据视图和其他数据元素，比如图例、比例尺、指北针等。

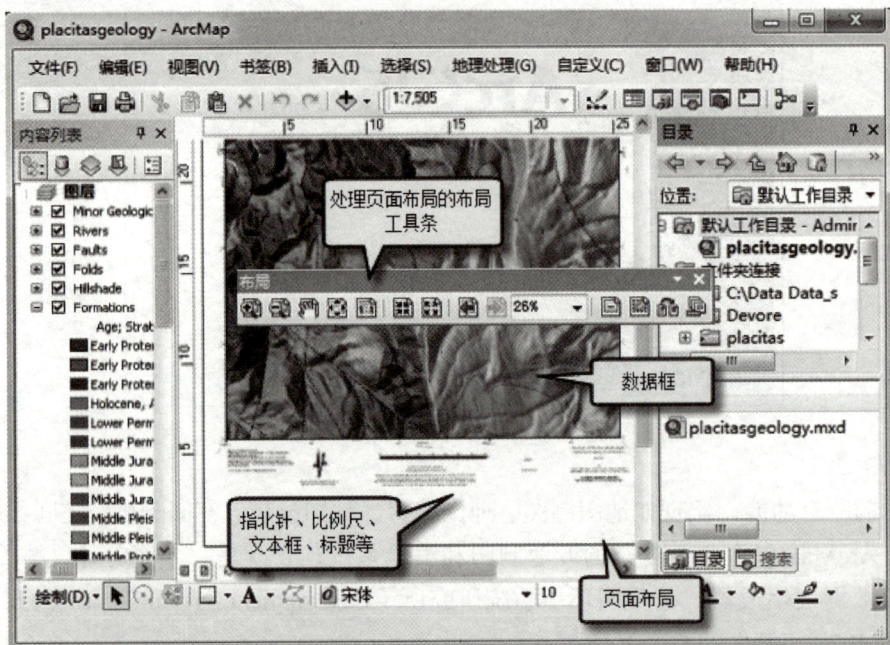

图 4-10　ArcMap 布局视图

数据变换、数据重构、数据抽取均在 ArcMap 软件中进行，本书不做详细介绍。

4. 空间分析与统计

统计分析常用来探索数据，例如，检查特定属性值的分布或者查找异常值（极高值或极低值）。此类信息非常适用于在地图上定义分类和范围、对数据进行重分类或查找数据错误。ArcGIS Desktop 中的统计分析功能不是属于非空间分析（图表）就是属于空间分析（含有位置）（图 4-11）。

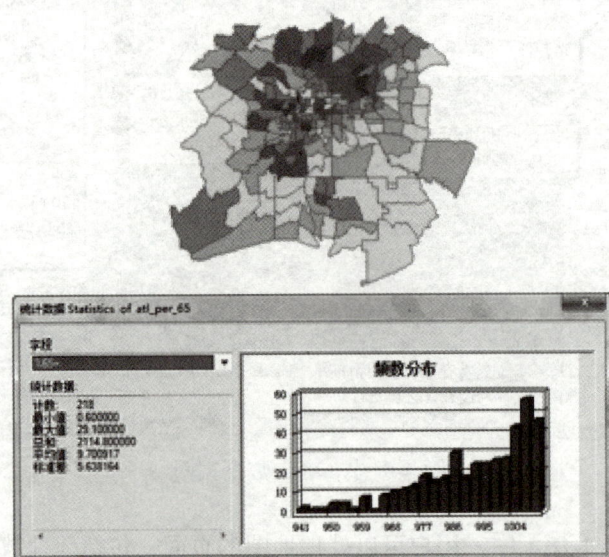

图 4-11　数据频数分布

统计分析的另一个用途是汇总数据。通常按照类别进行汇总，如在图 4-12 中将计算每种土地列用类别的汇总统计数据，以便显示该类中宗地的数量、最小和最大宗地的大小、平均宗地大小以及该类的总面积。

Landuse	Cnt_Land	Min_AREA	Max_AREA	Ave_AREA	Sum_AREA
	6	1315.1	6499.3	3007.7	18046.1
AGRI	1	37243.5	37243.5	37243.5	37243.5
COMM	210	37.1	29780.0	1679.9	352776.9
FC	1	9861.1	9861.1	9861.1	9861.1
HDR	270	45.5	11343.4	522.3	141030.8
LDR	668	0.2	11195.1	758.1	506386.9
LI	30	300.1	18031.1	2728.6	81857.6
LMDR	361	5.0	1740.1	598.5	216069.7
MDR	329	0.4	17182.8	519.7	170972.8
OFF	92	74.8	12843.7	1388.6	127755.7

图 4-12　统计数据汇总

统计分析也可用于识别和确认空间模式，如一组要素的中心、方向趋势或者要素是否会聚集在一起。虽然在地图中，模式非常清晰，但试图通过地图得出结论仍然非常困难，因为人们对数据进行分类和符号化的方式将使模式变得模糊不清或过分夸大。统计功能可对基础数据进行分析然后给出用以确认模式的存在和强度的测量值。

下面一个有关分析的示例显示出一系列盗窃活动的平均中心以及一组驼鹿出现位置的标准差椭圆（显示出方向趋势）（图 4-13）。

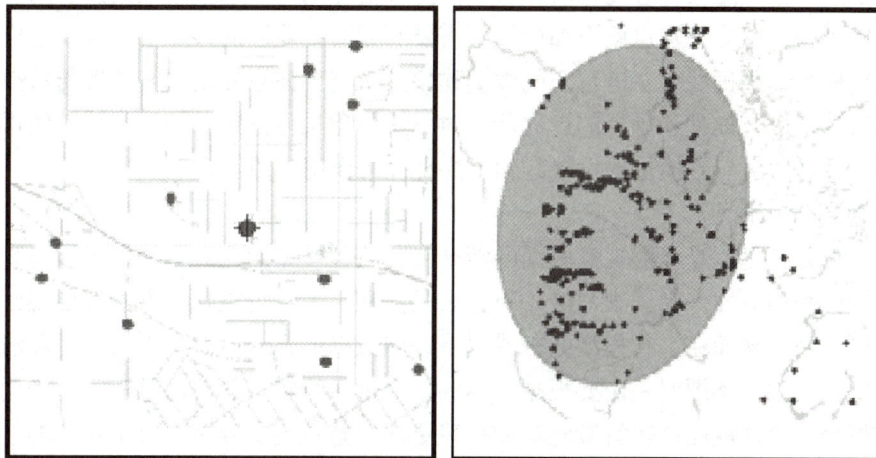

图 4-13　统计数据所显示出的空间模式

5. 产品制作与显示

地图的制作是 GIS 基本功能应用的最好例证。GIS 是在计算机辅助制图（CAD）基础上发展起来的一门学科，是电子地图（矢量化地图）制作的重要工具。因此，对空间数据进行各种渲染，高效、高性能、高度自动化处理是 GIS 制作地图的重要特点。采用 GIS 可以将数据矢量化，从而使与空间有关的各种数据（信息）选加到电子地图上。

地图制作是将用户查询的结果或是数据分析的结果以文本、图形、多媒体、虚拟现实等形式输出，是 GIS 问题求解过程的最后一道工序。输出形式通常有两种：在计算机屏幕上显示或通过绘图仪输出。在一些对输出精度要求较高的应用领域，高质量的地图输出功能对 GIS 来说是必不可少的。这方面的技术主要包括：数据校正、编辑、图形修饰、误差消除、坐标变换和出版印刷等。

地理信息系统功能遍历数据采集—分析—决策应用全部过程，并能回答和解决以下五类问题：

（1）位置：即在某个地方有什么问题。

（2）条件：符合某些条件的实体在哪里。

（3）趋势：某个地方发生某个事件，及其随时间的变化过程。

（4）模式：某个地方存在的空间实体的分布模式。

（5）模拟：某个地方如果具备某种条件会发生什么。

4.3 GIS 在智能建筑领域中的应用

4.3.1 应用于智慧建筑的主要方面

1. 三维空间数据模型

三维空间数据模型在智慧建筑的建设中有重要的作用，三维空间数据模型的专业性和方向性都比较高，因此要求也就更加严格，需要有较高专业性的人才来实施，这样才能保证空间数据模型的准确性。在进行空间数据建模上一定要注意的是空间位置与数据的相对性，通过对数据进行处理和坐标的建立能够对三维对象进行确定和模拟，从而使得三维模型得以建立。这样对三维模型的发展起到了决定性的作用（图 4-14）。

2. 三维可视化技术

三维可视化技术就是能够提高画面的清晰度，使得模型的建立更加准确和逼真，提高画面的流畅性和高效性，在三维 GIS 中有重要的应用。三维可视化技术能够使得画面更加有质感、更清晰，从而在进行模型的查看以及一些数据的显示时就会更加方便和清楚。在进行智慧建筑的模型绘图时一定要根据实际的情况进行绘制，然后通过三维可视化的作用完善绘制模型，这样就能使得智慧建筑的构建更加完整且层次分明。每个场景的建设都要其有层次感，这样在进行问题的处理时才能有针对性地进行，从而减少错误的出现，提高智慧建筑建立的质量。三维可视化技术还需要不断地提高，这对智慧建筑的规划和建设起到了决定性的作用，在三维 GIS 中占有不可缺少的位置。

4.3.2 在智慧建造中的应用

智慧建造离不开信息技术的应用，通过信息技术在计算机上绘制出数据模型，从而使得人们能够对整体建筑环境进行深层次的了解和查看，这样人们在进行智慧建筑的规划和建设的过程中就能依据三维数据模型来进行科学的建设，还能为人们提供更多有用的信息，从而提高建设的水平。智慧建筑的建设一定要跟上时代发展的步伐和要求，使得智慧建筑的理念深入人心，打造更加舒适的生活环境，对城市的发展也会有重要的影响。三维 GIS 通过各种技术的支持，使得三维空间数据模型的效果变得越来越好，对数据的存储和更新也做得非常好，这对智慧建筑的发展有重要的影响（图 4-15）。

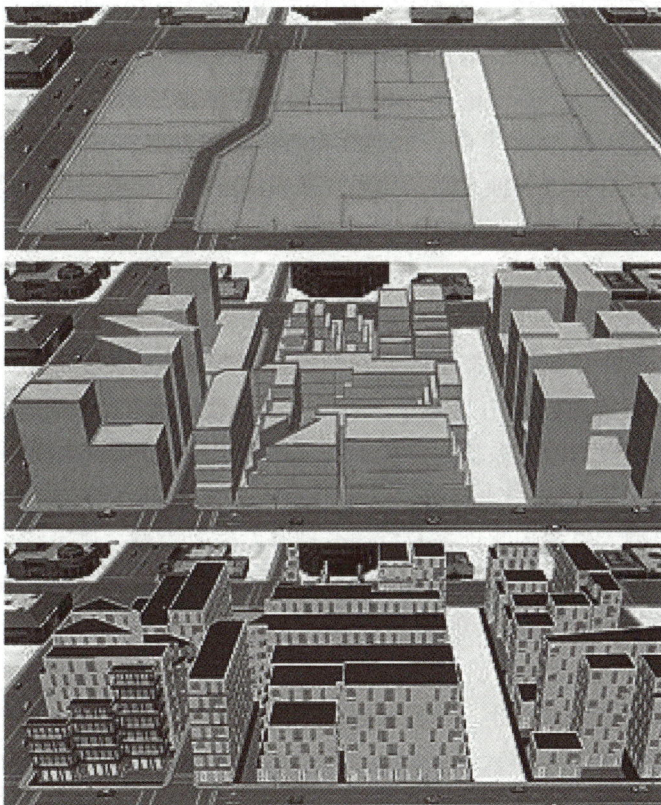

图 4-14 三维模型

图 4-15 智慧建筑数据模型

4.4　GIS 应用与开发

1. 资源清查与管理

资源的清查与管理是 GIS 应用最广泛且趋于成熟的应用领域，也是 GIS 最基本的职能，包括土地资源、森林资源和矿产资源的清查、管理，土地利用规划、野生动植物保护等。GIS 的主要任务是将各种来源的数据和信息有机地汇集在一起，通过 GIS 软件生成一个连续无缝的、功能强大的大型地理数据库，该数据环境允许集成各种应用，如通过系统的统计、叠置分析等功能，按照多种边界和属性条件，提供区域多种条件组合形式的资源统计和资源状况分析，最终用户可通过 GIS 的客户端软件直接对数据库进行查询、显示、统计、制图及提供区域多种组合条件的资源分析，为资源的合理开发利用和规划决策提供依据。以土地利用类型为例，可输出不同土地利用类型的分布和面积、按不同高程带划分的土地利用类型、不同坡度区内的土地利用现状及不同类型的土地利用变化等，为资源的合理利用、开发和科学管理提供依据。如中国西南地区国土资源信息系统，设置了三个功能子系统，即数据库系统、辅助决策系统和图形系统，存储了 1500 多项 300 多万个资源数据。该系统提供了西南地区的一系列资源分析与评价模型、资源预测预报及资源合理开发配置模型。该系统可绘制草场资源分布图、矿产资源分布图、各地县产值统计图、农作物产量统计图、交通规划图及重大项目规划图等不同的专业图。

2. 区域规划

区域规划具有高度的综合性，涉及资源、环境、人口、交通、经济、教育、文化、通信和金融等众多要素，要把这些信息进行筛选并转换成可用的形式并不容易，规划人员需要切实可行的技术和实时性强的信息，而 GIS 能为规划人员提供功能强大的工具。规划人员可利用 GIS 对交通流量、土地利用和人口数据进行分析，预测将来的道路等级；工程技术人员利用 GIS 将地质、水文和人文数据结合起来，进行路线和构造设计；GIS 软件的空间搜索算法、多元信息的叠置处理、空间分析方法和网络分析等功能，可帮助政府部门完成道路交通规划、公共设施配置、城市建设用地适宜性评价、商业布局、区位分析、地址选择、总体规则、分区、现有土地利用、分区一致性、空地、开发区和设施位置等分析工作，是实现区域规划科学化和满足城市发展的重要保证。我国大、中城市居多，为保证城市可持续发展，加强城市规划建设，实现管理决策的科学化、现代化，根据加快中心城市规划建设和加强城市建设决策科学化的要求，利用 GIS 作为城市规划管理和分析的工具，具有十分重要的意义。

3. 灾害监测

借助遥感监测数据和 GIS 技术可有效地进行森林火灾的预测预报、洪水灾情监测和洪水淹没损失的估算及抗震救灾等工作，为救灾抢险和决策提供及时准确的信息。如根据对我国大兴安岭地区的研究，通过普查分析森林火灾实

土地资产管理地理信息

智慧景区区域规划

GIS 三维可视化雷电监测分析预警平台

况，统计分析十几万个气象数据，从中筛选出气温、风速、降水、温度等气象要素以及春秋两季植被生长情况和积雪覆盖程度等 14 个因子，用模糊数学方法建立数学模型以及模型建立的多因子综合指标森林火险预报方法，预报火险等级的准确率可达 73% 以上。又如黄河三角洲地区防洪减灾信息系统，在 Arc/InfoGIS 软件支持下，借助大比例尺数字高程模型，加上各种专题地图如土地利用、水系、居民点、油井、工厂和工程设施及社会经济统计信息等，通过各种图形叠加、操作、分析等功能，可计算出若干个泄洪区域及其面积，比较不同泄洪区域内的土地利用、房屋、财产损失等，最后得出最佳的泄洪区域，并制定整个泄洪区域内的人员撤退、财产转移和救灾物资供应等的最佳运输路线。

此外，RS（Remote Sensing 的缩写，即遥感，是指非接触的，远距离的探测技术）与 GIS 技术在抗震救灾中也有广泛应用。我国是地震多发国家之一，为了尽可能减少在未来地震中的生命和财产损失，必须建立一套地震应急快速响应信息系统。GIS 技术作为该系统的基础，在平时建立起来的地震重点监视防御区的综合信息数据库和信息系统基础上，一旦发生大地震，就可借助 RS 和 GIS 技术迅速获取震区的各种信息，经过快速处理来获得地震灾害的各种信息，以便实现对破坏性地震的快速响应，防震减灾应急对策建议的即时生成，各种震情、灾情、背景、方案信息的可视化图形展示。这些信息不仅可为抗震救灾的部署提供重要依据，也可为各种救灾措施的实施提供信息支持，以提高抗震救灾的效率，最大限度地减轻地震造成的损失。GIS 技术在地震中的具体应用包括应急指挥、灾害评估、辅助决策、地震灾害预测等。

4. 土地调查和地籍管理

土地调查包括对土地的调查、登记、统计、评价、使用等。土地调查的数据涉及土地的位置、房地界、名称、面积、类型、等级、权属、质量、地价、税收、地理要素及有关设施等项内容。土地调查是地籍管理的基础工作。随着国民经济的发展，地籍管理工作的重要性正变得越来越明显，土地调查的工作量变得越来越大，以往传统的手工方法已不能胜任。GIS 为解决这一问题提供了先进的技术手段。借助 GIS 可以进行地籍数据的管理、更新，开展土地质量评价和经济评价，输出地籍图，同时还可为有关的用户提供所需的信息，为土地的科学管理和合理利用提供依据。

5. 环境管理

随着经济的高速发展，环境问题越来越受到人们的重视，环境污染、环境质量退化已成为制约区域经济发展的主要因素之一。环境管理涉及人类的社会活动和经济活动的一切领域。传统的环境管理方式已不断受到挑战，逐渐落后于我国经济发展的要求。而 GIS 技术可为环境评价、环境规划管理等工作提供有力工具，如环境监测和数据收集、建立基础数据库和环境动态数据库、建立环境污染的有关模型、提供环境管理的统计数据和报表输出、环境作用分析和环境质量评价、环境信息传输和制图等。为提高我国环境管理的现代化水平，很多新型的环境管理信息系统不断建成。从 1994 年下半年起，在国家环保总局的统一领导下，我国进行了覆盖 27 个省、市、自治区的省级环境信息系统（PEIS）建设。

6. 城市管理

城市管理是一项内容广泛、涉及面宽的复杂管理，不但需要各级政府之间的协调，更需要各部门之间的协作。同时，还需要处理各种统计数据与信息，查阅并分析许多与空间位置相关的信息，如城市自然要素的空间分布，基础设施中管线的布设，公共事业中设施的建设和布局，社会管理中流动人口的来源、分布、就业分布、社会治安因素分析、社区管理设施与服务分布等。这些工作都需要能够专门处理空间数据和进行空间分析的 GIS 作为技术手段。

在城市公共基础设施管理中，GIS 可帮助管理人员查询设施管线、管网（包括供水、排水、供电、供气及电缆系统等）的分布，追踪流量信息和运行质量监控；在城市公共事业管理中，GIS 主要用于公共事业设施的分布及需要公共事业服务的特殊人群的分布分析等；在城市资源与生态环境管理中，GIS 的职能主要体现在资源清查与管理、土地调查和地籍管理、灾害监测和环境管理等方面；在城市经济空间结构管理方面，GIS 主要处理各经济要素的空间分布，如产业空间布局、商贸中心的分布、城市功能区的范围等，并分析其规模、形态和位置是否符合城市空间扩张的规律；在城市社会管理中，GIS 主要进行城市社会因素的空间特征的管理，如人口分布、不同人口密度的地区显示、社区服务设施分布、影响社会治安因素的分布分析及犯罪嫌疑人追踪等。

7. 作战指挥

军事领域中运用 GIS 技术最成功的例子当属 1991 年海湾战争。美国国防制图局为满足战争需要，在工作站上建立了 GIS 与遥感的集成系统，它能用自动影像匹配和自动目标识别技术处理卫星和高低空侦察机实时获得的战场数字影像，及时（不超过 4 小时）将反映战场现状的正射影像图叠加到数字地图上，并将数据直接传送到海湾前线指挥部和五角大楼，为军事决策提供 24 小时的实时服务。通过利用 GPS（全球定位系统）、GIS、RS（遥感）等高新尖端技术迅速集结部队及武器装备，以较低的代价取得了极大的胜利。

8. 辅助决策

GIS 利用特有的数据库，通过一系列决策模型的构建和比较分析，可为国家宏观决策提供依据。例如，系统支持下的土地承载力研究，可解决土地资源与人口容量的规划。在我国三峡地区，通过利用 GIS 和机助制图方法建立的环境监测系统，为三峡宏观决策提供了建库前后环境变化的数量、速度和演变趋势等可靠的数据。美国伊利诺伊州某煤矿区由于采用房柱式开采引起地面沉陷，为避免沉陷对建筑物的破坏，减少经济赔偿和对新建房屋的破坏，煤矿公司通过对该煤矿 GIS 数据库中岩性、构造及开采状况等数据的分析，利用图形叠置功能对地面沉陷的分布和塌陷规律进行了分析与预测，指出地面建筑的危险地段和安全地段，为合理部署地面的房屋建筑提供了依据，取得了较好的经济效果。

此外，GIS 利用数据库和互联网传输技术，已经实现了电子商贸的革命，满足企业决策多维性的需求。当前在全球协作的商业时代，90% 以上的企业决策与地理数据有关，如企业的分布、客货源、市场的地域规律、原料、运输、跨国生产、跨国销售等。利用 GIS 可迅速有效地管理空间数据，进行空间可视化分析，确定商业中心的位置和潜在市场的分布，寻找商业地域规律，研究商机时空变化的趋势，不断为企业创造新的商机。GIS 和互联网已成为最佳的决策支持系统和威力强大的商战武器。

4.5 GIS 的建筑管理规划

GIS 是一种特定的空间信息系统，主要针对宏观区域的应用，能够对包括大气层在内的全部或部分地球表面的地理空间进行数据采集、存储、计算、处理、描述，从某个建筑工程项目而言，则包含了建筑工程的地理位置信息、周边环境信息、地上和地下管线系统、周围道路信息等空间宏观信息。

BIM 是一个完备的信息模型，主要针对微观单体建筑的应用，能够将建筑的各项相关信息数据集成在一个模型中，这样的信息模型可快速实现创建、拆分、整合等行为，并且可以支持多种维度下对模型和信息加以查看、分享、提取、分析、利用，为建筑各阶段及时提供准确的数据。

BIM 和 GIS 是两个不同的行业领域，其二者之间并没有可替代性，二者更像是一种互补的关系。建筑工程领域，BIM 可以提供建筑基础的数据，GIS 可以提供地理空间定位数据，建筑信息模型与地理信息的串联互补，BIM+GIS 的融合将带来极大的价值，在城市和景观规划、智慧城市建设、建筑设计、灾害管理、地图导航、室内导航等领域发挥极大的作用。

科学的建筑工程规划是进行合理化城市布局，促进城市可持续化，为人们的生产和生活带来便利的重要环节。以生态环境保护、突出城市特色、契合城市规划方案为前提，对工程进行合理的规划与管理，是当前所提倡的智慧城市建设的一种助推剂。

4.5.1 在建筑工程规划管理中 BIM+GIS 集成的技术路线

1. 倾斜摄影形成三维的 GIS 模型

倾斜摄影技术是近些年测绘领域发展起来的一门新技术，是指通过搭载高像素摄像头的无人机，同时从垂直、倾斜等不同角度采集地物影像，其采得的倾斜摄影数据能够准确地反映地物信息，并且带有准确的定位信息。倾斜摄影数据采集完成之后，通过 PC 端实景建模软件将倾斜摄影数据处理成三维的实景模型，这样就省却了大量的 BIM 建模工作，直接构建成真实的场景。生成的三维实景模型可以直接被 GIS 平台识别，这样就在地图里形成了直观的三维 GIS 模型。某校 GIS 实景模型如图 4-16 所示。

2. 轻量化的 BIM 模型置换 GIS 模型

BIM 模型包含工程所有的信息，这些信息并不是在模型建立之初便存在的，而是随着项目在全生命周期过程中动态增长与变化的。在建筑工程规划阶段，将拟建建筑的 BIM 模型进行轻量化处理导入 GIS 平台中，即 IFC 和 CityGML（两者是一种用于虚拟三维城市模型数据交换与存储的格式，是用以表达三维城市模板的通用数据模型）数据格式之间的兼容。在实景模型中将对应部分替换，填写 GIS 模型中所没有的项目属性信息，如层高、建筑出入口、构件属性等信息，实现宏观数据与微观数据的整合（图 4-17）。

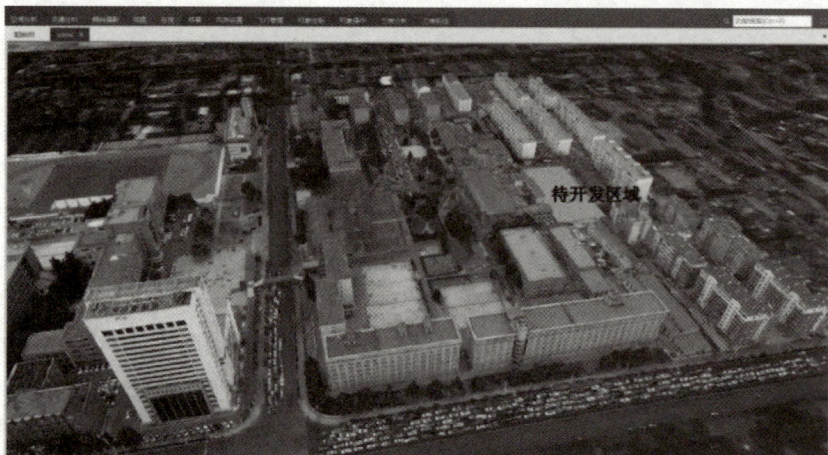

图 4-16　某校 GIS 实景模型

图 4-17　某高校 BIM+GIS 模型

3. 在 GIS 平台中查看项目信息

在 BIM 模型导入 GIS 平台之后，可以通过 GIS 规划管理，信息是动态变化的：一方面，在规划阶段，BIM 模型多是概念模型，即只包含项目的位置朝向、尺寸等项目概念信息，模型中的信息远没有达到项目建设的需要，可以在 BIM 模型中不断增加信息以满足规划管理的需求。另一方面，在规划阶段对模型的应用所产生的信息（如光照分析等数据）可以附加到 BIM 模型当中传递到项目下一阶段，最后用于项目的运维。

4. 日照采光模拟分析

BIM+
GIS 技术

建筑工程规划管理中，关于日照采光的分析尤为重要。在 GIS 平台中给予 BIM 模型以准确的定位，这就具备了进行日照采光模拟分析的基础，通过设置具体时间段的形式，可以真实地模拟项目在建设地点某一具体时间段的光照变化，生成模拟视频，并给出分析报告。

5. 可视域分析

可视域分析也是建筑工程规划管理中不可或缺的一环，在 GIS 平台可以基于 BIM 模型的任意一点做此点对周边的可视分析。通过可视域分析可以合理安排监控位置，减少监控的盲区，实现对项目的全面监控。

6. 建筑高度及建筑间距控制

建筑高度和建筑间距是影响建筑形态控制的重要指标，其对建筑采光、房屋通风、安全以及居住者隐私有着重要的影响，因而在建筑工程规划过程中控制好建筑高度和建筑间距尤为重要。在 GIS 平台中，可以实现多角度查看建筑间距和高度情况，并可以进行实时的精确测量。

7. 新建建筑物的出入口规划控制

建筑工程出入口的设置对人员车辆进出的便捷性和对周边道路的交通情况有着极为重要的影响，合理的建筑出入口设置对城市科学规划和使用者的使用体验有积极的促进作用。在项目规划之初，便可以通过 GIS 平台观察分析新建建筑物周围的道路情况，并结合建筑的项目规模、使用性质、人员车辆进出率等因素确定新建建筑物的出入口。

4.5.2 GIS 在未来的发展规划

在智能建造发展的过程中，GIS 技术提供了很大帮助，但要想全面发挥其功能优势，必须将其与物联网、传感器等有效融合。GIS 技术的发展应用需要信息技术的支持和帮助，两者是相互依存的关系，GIS 技术是智能建造的前提条件，同时智能建造的发展也会促进 GIS 技术功能的完善。

1. 为智能建造的规划设计提供工具

GIS 技术能统一管理空间、属性等方面的数据，具备完善科学的规划设计功能，并且空间分析模块能有效地辅助模拟，科学选取评估方案，然后根据实际需要优化方案，保证空间数据、属性数据分析的准确性，是非常有效的规划工具之一。

存储、管理和规划数据。GIS 技术可以有效存储、管理海量的数据，还能有效查询、规划各类空间数据信息。因此，以 GIS 技术为基础构建的智慧地球城市规划数据库能更科学、有效地管理城市各类信息数据。

2. 科学规划、管控动态城市发展

在智能建造规划过程中，GIS 技术的应用可以科学规划、管控动态城市发展，能及时更新各类数据信息，科学分析空间数据。利用 GIS 技术的功能优势，能更高效地监测、管控城市信息化建设，并根据监测、管控结果解决其中存在的问题。在城市整体结构布局过程中，三维地理信息系统是依据城市的有关特征采用相应的技术手段，然后在此前提下作出调整，更高效地完成城市的规划工作。

在智能建造发展中要想最大限度地发挥 GIS 技术的功能优势，必须重视 GIS 技术三维可视化的应用。利用三维 GIS 技术可以更直观、具体地展现空间数据信息，便于用户更有效地规划智能城市发展。GIS 技术因自身特有的功能被广大技术人员所青睐，便于他们更科学地做出决策。

在当今信息技术飞速发展的时代，跨学科、跨领域的现象已经屡见不鲜，BIM 与 GIS 技术的集成融合便是其中之一。BIM+GIS 的集成应用，必将会引起工程项目规划管理的变革，推动工程规划管理向着更加绿色、节能、便民的方向发展。然而，基于 BIM+GIS 的建筑工程规划管理只是智慧城建设中的一部分，BIM 与 GIS 集成融合所产生的价值也绝不会仅仅局限于规划领域，其必将在其他相关领域大放异彩，产生不可估量的价值。

复习思考题

一、填空题

1. 智能建造是为适应_____和_____而设置的专业。
2. 智能建造系统的维度有_____、_____、_____。
3. 智能建造的生命周期分为_____、_____、_____、_____、_____。
4. 智能建造的特点有_____。
5. 智能建造的优势有_____。
6. GIS 的基本构成包括_____。
7. GIS 的基本功能包括_____。
8. GIS 的应用功能包括_____。

二、判断题

1. 智能制造系统架构主要解决智能建造标准体系结构和框架的建模研究。（   ）
2. GIS 的主要任务是将各种来源的数据和信息有机地汇集在一起。（   ）
3. GIS 技术不仅可以有效存储、管控海量的数据、管控，还能有效查询、规划各类空间数据信息。（   ）

三、单选题

1. 从功能上看，GIS 有别于其他信息系统、CAD、DBS 的地方是 GIS 具有（   ）。
A. 数据输入功能　　　　　　　　B. 数据管理功能
C. 空间分析功能　　　　　　　　D. 数据输出功能
2. GIS 的应用功能不包括（   ）。
A. 区域规划　　　B. 环境治理　　　C. 城市管理　　　D. 辅助决策
3. 智能建造的特点包括（   ）。
A. 生产设备网络化　　　　　　　B. 生产管理个性化
C. 生产过程急速化　　　　　　　D. 生产结果具体化

四、多选题

1. GIS 的基本功能有（   ）。
A. 数据储存与管理　　　　　　　B. 数据处理与变换
C. 空间分析与统计　　　　　　　D. 产品制造与分析

E. 产品制作与售后

2. GIS 的基本构成包括（　　　　）。

A. 系统升级　　　　　B. 系统软件　　　　　C. 空间数据

D. 应用人员　　　　　E. 应用模型

3. GIS 涵盖了较多学科主要有（　　　　）。

A. 地理学　　　　　B. 地图学　　　　　C. 计算机科学

D. 数据学　　　　　E. 生物学

五、思考题

1. 请概述，什么叫智能建造？

2. 为什么企业看重"无人"工厂？

3. 智能建造的"智能"体现在哪里？

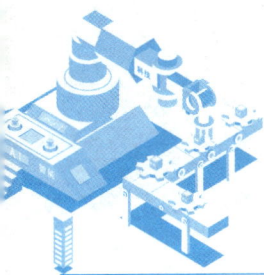

教学单元 5 智能建造与物联网技术应用 >>>

【学习目标】

通过本单元的学习，理解并认识智能建造与物联网技术的背景、概念、特点和应用。随着科学技术的发展，智能建造与物联网技术代表了建筑业高质量发展方向。通过将建造过程与物联网、人工智能、云计算及大数据等新一代信息技术结合，运用建筑机器人、智能施工设备、建筑信息模型（BIM）、智能工程管理系统等产品技术，从而有效提高建造过程的安全性以及建筑的经济性、可靠性，也使建筑科技走在世界的前列。

【学习要求】

（1）了解物联网技术的概念和体系架构；
（2）了解智能建造与物联网的未来发展；
（3）熟悉传感器的构成与网络；
（4）掌握智能建造关键技术体系；
（5）掌握物联网在智能建造中的应用。

【课程思政】

本教学单元主要培养学生主动肩负起造福人类社会的责任。以立德树人为引领，以学生应对变化、塑造未来为基本建设理念，以继承与创新、交叉与融合、协调与共享为主要途径，重在培养多元化、创新型卓越新工科人才。通过加入超级工程、重大工程实例引导学生主动积极探索，接受和消化既有知识，建立创新创业意识，同时培养学生的爱国主义精神。

5.1 物联网技术概述

5.1.1 物联网技术的概念

物联网技术（Internet of Things，IoT）起源于传媒领域，是信息科技产业的第三次革命。物联网是指通过信息传感设备，按约定的协议，将任何物体与网络相连接，物体通过信息传播媒介进行信息交换和通信，以实现智能化识别、定位、跟踪、监管等功能。

物联网技术以互联网为依据，具备了较强的交流与沟通功能，属于智能应用系统，目的是使服务的智能对象能够有效地连接在一起，从而获得不一样的体验。物联网最为显著的特点就是可以将不同类型的设备连接起来，为最终端客户提供服务。在物联网相关信息的传播过程中，互联网则是核心。物联网的构成部分主要包括传感设备、传输网络、应用控制网络，具备了全面感知、可靠传递、智能处理以及综合应用特征。其中全面感知作为物联网的基础，通过 RFID 标签的使用、不同类型的传感器、二维条形码等来将物体的信息进行收集整理；而可靠传递则是由不同的通信网络结合互联网，及时地传递物体的相关数据信息，其是异地感知实现的基础；智能处理主要运用的是大数据以及云计算等，来分析大量数据，物体的管理实现了智能化；综合应用以不同行业的不同业务特点为依据，使其独立存在与应用，不仅包含挖掘、分析、整合数据，并且做出决策，对多个领域数据进行管理。

2020 年 7 月，住房城乡建设部联合国家发展改革委等 13 个部门，联合发布了《关于推动智能建造与建筑工业化协同发展的指导意见》，旨在推进建筑产业互联网的发展，加快建筑业工业化、数字化和智能化升级。物联网技术作为未来建筑智能化发展的重要组成部分，在建筑业正在得到越来越广泛的应用。其中，物联网平台是物联网技术应用的关键环节，如何结合行业特点建设适用于建筑类企业的物联网平台，是当前建筑类企业在物联网技术应用中面临的一个重大问题。

5.1.2 物联网技术的体系架构

目前物联网架构通常分为感知层、网络层和应用层三个层次，如图 5-1 所示。

1.感知层。感知层是物联网的核心，是信息采集的关键部分。感知层位于物联网三层结构中的底层，其功能为"感知"，即通过传感网络获取环境信息。感知层的主要功能是识别物体、采集信息，与人体结构中皮肤和五官的作用类似。感知层解决的是人类世界和物理世界的数据获取问题。它首先通过传感器、数码相机等设备，采集外部物理世界的数据，然后通过 RFID 条码、工业现场总线、蓝牙、红外灯短距离传输技术传输数据。感知层所需要的关键技术包括检测技术、短距离无线通信技术等。

2.网络层。网络层犹如人的中枢神经，解决的是感知层所获得的数据在一定范围内，通常是长距离的传输问题。主要完成接入和传输功能，是进行信息交换、传递的数据通

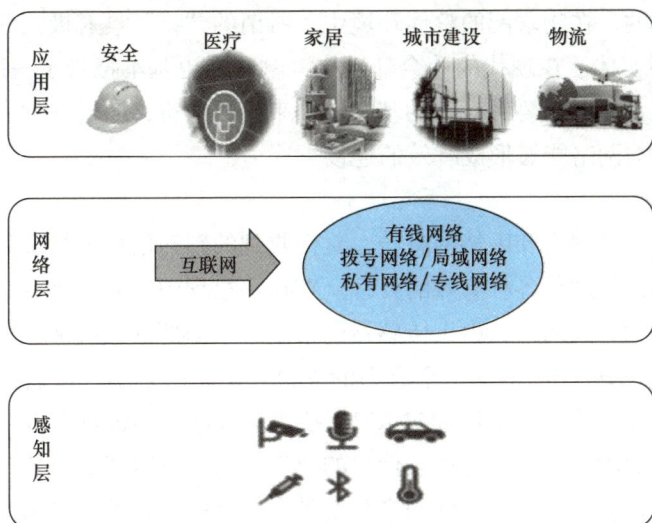

图 5-1　物联网的层次结构

路，包括接入网与传输网两种。这些数据可以通过移动通信网、国际互联网、企业内部网、各类专网、小型局域网等网络传输。特别是当三网融合后，有线电视网也能承担物联网网络层功能，有利于物联网的加快推进。网络层所需要的关键技术包括长距离有线和无线通信技术、网络技术等。

3. 应用层。应用层解决的是信息处理和人机界面的问题，主要是利用经过分析处理的感知数据，为用户提供丰富的特定服务。它是物联网和用户（包括人、组织和其他系统）的接口，能够针对不同用户、不同行业的应用，提供相应的管理平台和运行平台并与不同行业的专业知识和业务模型相结合，实现更加准确和精细的智能化信息管理。物联网发展的根本目标是提供丰富的应用，将物联网技术与个人、家庭和行业信息化需求相结合，实现广泛智能化应用的解决方案。

在各层之间，信息不是单向传递的，可有交互、控制等，所传递的信息多种多样，其中关键是物品的信息，包括在特定应用系统范围内能唯一标识物品的识别码和物品的静态与动态信息。此外，软件和集成电路技术都是各层所需的关键技术。

物联网的最终目标是实现任何物体在任何时间、任何地点的链接，帮助人类对物理世界具有"全面的感知能力、透彻的认知能力和智慧的处理能力"。

5.1.3　物联网技术的特征

互联网技术在现代社会的发展下具有极大的应用价值，并且在信息技术的支持下具有良好的发展前景，这也直接使物联网技术受到了现代人群的广泛关注。

物联网的基本特征分为三个，分别是"全面感知""可靠传输"以及"智能处理"。

1. 全面感知

利用无线射频识别（RFID）、传感器、定位器和二维码等手段随时随地对物体进行信息采集和获取。感知包括传感器的信息采集、协同处理、智能组网，甚至信息服务，以达到控制、指挥的目的。在物联网的整体环境中，所谓的"物"具有极大的覆盖性，其中不仅包含传统的物理实体，在现代的社会环境中，物联网也基本覆盖了一部分的虚拟实体。而其中对物进行识别时，需要针对物的基本属性来进行分辨，通过这种方式才能够展现物联网的优势，使物与网络能够形成有效的连接。

2. 可靠传输

是指通过各种电信网络和因特网融合，对接收到的感知信息进行实时远程传送，实现信息的交互和共享，并进行各种有效的处理。在这一过程中，通常需要用到现有的电信运行网络，包括无线和有线网络。由于传感器网络是一个局部的无线网，因而无线移动通信网、5G 网络是作为承载物联网的一个有力的支撑。信息的共享与传递物联网最基础的功能是对外界事物产生的感知，可以通过 RFID 技术对各项事物进行有效的识别，通过应用传感器的方式，对周围的环境进行动态信息的感知，最后可以在通信技术的辅助下进行信息传播。在现代的社会环境中，互联网本身就具有较强的融合性，这也使得信息的共享性良好，而如果将信息的共享性与物联网中的物进行有机的结合，就能够使物也能在一定程度上得到共享。

3. 智能处理

是指利用云计算、模糊识别等各种智能计算技术，对随时接收到的跨地域、跨行业、跨部门的海量数据和信息进行分析处理，提升对物理世界、经济社会各种活动和变化的洞察力，实现智能化的决策和控制。控制与管理互联网在进行数据处理时，主要依赖计算机完成，通过合理的管理能够实现较高水平的智能化技术。当获得来自用户端的信息反馈后，互联网能够对环境以及物体的本身进行有效控制，在物联网的环境中人与物都能够在任意时间和空间形成良好的融合，所以物联网可以被视为一种新型的互联网络。

5.1.4　物联网技术优势

物联网技术在建筑业中可广泛应用于建筑项目的人、机、料、法、环多个环节，涉及项目监控、设备监管、人员管理等业务，能有效提高项目的管理水平和智慧化程度。针对建筑业物联网需求向规模化和平台化发展的趋势，物联网平台是物联网生态链中的关键环节，为物联网设备的全寿命周期的监控提供支持，包括设备接入、设备管理、协议适配、数据接收等环节，形成一站式的物联应用管理和运营服务能力，对于建筑项目中各环节的状态感知、信息融合和业务穿透形成良好的促进作用。物联网技术优势主要体现在如下三个方面：

1. 数据实时采集

物联网技术可以实现对物理对象物理信息的实时准确采集，这就使通过实时高分辨率的信息捕捉提供性价比更高的服务成为可能，而且可以实现对物理对象实时性能信息的分析。这样就大大提高了人对物理对象的把控能力，提高运行效率、准确性、灵活性和自动化来创新已存在的生产流程。

2. 智能控制与决策

物联网技术可以将数据储存在数据库中，并对其变化进行判断以及对数据进行优化。

通过嵌入式系统，实现智能决策。以智能清单和采买为例，通过物联网技术，对货物清单进行追踪，实时监测货物的数量以及质量，如果货物不合格或者出现短缺，可以进行预警。随着信息技术的发展，物联网技术将更加智能化、自动化。

将人工智能技术与物联网技术进行融合，通过逻辑芯片使物联网中的物品具有一部分自主能力可以对信息进行识别，并根据信息自主执行或处理。开展人工智能在物联网实际运用的技术研究，能从根本上解决传统网络技术运维效果差，缺乏灵活性的缺陷。

3. 与信息技术结合性高

互联网是人与人交流沟通、传递信息的纽带；物联网的提出和使用让人与物、物与物之间的有效通信变为可能。物联网是一种建立在互联网上的泛在网络。物联网技术的重要基础和核心仍旧是互联网，通过各种有线和无线网络与互联网融合，将物体的信息实时准确地传递出去。互联网和物联网的结合性很高，二者的结合将会带来许多意想不到的有益效果，最终实现整个生态系统高度的智能特性和智慧地球的美好。

5.2 物联网对智能建造发展的影响

5.2.1 智能建造的内涵

智能建造的内涵可从以下四个方面展开：

1. 智能建造是设计、生产、施工一体化的建造体系，是建造新思维、新技术和新模式的集成创新，是建造方式的深刻变革。通过"智能+"，提升建造质量和建造产品的品质，实现建造行为精益优效、节能降污，提供安全、绿色、舒适的建造产品。

2. 采用智能系统，实施人机协同的施工，通过大数据和人工智能算法，建立智能建造控制平台作为控制大脑，根据信息分析进行判断和决策；构建泛在感知和 5G 系统作为神经系统，感知信息和传达信息；基于人机协同环境，制定施工技术方案；智能装备、自动化机械和人协同工作，实现建造控制系统的各种指令；最终，实现具有信息深度感知、自主采集、知识积累与辅助决策、工厂化加工、人机交互、精益管控的建造模式。

3. 智能建造方式的出现，可实现物联网、大数据、BIM 等先进信息技术的高效集成，并基于此为建筑施工全部生命周期提供支持，进而提高建造工作的科学性、高效性。在智能建造发展环节，有效综合管理十分必要，建立基于 BIM+ 物联网的综合管理系统，更符合智能建造管理工作需求，对提高管理质效十分有益。

4. 智能建造的内涵不仅包括智能科学技术在建筑业的集成应用，并且涵盖了在此基础上对生产组织方式的提升，通过智能技术实现建造过程中计划、执行、监控与优化的迭代循环，从而提高施工组织管理与决策能力。

作为智能建造概念的实现形式，智能建造系统是一种基于"信息－物理"融合的智能系统，通过物理施工进程与信息计算进程的循环反馈机制实现两者之间的深度集成与实时交互，形成"状态监控—实时分析—优化决策—精准控制"的闭环体系，进而解决项目建造过程中的复杂性与不确定性问题，提高建造资源的配置效率，实现建造过程的动态优化机制。从技术实现的角度讲，智能建造系统属于信息物理系统的范畴，在此基础上融合了精益建造的管理思想，以技术系统的发展驱动智能建造模式的实现。

影响智能建造与建筑工业化协同管理的主要因素：

（1）由于建筑行业固有的特点，以及多元化的市场主体和多样化的市场行为，而实现智能建造需要多行业、多领域、多机构、多部门的有效统一，以上种种都是制约智能建造与建筑工业化发展的核心因素。

（2）智能建造作为尖端科技与数据信息化发展的产物，对高新技术的要求相对苛刻。虽然，当前影响智能建造与建筑工业化协同管理的因素众多，并同时存在很多亟待着力加以解决的多元化问题，但在诸多制约因素中最主要因素还是其框架体系不够统一，智能建造技术参差不齐，建造设备本土化水平低，建筑工业化水平千差万别，协同管理效果差强人意，这些都将影响智能建造与建筑工业化协同管理生态、智慧、健康发展。众所周知，在诸多因素中，最主要还是没有相应的智能建造与建筑工业化协同管理框架体系做依据支撑，这对产业链而言无疑是最重要的制约因素。

（3）目前，国内尚无智能建造与建筑工业化协同管理框架体系。协同管理框架模型的缺失，使智能建造与建筑工业化协同管理建设体系的建设发展受到制约，不仅在理论上缺乏宣传的根据，也在实践上缺乏关联协同的依据。因此，探索智能建造与建筑工业化协同管理的架构体系，可解除在示范性工程技术实施上对智能建造与建筑工业化协同管理方面的制约。探索智能建造与建筑工业化协同管理的框架体系建设，不仅对推进建筑智能化与建筑工业化实现开发、设计、生产、施工、物资等环节的联动有积极的良性作用，而且对国家"新基建"的深入贯彻及"十四五"规划建筑工业化落地与发展必将产生积极的引领指导作用。故而，如何对智能建造与建筑工业化协同管理提出相关的建设性框架体系就显得尤为迫切。

长期以来，我国建筑业仍延续着劳动密集型的组织机制，粗放式的生产管理方式导致施工效率低下、资源浪费严重、环保问题突出、安全事故频发、工程质量难以保障等诸多问题，因此迫切需要向精益化管理模式转型升级，实现建筑业高质量发展。随着第四次工业革命（工业 4.0）的来临，特别是"中国建造 2035"战略的提出，新一代信息技术正在推动传统建筑业转型升级，向着"中国智能建造"的时代迈进。近年来，以物联网、大数据、云计算、人工智能为代表的新兴技术正日益广泛地被应用于智慧工地建设，但它们目前仍局限于碎片化地解决特定工程问题，如何将其整合到高度集成的框架体系中，以提高整体施工组织能力是一个有待解决的难题。在精益建造理论的基础上引入"信息－物理"融合的概念，建立智能建造系统基础理论与体系结构。解决制约施工智能化发展的关键科学问题，突破建筑业转型升级的技术瓶颈，为构建新一代智能建造系统提供理论依据。

5.2.2　智能建造关键技术体系

数字建模＋仿真交互关键技术的本质是数字驱动智能建造，物理世界通过数字镜像，形成建造实体的数字孪生，通过数字化手段进行建造设计、施工、运维全生命周期的建模、模拟、优化与控制，并创造新的建造模式与建造产品。数字建模＋仿真交互的主要关键技术是 BIM 技术、参数化建模、轻量化技术、工程数字化仿真、数字样机、数字设计、数字孪生、数字交互、能模拟与仿真、自动规则检查、三维可视化、虚拟现实等，主要体现在数字化建模、数字设计与仿真、数字可视化技术三个方面。

（1）数字化建模。BIM 技术是建造数字建模＋仿真交互的基石，BIM 不仅包含描述建筑物构件的几何信息、专业属性及状态信息，还包含了非实体（如运动行为、时间等）状态信息，构成了与实际映射的建筑数字信息库，为全生命周期、全参与方、全要素的工程项目提供了一个工程信息在各阶段的流通、转换、交换和共享的平台，为工程提供了精细化、科学化的技术手段。

（2）数字设计与仿真。数字化设计与仿真技术基于建造实体的数字孪生，对特定的流程、参数等进行分析与可视化仿真模拟，依据其仿真修改、优化以及生成技术成果。通过仿真的结果，在数字环境下模拟工程运行，提前发现实际运营过程中可能存在的问题，从而制定可行方案，进一步控制质量、进度和成本，提高建造品质和效率。

（3）数字可视化技术。用于设计阶段，设计者可真实体验建筑效果，把握尺度感；用于施工阶段，结合施工仿真模拟，可直观预演施工进度，辅助方案制定；用于运维阶段，模拟运维过程，辅助科学决策。通过 BIM+VR、BIM+AR 等实时渲染，建造场景逼真呈现，给建造的表达赋予新的生命力。

5.2.3　现阶段物联网技术的应用

基于 BIM+ 物联网的综合管理系统现阶段，物联网技术在建造领域的应用频率越来越高，物联网市场规模也在不断扩大。2013 年，我国物联网产业规模为 5000 亿元，且产业规模更连年扩大，2017 年首次突破 10000 亿元大关，达到了 11500 亿元；而后，2018—2020 年我国物联网产业市场规模不断增加，在 2020 年达到了 22165 亿元。物联网已然成为智慧城市和信息化整体方案的主导性技术思维，在推动传统作业方式变革、智慧城市建设、智慧建造发展环节发挥了巨大作用。自 2012 年以后，物联网技术在建筑行业的应用范围就在不断拓展，为实现建筑物与人、物和部品构件之间的信息交互提供了技术保障；传感器产业、RFID 产业的发展更推动了物联网信息处理和应用服务水平的提升，使基于物联网的建筑管理工作质效不断提升。借助物联网，可在建筑工程的全部生命周期内实现万物互联，为建造管理提供辅助；而借助于 BIM 技术则可以有效完成建筑方案设计，结构、能耗与成本分析，还能实现建筑方案规划和专业协调，可以为提升建筑工程质量和建造效率提供辅助。在实践工作当中，BIM 技术常常与物联网技术联用，基于 BIM+ 物联网的综合管理系统，可以为开展智能化、高效化、信息化建筑工程管理提供保障。这两种技术的有机结合，可以克服 BIM 技术应用环节表现出的数据采集实时性、预判性差的缺陷；物联网的融入可以发挥前端感知和终端执行优势，为真正实现智能化建造和管理奠定基础。

随着科技信息化的快速进步和经济社会的飞速发展，城市信息化应用水平在不断提升，智慧城市建设正在快步稳健发展，世界基本已迈入了数字化和网络化的智能社会时代。当前建筑业化正迈入大数据信息化时代，在物联网、智能建造和BIM的双重作用下，谁先尽早掌握项目管理的大数据即"BIM+物联网"思维，谁就先占得发展的先机。建筑工业化作为一种全新的、绿色的、可持续发展的建筑生产方式，是我国建筑业转型升级的必然趋势。

目前，虽然建筑工业化在我国已处于快速稳步阶段，但项目多方协同问题一直没有得到有效的解决，而项目协同问题直接关系到未来建筑工业化能否在我国实现规模化、智慧化的良性发展。智能建造技术的发展与应用可对建筑工业化实现开发、设计、生产、施工、物资等环节的联动，通过更精细、更高效的配合，从而保证项目全生命周期的产、销、管、控、营一体化；可满足工程项目的不同功能需求和不同参与方的个性需求，构建项目建造和运行的协同智慧环境，促进技术创新和管理创新，从而对建筑项目全生命周期的所有过程实施有效的改进和管理，可进一步推动建筑工业化的良性发展。

5.2.4 物联网推动建筑业数字化转型

智能建造为第四次工业革命的重要组成部分，而建筑业是一个国家不可或缺的重要产业。2020年初，由于新型冠状病毒肺炎的大规模爆发，全国为快速积极应对此次疫情新建或改扩建了大量应急医院，其中"火神山""雷神山"医院的建造理念和建造过程就是智能建造与建筑工业化协同管理的最好技术体现。智能建造与建筑工业化协同管理因其标准化设计、工厂化生产、模块化配置、装配化施工、一体化装修、信息化管理、智能化应用等优势，具有建设周期短、现场安装快速方便、数据信息化协同管理等特点，在此次抗击疫情中得到广泛应用，也将成为今后新老城市更替和城镇化新建、改建和扩建的首选。

随着科学技术的发展，智能建造与建筑工业化协同发展代表了建筑业高质量发展方向。通过将建造过程与物联网、人工智能、云计算及大数据等新一代信息技术结合，运用建筑机器人、智能施工设备、建筑信息模型（BIM）、智能工程管理系统等产品技术，可以实现勘察、规划与设计、生产、施工、监管与验收、运维与管理等建筑工程项目全生命周期的智能化和信息化，从而有效提高建造过程的安全性以及建筑的经济性、可靠性，也使我国建筑科技走在世界的前列。

（1）大力支持建筑机器人及智能施工设备研发应用

鼓励行业重点企业加大建筑机器人及智能施工设备研发力度，支持相关核心零部件和关键技术的重点攻关。在现有龙头企业研发成果基础上，大力推动建筑机器人及智能施工设备投入工程项目建设，加快试点推广，提升工程施工智能化水平。

（2）加快推进以BIM数字化技术为基础的产业互联网平台建设

推动BIM技术在建筑全生命周期的一体化集成应用，实现设计、采购、生产、建造、交付、运行维护等阶段的信息共享。融合应用传感器网络、低功耗广域网、5G、射频识别（RFID）及二维码识别等物联网技术，全面提升智能建造信息化水平。推广BIM报建审批和施工图BIM审图模式，实现信息化监管，提高监管效率。融合应用大数据、云计算技术，设立建筑业大数据创新中心，实现行业数字化赋能。

（3）研究建立和完善智能建造标准体系及评价体系

由行业权威机构或龙头企业牵头，联合行业研究团队、专家学者、骨干企业等力量，研究建立与智能建造相匹配的产品标准、施工标准、设计标准、BIM 集成设计标准、装配式部品部件标准、新型建造工艺工法标准、验收标准等标准体系，为推进智能建造提供全面的技术支撑。

5.3 智能建造与物联网的融合

5.3.1 智能建造系统大数据

1. 大数据系统框架

智能建造系统大数据来源包括 BIM 设计数据、物联网施工监控数据、业务信息系统数据、历史项目数据等。这些数据包含了丰富的信息或知识，它们对管理决策至关重要。

图 5-2 为提出的智能建造系统框架中数据驱动决策支持的体系结构。该体系结构由数据来源层、数据处理层和数据应用层三层组成。将来自多个数据源的数据进行融合，用于知识发现和决策支持，实现系统的自学习能力。一方面，利用机器学习算法对大数据进行挖掘和分析，获得隐藏的知识规则，这将为通过知识推理机制解决工程问题提供参考方案。另一方面，基于案例的推理技术可以从历史项目数据中检索到与当前项目类似的案例，对类似案例的解决方案进行调整和优化。多源融合数据的推理或统计分析结果以可视化的形式提供给用户，支持不同的决策需求，包括设计优化、智能调度、风险预测、性能评估、故障诊断和主动维修策略等。

2. 智能建造与物联网技术

（1）物联网云计算数据

在智能建造能源管理过程中，为了降低能耗，物联网已经成为解决问题非常有效的技术保障。在具体操作中，该技术主要分为两部分：上部的云计算和下部的感应装置。云计算采用有线模式，感应装置体现无线模式。两者的有效整合使得能源管理更加有效，可以在一个可以随时改变的范围内进行控制。物联网技术利用计算机的优势，使其计算功能、存储功能和信息阅读功能得到充分发挥。不同的数据信息汇集在一起，构建一个海量数据处理站，数据分析中心负责这些数据的集成、分析和处理。当这一系列动作完成后，系统会根据提示保存有用的数据和信息，然后完成下一步操作，自动清除无用的数据。

（2）物联网能源管理

构建有效的物联网信息系统，解决智能建造中的能源管理问题。虽然管理水平日益提高，但随着物联网技术的普及和广泛应用，仍然不能满足建筑业高科技和高速发展的需要。物联网技术涉及多种技术手段和应用方法，因此提高管理水平，构建系统的信息系统极其重要。在收集整理核心数据时，需要将物联网技术与其他信息技术有效结合，并且物联网的发展规划在不久的将来会越来越完善，所以智能建造能源管理内容不断满足的同时

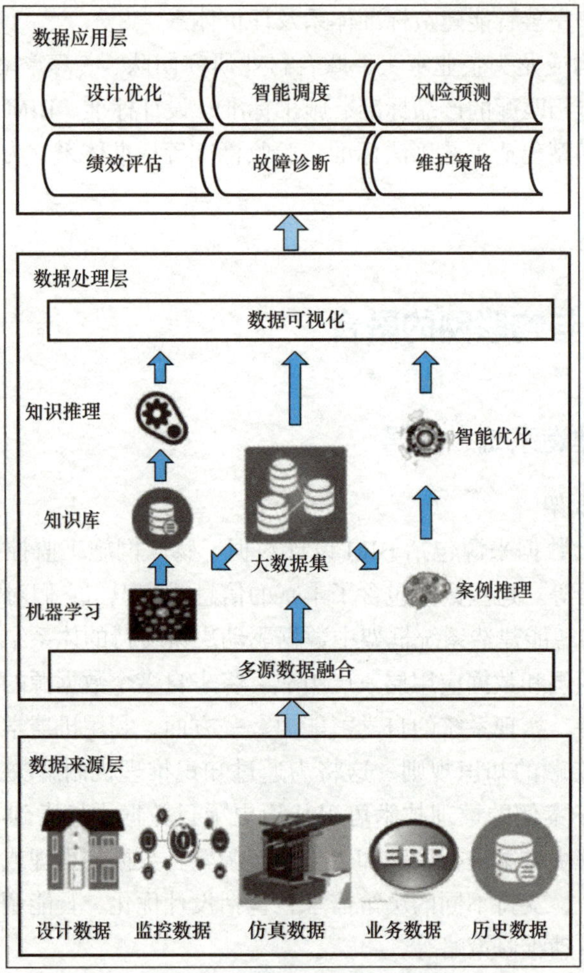

图 5-2　数据驱动决策支持机制

需要将传统管理模式进行改变。智能建造能源管理中运用物联网技术，将信息数据作为核心，而未来发展计划则是前提条件，对于智能建造能源管理存在的问题可以有效地解决。

（3）智能建造精密化

物联网技术协助智能建造趋向精密化。在建设之初、投入使用过程中都能得到全面而准确的关注，包括建筑的沉降、位移、安全预警以及电力消耗、停车场管理等等，都将借助物联网技术得以实现。以写字楼为例，其照明灯光可以通过感应技术实现能耗上的节约，同时，人们也可以利用照明感应用于位置引导，帮助车辆在灯光的指引下找到停车位。这种精密化的能源控制不仅能够显著地节约能耗，还能够让用户产生更加舒适的体验，可谓一举两得。

在帮助智能建造实现精密化管理的过程中，人们也使更多的数据得以公开和展示，大数据时代特征可见一斑。一方面，当下社会经济飞速发展的现状下，能源浪费与环境污染的问题逐渐尖锐，人与自然的矛盾不断升级。这使得物联网技术的应用逐步与节能降耗接轨。另一方面，以环保领域为代表，污染检测终端能够对化工企业排放的废水废气进行实时监控，包括噪声、颗粒物等等也能纳入监测范畴。

这对于企业来说实际上是一种有效的自我管理和约束，它能够在消耗最少人工成本的同时实现自身的污染检测，以便及时对企业设施设备以及生产计划进行调整，避免生态风险。而对于地方环保部门来说，这种专业技术能够对管辖范围内的工厂企业实现宏观的、统一标准的管控，这将有助于人们第一时间掌握环境污染案例，实现对高风险产业的远程监控，同时也避免了个别单位环保数据弄虚作假的现象。

5.3.2　物联网在智能建造中的应用

1. 建筑与物联网融合

物联网数据有效呈现，使智能建造能源管理更便捷。物联网技术有效地运用到智能建造能源管理中，将计算机功能充分发挥，实现建筑物中的水、电、气、温、湿等相关的数据有效采集、分析，将最终分析结果和标准量进行比较，若高于标准量，物联网便会自动采取相应措施进行科学合理的控制。另外物联网应用层会将此次分析处理的结果通过显示屏呈现，将每一次的数据分析结果清楚明了地向用户展示，为用户提供了较大的便捷。与此同时物联网技术中还设有监控，能够对整个建筑内进行监督管理，例如主要的通行要道（电梯、楼梯等）、地下车库等，确保了居民居住更加安全，同时也时刻监控着能源消耗具体情况，既方便又快捷。

2. 智能建造与物联网体现

（1）安全性体现

物联网技术在智能建造上的应用，可以极大地提升建筑的安全系数，这是传统的建筑安全系统无法比拟的。比如说，在监控系统中，由于引入了传感器植入技术和网络节点的定位功率技术，能够大大提高物联网系统的监控效率，扩大监控范围，节约监控成本，一旦发生如火灾、电梯故障等突发事件，消防人员或施救人员可以通过检测系统，精准地定位事故发生地和人员的受困情况，迅速赶赴事发现场进行施救，大大提高施救效率；又比如说，在报警系统中，电子巡检和视频网络实时监控，大大提高物联网系统的报警效率，其能够精准地对空气中的热气、烟火等进行探测，一旦发现异样，立刻会进行报警处理；再比如说，现在非常流行的人脸识别系统，也被应用到了智能建筑的物联网监控中，通过该项技术，可以更加快速精准地对建筑内成员进行身份鉴别防止陌生人进入，有效地保障业主的生命和财产安全。

（2）能源节省体现

由于很多智能建筑都打出了"绿色环保节能"的概念，要实现能源的合理和可持续利用。围绕绿色生态的设计理念，物联网技术可以有效地实现建筑物内能源的优化利用：通过植入网络传感系统，实现对建筑内部的光照、空气质量、湿度和温度进行精准的实时监测，上传数据信息分析判断，对处于物联网中的各种电气设备下达指令，将各电气设备调节至人类体感最舒适，最低能耗的状态，从而避免资源的浪费，起到节能减排的效果，降低成本，提升经济效益。

（3）智能家电一体化控制体现

现如今如何使用智能手机更好地实现对建筑物内智能家电的控制，也是物联网的重要研究领域。智能手机作为移动终端，人们时刻随身携带，因此完全可以将其作为操作平台，利用物联网技术将智能手机接入智能建筑的终端，让业主对家电进行一体化操作。炎炎夏日，还没有到家，开启家中的空调；家中突然来了访客，可以使用手机给客人开门。例如，小米智能手机就能和小米品牌家电进行相互联动，从而实现了智能化操作，这种技术愈发成熟，并且已被很多年轻群体所接受，逐渐成为一种新的非常时尚的生活方式。可以说，未来智能家电一体化一定会成为智能建筑的标配，为智能建筑增添更多亮点。

（4）舒适便捷性体现

随着社会经济、科技的发展，人们对高品质生活的需求越来越强，无论在日常工作中，还是居家生活中，对智能化、科技化的设施设备的需求日益突出，特别是在智能化、物联网技术的广泛普及应用之下，智能建造与物联网等高科技有了融合共通的基础与前提，这是科技创新发展应用的必然趋势，也是人们追求更高物质享受的体现，因为物联网等能切实给智能建筑助力，让智能建筑更加智能化、人性化，从而发挥出智能建筑的多功能作用，给人们带来实实在在的舒适感、幸福感，为人们的工作与生活带来最大化的便捷性，从而提高工作效率与生活品质，进而满足人们更高层次的需求。

5.4 物联网在智能建造中的应用

5.4.1 传感器的应用

国家标准《传感器通用术语》GB/T 7665—2005 将传感器定义为能够感受数值变化，规定被测量并按一定规律转换成可用输出信号的器件或装置的总称。传感器已被应用于诸如工业生产、宇宙开发、海洋探测、环境保护、资源调查、医学诊断、生物工程甚至文物保护等极其广泛的领域。传感器的特点包括：微型化、数字化、智能化、多功能化、系统化、网络化，传感器是实现自动检测和自动控制的首要环节。在智慧工地框架下，传感器技术是最重要的施工现场信息获取的方式之一。

1. 传感器的构成

（1）电源。电源将为传感器提供能源。

（2）感知部件。包括声敏元件、放射线敏感元件、色敏元件和味敏元件等十大类，不同类型传感器的感知部件将感知不同类型的外界信息，并将其转换为数字信号。

（3）处理器和储存器。负责协调各部件的工作，对获取的信息进行必要的处理和保存。

（4）通信部件。负责传感器之间或与观察者的通信。

（5）软件。为传感器提供如操作系统、数据库系统等软件支持。

2. 传感器网络

传感器网络是由大量部署在作业区域内的、具有无线通信与计算能力的微小传感器节点通过自组织方式构成的能根据环境自主完成指定任务的分布式智能化网络系统。整个传感器网络将协调各个传感器，将覆盖区域内感知的信息综合处理，并发布给观察者。观察者是传感器网络的用户，是感知信息的接受和应用者，在智慧工地框架下为施工决策者。感知对象是观察者感兴趣的监测目标，也是传感器网络的感知对象，如施工现场机械、施工物料、劳动人员等。在传感器网络可以实现对任意地点信息在任意时间的采集、处理和分析中，节点通过各种方式大量部署在被感知对象内部或者附近。这些节点通过自组织方式构成无线网络，以协作的方式感知、采集和处理网络覆盖区域中特定的信息，可以实现对任意地点信息在任意时间的采集、处理和分析。一个典型的传感器网络的结构包括分布式传感器节点（群）、汇聚节点、互联网和用户界面等。传感器网络综合了传感器技术、嵌入式计算技术、现代网络及无线通信技术、分布式信息处理技术等，能够通过各类集成化的微型传感器协作实时监测、感知和采集各种环境或监测对象的信息，通过嵌入式系统对信息进行处理，并通过随机自组织无线通信网络以多跳中继方式将所感知信息传送到用户终端。

3. 传感器技术的发展历程

传感器技术历经了多年的发展，其技术的发展大体可分为三代：

（1）第一代传感器是结构型传感器，它利用结构参量变化来感受和转化信号。

（2）第二代传感器是 20 世纪 70 年代发展起来的固体型传感器，这种传感器由半导体、电介质、磁性材料等固体元件构成，是利用材料某些特性制成的，如：利用热电效应、霍尔效应、光敏效应，分别制成热电偶传感器、霍尔传感器、光敏传感器。

（3）第三代传感器是近年来发展起来的智能型传感器，这类传感器结合了微型计算机技术与检测技术，使传感器具有一定程度的智能化。

4. 传感器的应用

（1）施工现场传感器应用

施工现场的传感器主要用于采集施工构件的温度、变形、受力、设备的运行等反映施工生产要素状态的数据。目前施工现场常见的传感器包括：重量传感器、幅度传感器、高度传感器、回转传感器、运动传感器、旁压式传感器、环境监测传感器（$PM_{2.5}$、PM_{10}、噪声、风速等）、烟雾感应传感器、红外传感器、温度传感器、位移传感器等。重量传感器、幅度传感器、高度传感器和回转传感器可被用于塔式起重机、升降机等垂直运输机械的运行状态监控，对塔式起重机、升降机发生超载和碰撞事故进行预警和报警。运动传感器既可以用于施工机械的运行状态监控，记录机械运行轨迹和效率，也可以进行劳动人员运动和职业健康状态监测。旁压式传感器主要用于卸料平台的安全监控。环境监测传感器负责施工现场各区域的劳动环境监测。烟雾感应传感器主要用于现场防火区域的消防监测。红外传感器主要用于周界入侵的监测。温度传感器对混凝土的养护、裂缝，以及冬期施工的环境温度进行控制。位移传感器主要用于检测诸如桥梁、房屋结构构件的变化，房屋的倾斜、沉降、地质预警等。

（2）机房动力环境监控系统

物联网的感知层中，分布了大量的传感器，其所具备的功能较多。未来的物联网无处不在，但现阶段，"互联性"和"智能化"成为物联网亟须提升的主要性能。有专家说，传感器除了能够收集数据外，设备本身也需要具备自检功能，并能够及时反馈数据，这样一来，后台系统将能够通过数据测出所有电子设备的使用寿命和精密度，确保整个物联网应用更加节能和环保。动环监控（动环监控是指针对各类机房中的动力设备及环境变量进行集中监控，通信电源及机房环境监控系统简称动环监控系统）是运营商节能减排工作的有效辅助手段，不仅可以为运营商提供能耗管理功能，及时发现并排除设备故障，还可详细记录机房设备运行的完整过程，并检测各自设备的运行状态，进行运行状态分析，从而及时对机房进行运维管理，延长机房设备使用寿命，降低运营商机房运营的成本。动环监控系统不仅能够完成对通信机房和基站中的动力设备、环境及现场图像的实时监控，还可以完成数据的存储、处理以及数据分析。

5.4.2　实时监控管理和 RFID 电子配线架

1. 实时监控管理

光纤技术和无线网络检测技术是当前用于监视和控制智能建筑物的两个最重要的网络技术。

玻璃纤维网状传感器包含在建筑材料中，并连接到所有电气端子，可准确有效地计算各种建筑材料的参数和特性。它可以打开并设置工作电源，为施工情况和实时的施工结构控制管理系统提供智能的施工力系统。仪表数据信息通过网络传输到系统终端，并且需要在恒定温度下才能正常操作，同时可以避免电压过大的电流和过高的电压温度导致错误发生或安全威胁。在智能建造中，无需映射无线传感器网络线路，无线传感器系统节点数量较少，网络规模较小，并且建筑物等级较高。

无线网络传感器是一种灵活、用途广泛的应用系统，特别是在火灾发生过程中的实时监控中，起着重要的保护作用，可以有效减少火灾和伤亡人员数量。当前正在开发的超高员工定位系统使用带有内置传感器的无线定位技术，使员工能够发现自然灾害并在发生环境火灾时及时做出反应。网络传输技术使用无线传感器节点和基站来定位建筑物的特定位置，因此，如果特定的网络节点损坏，则可以快速设置和替换传输技术。

2. RFID 电子配线架

（1）RFID 电子配线架的概念

RFID 的基本原理是利用智能电子标签来标识各种物品，其核心是智能电子标签，这种标签根据无线射频标识原理而产生，它与读写器通过无线射频信号交换信息，电子标签是未来标签市场的一种终极产品。射频识别系统的数据存储在射频标签之中，其能量供应以及与识别器之间的数据交换不是通过电流而是通过磁场或电磁场来完成。射频识别系统包括射频标签和识别器两个部分。射频标签贴在产品或安装在产品或物品上，由射频识别器读取存储于标签中的数据。

（2）RFID 电子配线架的构成

RFID 电子配线架系统主要由 RFID 电子跳线、RFID 电子配线架、控制器和后台计算机管理软件四大功能模块组成，其核心是 RFID 电子跳线及 RFID 电子配线架。RFID 电子跳线是在普通跳线上增加带有唯一身份的 RFID 电子标签，该标签内含有跳线的类型、速度等数据，因此，RFID 电子跳线又可称为智能跳线；RFID 电子配线架是在普通配线架上嵌入 RFID 识别器，既具有普通配线架的功能，同时又能识别 RFID 电子跳线；控制器与多个 RFID 电子配线架相连接，用于控制多个 RFID 电子配线架，可显示当前网络物理层的电缆连接状态；后台计算机管理软件与多个控制器连接，对物理层链路信息进行实时监视、记录和管理。上述四个功能模块紧密相连，协同工作，对物理层的信息传递相当精确。

（3）RFID 智慧网络

RFID 智慧网络是典型的物联网应用。在 RFID 智慧网络中，网络物理层的每一个设施、设备、线缆、节点都被完整地管理起来，通过无线传感技术及 RFID 技术，使得物理信息被实时收集，经过云端的计算和优化策略，从而实现对物理层的监控和告警，是网络智能化的必经之路，是网络中的物联网。

5.4.3 智能安防

作为科学技术发展背后最强大的推动力之一，智能安全、智能交通和安全城市等智能行业正变得越来越流行。云计算、大数据、人工智能和物联网等新技术也在不断发展。根据安全要求，安装摄像头和智能锁是最基本的要求。此外，访问控制也是人们生活中非常重要的工具，用于控制具有不同设置的车辆、人员、音频和视频等，例如社区购物中心、仓库、建筑物和房屋等。

1. 智能安防系统

物联网开发的发展不断提高了现有安全系统的水平，改进了智能化的技术。智能安防系统是智能安全技术物联网的结合，可以提高智能建筑安全管理水平。在实现高度一致性和安全性集成之后，安全性已从过去最简单的信息收集阶段转移到当前阶段安全性智能化和大数据化阶段。所有信息的最终用途是为企业提供服务，例如视频监控、车牌识别、访问信号、IP 连接等。

就安全系统而言，数据交易主要通过集成平台和大型存储系统执行。集成平台应主要实现人机交互功能和用于底层数据存储系统，以实现数据和数据分析功能。

2. 火灾自动报警系统

不管建设什么样的建筑都需要重视预防火灾的问题，尤其是高层建筑更要重视预防火灾。而智能建筑（智能建筑归属于智能建造，是智能建造不可或缺的一部分）在建设安全防备网络系统过程中，也需要加强火灾预防的工作。

在智能建筑中安装感温探测器等火灾报警探测器，其不仅能够对整个建筑进行监控，还能监控建筑中消防设备的运行情况，如果设备出现故障，系统可以及时且快速地处理。无法通过系统的方式处理时，可以通过网络的形式，及时将出现问题位置与其具体情况传送至终端，交由相关的工作人员处理。由于居住在高层建筑的居民，在发生火灾时，反应速度相对较为迟缓，这也就造成了很多居住在高层的居民，一旦发生火灾无法及时逃出，而且高层建筑楼层较高，也是影响救援的一个原因。因此，在建筑中安装消防智能报警系统，对于智能建筑而言非常重要，报警系统能够在出现火灾的第一时间内探测出出现火灾的具体位置，并及时发出警报，不仅方便了相关工作人员及时对火灾进行处理，而且还保证居民的生命安全。

3. 智能报警

与传统的建筑物安全系统相比，物联网用于智能建筑物安全效果好，处理速度快且准确。物联网技术在智能建筑系统中的应用主要包括访问通道警报机制实时视频网络监视和电子安全验证。目前，大多数智能安全系统都安装了访问控制系统，其中数据库和实施集成管理在三个技术层面上进行网络管理。智能建筑中使用的大多数现代控制卡都配备有RF卡（是 Radio Frequency 的缩写，是一种以无线方式传送数据的集成电路卡片，它具有数据处理及安全认证功能等特有的优点），如果用户使用的是控制卡，则巡逻人员将使用连接到数据库终端的无源传感器来确定读卡器的位置。使用物联网技术，可检测并评估远程红外有线传感器和智能化分析传感器是否正常传输，从而防止误报并保护系统。

随着社会的发展，人们日常生活用品越来越科技化，物联网技术同时还应用于家具家电中，例如外部红外传感器、电子锁定系统、热探测器、烟雾探测器和气体探测器等。该装置可以立即请求社区安全工具的帮助，有效保护个人和家庭资产。

5.4.4 能源优化利用、智能家居

1. 能源优化利用

植物和生态是现代建筑建设最重要的要求，开发智能建造的目标应集中在植物和生态上。在智能建造中使用物联网技术，可以充分利用自然资源，减少不必要的能源消耗并优化能源使用。高层智能建筑，无线网络传感器是根据智能建筑的温度、湿度、空气、照明等因素的实时监控来安装和配置的。该设备适用最低功耗模式，柔和的灯光会自动调整照明系统，以减少不必要的光源消耗，并创建低碳绿色的智能化建筑。

（1）节能减排

智能建筑电力系统和水处理系统与技术物联网关联。电力系统性能、水污染水平和处理程度等数据信息都由各种传感器记录和处理，并且这些数据通过高速率的光纤网络传输，用于云存储。物联网从平台上提取各种能耗数据，通过统计和预算分析，准确跟踪工厂的总能耗，并提供智能、高效的远程控制功能。在运用平台管理数据分析工具处理时采用大规模数据分析技术，不仅可以提高人员效率，而且可以加强水污染管理。

（2）节能减排中对物联网技术的应用

节能环保是推动社会经济发展的关键，节能减排在智能建造中也是一项非常重要的内容，同时也是智能建造发展的目标。一般情况下，建筑在能源消耗方面最多的就是对电能系统的管理与控制，以及有效地处理生活污水。在智能建造中合理使用物联网技术的方式，也就是说运用物联网中传感器的方式，能够帮助工作人员准确且及时地观察到当前建筑中电力系统运行情况，比如电能的实际耗电数额，以及建筑中各项设备运行是否正常等。相关的工作人员通过传感器的方式，准确得出建筑中所有设备的各项信息数据，并将数据准确无误地传输至系统终端，能够方便工作人员随时对建筑中的数据进行检测与管理。工作人员能够通过物联网的方式构建智能建造框架，员工可以通过物联网平台的方式

查看建筑各项信息数据，以此为基础，了解整个建筑的能源消耗情况，并通过物联网技术的方式，对整个建筑内部的空气质量、湿度等实现有效调节，在此期间，员工充分利用自然资源，以此来降低建筑在能源方面的消耗，从而帮助建筑达到节能减排的目的。

2. 智能家居

（1）智能家居的应用

传统的家居中没有有效的控制器，没有智能化的管理，也不支持手机进行电器控制，人们无法随时随地进行电器控制，而是完全依靠手动进行，这不仅浪费时间，而且由于反映的信息不足，给人们的生活带来很多不便。随着互联网技术的发展，传感技术和无线控制技术为智能化的综合应用带来了发展契机。此外，这项技术也为智能手机、车库控制系统和远程控制设备等智能家居提供了巨大的发展机会。控件可以集成到智能家居应用程序中。此外，智能家居具有高度兼容性，可以与不同制造商的智能设备配对使用，因此即使离开家后，也可以安全地使用智能家居。通过在智能家居中使用物联网技术，人们可能会发现自己拥有无限的可能性。根据生活质量专家的说法，智能家居有许多用途，可以真正改变人们的生活方式。

（2）物联网技术在智能家居中的应用

传统家居主要是提供人们最基本的生活场所，家居中并不会存在智能控制器，也就是让人们通过手机的方式，对家中家电实现有效的控制，只能通过手动的方式进行所有工作，这样不仅浪费大量的时间，而且无法及时给予人们电器的实际运行情况，给人们的生活带来了极大的不便。随着我国科技的不断进步，信息时代的到来，各行各业对互联网的运用越来越广泛，而传感器、无线控制技术等各类先进技术的研发，给人们的生活带来了极大的便利，并且为建筑实现智能化发展带来了新的机遇。物联网技术在智能家居中应用，不仅给人们的生活带来了极大的便利，而且还提高了家居的舒适度。

3. 智能家居的应用案例

（1）小米智能家居

小米智能家居布局与小米路由器有着密不可分的关系。从路由器第一次的公测时标榜的"顶配路由器"到第三次公测时则成了"玩转智能家居的控制中心"，预示着小米路由器最初的产品定义："第一是最好的路由器，第二是家庭数据中心，第三是智能家庭中心，第四是开放平台。"通过小米路由器、小米路由器 APP、小米智能家庭 APP 可实现多设备智能联动，设备联网、影音分享、家庭安防、空气改善等功能和应用场景十分丰富。

（2）山东省科技馆新馆"绿色智慧建造"

2018 年 6 月 20 日召开的项目智慧工地启动会，提出以"共享、集成"为核心思路进行智慧工地集成管理，建设山东省首个集成化控制机房，实现了扬尘在线监测及自动化喷淋、施工现场全方位监控、智慧物业等技术，提高了交互明确性和响应速度，突出了"绿色施工、智慧建造"的施工理念。

该项目部利用二维码技术与 BIM 技术相结合，制作基于 BIM 技术的三维节点库、技术交底库、安全交底库并实现现场做法效果三维展示，有效提高了交底准确率，确保工程质量。

据了解，项目部智慧工地应用，累计节约各方协调联络时间 51 天，缩短工期 63 天，减少材料浪费 216 万元。项目同时减少了质量及安全隐患，成功获得 2019 年"山东省绿色智慧建造示范工程"。

"绿色智慧建造是一种在未来具有核心竞争力的建造方法。"中建八局一公司相关负责人表示。下一步，公司将加大资源投入和研发力度，采取智慧管理，实现降本增效，用新技术新工艺促进绿色施工推广应用，用新动能替代旧动能实现降本增效。

5.5 基于物联网智能建造的未来

5.5.1 我国现状与前景

智能建造技术的发展必将为建筑行业带来革命性的变化，现有应用从设计阶段的 BIM 技术到施工阶段的物联网技术、3D 打印技术、人工智能技术，再到运维阶段的云计算技术和大数据技术虽有不同程度的涉及，但随着智能建造技术深入发展，新一代信息技术增多、应用点广泛且过于繁杂，只有做好程序化、标准化应用才能达到理想的效果。多种技术的融合应用将会成为今后智能建造技术在建筑行业应用的重点。在科研方面，随着物联网、大数据、云计算技术的快速发展，智能建造技术的研究将更加注重与 3D 打印和人工智能等实体建造技术的结合，从而推动智能化建造系统的研发。在教育方面，同济大学等国内一批知名重点高校已率先开设智能建造专业，随着智能建造普及和落地，逐渐地在普通高校和高职院校也陆续开展相关专业，培养具备土木工程、机械工程、建筑学、电信工程等优秀学科知识的高级复合型人才。

我国在智能建造技术方面已经取得了一些基础研究成果，智能建造装备产业体系也已初步形成，国家对智能建造的扶持力度不断加大，智能建造正在引领着未来建筑的建造方式。

5.5.2 智能建造与物联网未来发展

在我国"十八、十九大报告"、"十三五规划"和已经到来的"十四五规划"中都明确强调了要推进绿色发展、低碳发展，形成节约资源和保护环境的产业结构和生产方式，从源头上扭转生态环境恶化趋势。建筑行业作为最大的自然资源消耗行业，同时也是能耗消耗的最大行业之一。近年来，由于国家对智能建造和建筑工业化的不断投入，关于生态保护方面的法律法规也日益完善。在行业体系建设中，智慧城市建设与建筑工业化国家、行业与地方的相关政策已相继出台，各地按照中央的要求，纷纷提出相应的行动计划或实施方案，这不仅凸显出了智能建造与建筑工业化协同管理的迫切性，也为其未来体系建设创造了政策条件。随着经济社会的发展，智能建造与建筑工业化协同管理涉及的物联网、云计算、大数据分析，新技术、新材料、新体系、新方法等的不断涌现，智能建造与物联网管理体系会将越来越完善。

5.5.3 智能建造与物联网未来畅想

1. 物联网未来畅想

人工智能前景广阔，最近，"AI+"成了公式，AI 和 5G 技术深度结合，在未来五年甚至更长的时间里，作为一种基础设施能力，它将为人类生活带来更多的长期变化。区块链技术结合了对等网络协议、云计算等技术，与人工智能技术有多重交叉结合，特别是区块链技术的智能契约机制，人工智能中的许多算法都可以集成到智能契约的应用中，多种技术的融合是区块链未来发展的大趋势，类似区块链 + 云计算、区块链 + 大数据等应用场景会大量出现，甚至覆盖多种技术融合的解决方案也会占据一定的市场地位。物联网终端芯片接入网，随着 5G 的高带宽、低延迟和大连接性，万物互联成为现实，物联网对整个行业和用户的价值也会随着时间的推移而演变，物联网终端设备的进化，使得智能终端设备越来越智能化。

未来几年，物联网智能芯片市场将出现新的景象，我们可能会看到各种边缘设备，包括工业网关、路由器、传感器等智能互联产品，这无疑是一个巨大的市场机会和投资机会，智能大数据人工智能的发展是基于海量大数据，通过几何级数增加计算能力，突破机器学习算法，我们也可以简单理解为深度学习和增加数据等于人工智能。未来，大数据将与人工智能技术完美结合，共同推动数字经济的发展，数据智能将成为新的热点和大势所趋。未来五年，中国新的经济增长主要依靠新信息技术、新能源技术、智能制造、新生物技术和新材料技术的创新和发展，企业家和投资者需要通过不断的学习来提高自己的认知，从而明确识别这些领域的陷阱和机遇，抓住新时代的机遇。如图 5-3 所示。

图 5-3 物联网智能市场新的景象

2. 智能建造未来畅想

在人工智能、工业机器人、工业互联网、区块链等多种技术赋能下，未来智能化的制造业将值得畅想。

短期人工智能与工业机器人的落地将解放大量重复、规则的人类劳动。工业互联网日益成熟，机器之间、工厂之间得以智能化互联互通，区块链技术的加入更使得制造业"全自动运行"成为可能，"人工智能＋机器人＋区块链"模式值得期待。而伴随制造业与服务业深度融合，标准化生产与个性化定制并存，智能制造将为人们构筑美好生活。相信在数字化、网络化、智能化的相互递进与配合下，企业转型智能工厂、跨企业价值链延伸、全行业生态构建与优化配置将有望得以实现，制造业的深度智能化将不再仅存在于愿景。

　　未来10～15年内，50%的制造业将会被人工智能取代，中国的主导产业将发生天翻地覆的变化，并且面临国内外企业的新一轮冲击。面临人工智能时代全新的竞争环境，中国必须迎难而上，从当下开始打造人工智能生态，为未来全方位跟进时代浪潮打下深厚基础。新时代下，人工智能发展的规模之大、速度之快、在国际竞合中地位之高，决定了中国需要进一步改革开放，以改革政策带来的制度创新的力量促进人工智能快速发展，占据技术制高点，并形成国际竞争力。

　　制造业＋人工智能已成为中美等国制造业竞争的主赛道之一。美国拥有人工智能先发优势、领先工业制造商基础以及资金优势。中国需要在人工智能的成熟度和行业整合上取得突破，这种背景下，能够率先建立工业互联网技术基础，并顺利将其应用和大规模铺设至智能工厂、先进制造装备等领域的国家，无疑将在全球制造业竞争中占据优势地位（图5-4）。

图 5-4　制造业＋人工智能

　　而这历史阶段与国际环境挑战下，中国的制造业也亟待 AI 赋能。目前来说，在人工智能的竞争中，中国已有了相应的资本、人才和技术去把握未来。中国实现"弯道超车"有四大信心和条件。

　　（1）用户基数与市场潜力

　　中国有近14亿用户，形成了巨大而多样化的市场，为人工智能的发展应用提供了充足的空间。特别是中国近年来互联网与移动应用和商业模式迅速发展，在很多领域已经超越了美国等发达市场的发展水平，结合巨大的用户基数产生了规模巨大而差异化的数据集，为人工智能的应用提供了最佳基础。

　　（2）技术差距逐渐缩小

　　近年来中国在技术上发展迅速，国际顶级会议论文中，出现中国作者名字的占三分之一以上。海外科技人员归国创业的热潮明显，人才回流现象加强。此外，中国在超级计算机方面的潜力巨大，为技术的发展提供了加速支持。2017年，超级计算机五百强榜单显示中国已超过美国，成为世界上拥有最快超级计算机，且数量最多的国家。

（3）创新能力的提升

"中国创造"已成大势所趋，时下流行的商业模式中有诸多为中国首创，例如共享单车、移动支付、直播、手机短视频等，成为海外市场研究与效仿的对象。

（4）资本力量充裕

一方面政府将创新提升至战略层面，高科技领域的政府引导基金可达到千亿、万亿的级别。另一方面大量民间资本渴望找到成长性高的投资机会。据Pitchbook调查，2018年中国人工智能领域的投融资已占到全球所有人工智能投融资总额的12%，且其占比仍保持迅速上升趋势。

基于以上四方面原因，中国有望在智能制造领域百尺竿头更进一步，从"世界领先"走向"世界第一"。

3. 智能建造与物联网未来畅想

（1）智能建造基于未来的现状案例

海尔公司早在2005年就提出了"人单合一"的概念，简单说就是三个字：零距离，即用户与企业融合在一起，彼此没有距离。对海尔而言，重要的是把员工与用户融合在一起，所以当初提出了"人单合一"的概念，人是员工，单并不是狭义的订单，而是指用户的需求。

如今，"人单合一"的概念已被国际社会广泛认可，成了很多商学院的教学案例，中国没有自己的企业管理模式，都是学习国外的经验，改革开放初期，学习日本的经验，再后来，学习美国的经验，如今有了互联网这个机会，我们应该把握这个机会，打造属于自己的世界领先的管理模式。

某种意义上讲，机器换人可能是智能制造的一个必要条件，但不是充分条件。机器换人导致无人工厂出现，但无人工厂并不是智能制造，智能制造是一个体系，它是满足用户个性化需求的一个生态体系。

因此，有了无人工厂后，紧要的是与用户建立连接，面对用户不同的个性化需求，能不能在车间的生产线生产？如果能，那么这个生产线一定是柔性的，不但生产效率高，而且变化也非常快，这才是真正的智能制造。

智能制造应该是产品还没有下生产线就知道它的用户是谁。海尔公司目前的互联工厂也只是部分地做到了这一点，即用户提出需求，我们专门为你设计与制造，同时将这个过程发至你手机上，让用户全程参与，大大提升了与用户之间的融合力度。

（2）智能建造发展前景

智能建造技术的发展在我国尚处于起步状态，多为通过引进国外核心技术，学习国外先进企业的创新建造技术来加快国内智能建造技术的发展，但缺少基础技术的理论支持及理论上更深层次的探讨，因此需寻求核心关键技术的突破和各技术之间融合发展，开拓全新的技术领域，打造符合我国发展的智能建造技术体系，完善技术的创新方案。智能建造在未来将在以下几个方面获得巨大发展：

① 建造全系统、全过程应用建模与仿真技术

建模与仿真技术是建造业不可或缺的工具与手段。基于建模的工程、基于建模的建造、基于建模的维护作为单一数据源的数字化企业系统建模中的三个主要组成部分，涵盖从产品设计、建造到服务完整的建筑全生命周期业务，从虚拟的工程设计到现实的施工现场直至建筑的运营，建模与仿真技术始终服务于建筑生命周期的每个阶段。

② 重视使用机器人和柔性化建造

柔性与自动建造线和机器人的使用可以积极应对劳动力短缺和用工成本上涨。同时，利用机器人高精度施工，提高建筑品质和作业安全，是市场竞争的取胜之道。以工业机器人为代表的自动化建造装备在施工过程中的应用日趋广泛。

③ 物联网和务联网在建造业中的作用日益突出

通过虚拟网络——实体物理系统，整合职能机器、储存系统和生产设施。通过物联网、服务计算、云计算等信息技术与建造技术融合，构成建造务联网，实现软硬件制造资源和能力的全系统、全生命周期、全方位的感知、互联、决策、控制、执行和服务化，使得从规划设计到施工、运维管理，实现人、机、物、信息的集成、共享、协同与优化的云建造。

我国在智能建造技术方面已经取得了一些基础研究成果，智能建造装备产业体系也已初步形成，国家对智能建造的扶持力度不断加大，智能建造正在引领着未来建筑的建造方式。

人工智能、数据经济、创新驱动、"一带一路"、智慧城市等国家倡议的技术正在助推建设工程行业从工业化、信息化到智能化进行转型升级。云计算、物联网、大数据、人工智能、虚拟现实、3D 打印、智慧传感等新技术正在重构建筑生产体系——智能建造。

对建设工程行业来说，信息技术应用能提高建设工程行业的管理能力和水平，大大提高了生产力和效率，是促进建设工程行业供给侧改革的必要手段，能推动建设工程行业的跨越式发展。对于建筑工程方向来说，智能建造概念的提出可以使建筑工程朝着智能化、信息化的方向发展。建筑工程从设计到施工到后期运营维护都可以进行精细化管理。工程建设中的机械设备可以在 BIM 等系统的辅助下进行模拟建造。建筑内的各类设备可以接入物联网，方便管理和运维。建设工程行业将与互联网、人工智能等行业结合得更加紧密。

智能建造的兴起必将会引领整个建筑行业的变革，进一步解放劳动力，全面提高施工的效率。智能建造是建筑行业的发展趋势，有着十分广阔的前景（图5-5）。

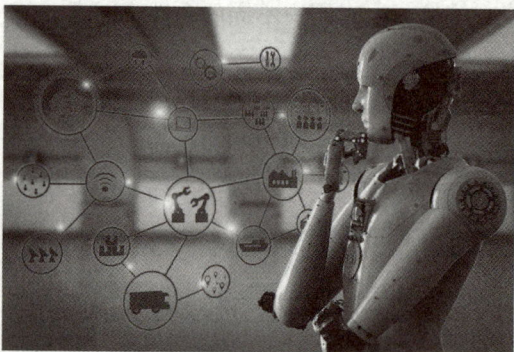

图5-5 建筑工程智能化

复习思考题

一、单选题

1. 物联网技术是信息科技产业的第（　　）次革命。

A. 二　　　　　　　B. 一　　　　　　　C. 四　　　　　　　D. 三

2. （　　）是物联网的核心，是信息采集的关键部分。

A. 感知层　　　　　B. 网络层　　　　　C. 安全层　　　　　D. 应用层

3. 当获得来自（　　）的信息反馈后，互联网能够对环境以及物体的本身进行有效控制。

A. 客户端　　　　　B. 终端　　　　　　C. 用户端　　　　　D. 平台端

4. 在现代的社会环境中，互联网本身就具有较强的（　　）。

A. 融合性　　　　　B. 交互性　　　　　C. 协同性　　　　　D. 任意性

5. 智能建造系统是一种基于（　　）融合的智能系统。

A. 信息—信息　　　B. 信息—物理　　　C. 传输—处理　　　D. 处理—传输

6. （　　）是建造数字建模＋仿真交互的基石。

A. 仿真数字化设计　　　　　　　　　　B. 工程数字化仿真

C. 数字设计　　　　　　　　　　　　　D. 数字化建模 BIM 技术

7. 数字可视化建造实体具有（　　）。

A. 三维可视化特征　B. 虚拟现实　　　　C. BIM 技术　　　　D. 数字交互

8. 智能建造的内涵不仅包括智能科学技术在建筑业的集成应用，并且涵盖了在此基础上对（　　）的提升。

A. 智能体系　　　　B. 生产组织方式　　C. 施工管理　　　　D. 人机交互

9. 智能建造能源管理中运用物联网技术，将（　　）作为了核心。

A. 信息数据　　　　B. 能源管理　　　　C. 数据处理站　　　D. 云计算

10. （　　）在现代建筑中的应用是建筑行业未来发展的趋势。

A. 大数据　　　　　B. 智慧建造理念　　C. 5G 技术　　　　D. 区块链

11. 物联网技术主要还是采取一种（　　）的方式，让各种信息能够及时地进行传导。

A. 交互感知　　　　B. 传统建造模式　　C. 信息互联　　　　D. 智慧化建设

12. 推动（　　）在建筑全生命周期的一体化集成应用，实现设计、采购、生产、建造、交付、运行维护等阶段的信息共享。

A. 传感器网络　　　B. 云计算技术　　　C. 大数据　　　　　D. BIM 技术

13. 传感器技术成为（　　）的重要手段。

A. 智能化　　　　　B. 自动检测　　　　C. 环境保护　　　　D. 信息获取

14. 传感器的（　　），负责协调各部件的工作，对获取的信息进行必要的处理和保存。

A. 感知部件　　　　　　　　　　　　　B. 网络

C. 处理器和储存器　　　　　　　　　　D. 通信部件

二、多选题

1. 智能建造系统大数据来源包括（　　）等。

A. BIM 设计数据 　　　　　　　　B. 物联网施工监控数据

C. 业务信息系统数据 　　　　　　D. 历史项目数据

E. 设计优化

2. 智能建造与物联网的特点包括（　　）。

A. 安全性 　　　　B. 能源节省 　　　　C. 智能家电一体化控制

D. 舒适便捷性 　　E. 经济化

3. 智慧建造中，需要具备（　　）特点。

A. 人性化 　　　　B. 智能化 　　　　C. 可持续化

D. 开放化 　　　　E. 网络化

4. 目前物联网技术的体系架构是（　　）。

A. 应用层 　　　　B. 网络层 　　　　C. 安全层

D. 感知层 　　　　E. 技术层

5. 物联网的基本特征有（　　）。

A. 全面感知 　　　B. 可靠传递 　　　C. 智能控制

D. 交互传递 　　　E. 智能处理

6. 物联网技术优势有（　　）。

A. 数据实时采集 　B. 信息识别 　　　C. 与信息技术结合性高

D. 智能控制与决策 E. 能源管理

7. 智能建造方式的出现，可实现物联网、大数据、BIM 等先进信息技术的高效集成，并基于此为建筑施工全部生命周期提供支持，进而提高建造工作的（　　）。

A. 科学性 　　　　B. 高效性 　　　　C. 有效性

D. 安全性 　　　　E. 规范性

8. 智能建造通过（　　），建立智能建造控制平台作为控制大脑，根据信息分析进行判断和决策。

A. 自主采集信息 　B. 人工智能算法 　C. 自动化

D. 大数据 　　　　E. 物联网能源管理

9. 下列不属于施工现场传感器的是（　　）。

A. 高度传感器 　　B. 红外传感器 　　C. 湿度传感器

D. 温度传感器 　　E. 无线网络传感器

10. 传感器由（　　）构成。

A. 电源 　　　　　B. 感知部件 　　　C. 处理器和储存器

D. 通信部件和软件 E. 无线控制技术

11. 目前（　　）是用于监视和控制智能建筑物的两个最重要的网络技术。

A. 光纤技术 　　　　　　　　　　　B. 无线网络检测技术

C. 无线网络传感器　　　　　D. 传输技术

E. BIM 技术

三、判断题

1. 信息的共享与传递物联网最基础的功能是对外界事物产生的感知。（　　）

2. 互联网是人与人交流沟通、传递信息的纽带；物联网的提出和使用让人与物、物与物之间的有效通信变为可能。（　　）

3. 数字可视化技术使得设计理念和设计意图的表达立体化、直观化、真实化。（　　）

4. 智能建造技术的发展与应用可对建筑工业化实现开发、设计、生产、施工、物资等环节的联动，通过更精细、更高效的配合，从而保证项目全生命周期的产、销、管、控、营一体化。（　　）

5. 相较于传统建造模式，智慧建造融合了节能技术，更加低碳环保。对生态环境的影响也比较小，更加符合可持续发展理念。（　　）

6. 从智慧城市的总体出发，开放化特点不是必不可少的，只有保证了建筑的开放化，才能更好地保证基础功能，也更有利于建立智慧化城市网络。（　　）

7. 传感器网络是由大量部署在作业区域内的、具有无线通信与计算能力的微小传感器节点通过自组织方式构成的能根据环境自主完成指定任务的分布式智能化网络系统。

（　　）

8. 物联网最为显著的特点就是可以将不同类型的软件连接起来，为最终端客户提供服务。（　　）

9. 智能建造装备产业体系也已初步形成，智能建造正在引领着未来建筑的建造方式。

（　　）

10. 随着经济社会的发展，智能建造与建筑工业化协同管理涉及的物联网、云计算、大数据分析，新技术、新材料、新体系、新方法等的不断涌现，智能建造与物联网管理体系会将越来越完善。（　　）

四、简答题

1. 试着说出传感器的工作原理。

2. 智能建造比传统建造有哪些优势？

3. 中国实现"弯道超车"的原因是什么？

4. 智能建造精密化如何体现？

5. 物联网与智能建造的前景如何？

教学单元 6 智能建造与装配式建筑技术应用 >>>

【学习目标】

通过本单元的学习，理解并认识 BIM、物联网、云计算、大数据、AI 等技术，让学生从构件设计、采购、生产、施工、运维全生命周期的智能建造管理体系研究智能建造技术在装配式住宅项目中的应用。

【学习内容】

（1）熟悉装配式技术在智能建造上的应用；
（2）掌握基于 BIM 的装配式建筑智能建造过程；
（3）掌握基于 BIM 的装配式建筑智能建造管理体系；
（4）熟悉基于装配式建筑智能建造的方法；
（5）了解智能建造装配式融合发展的未来。

【课程思政】

本教学单元主要引导学生建立环境与可持续发展意识、国家意识等；通过重大工程案例，引导学生主动学习相关规范知识，建立土木工程师的责任与担当；通过土木工程领域重点人物、大师语录、重大工程质量、安全等奖项，培养学生强烈爱国主义和坚持不懈的精神，从而培养学生的土木工程职业素养；通过世界标志性工程实录、重大工程成功失败案例，引导学生建立全球视野，通过唯物主义历史观和哲学观建立批判性思维。

6.1 装配式技术在智能建造上的应用

6.1.1 装配式的基本内涵

1. 最终产品绿色化

20 世纪 80 年代，人类提出可持续发展理念。党的十五大明确提出中国现代化建设必须实施可持续发展战略。党的十八大以来提出了"推进绿色发展、循环发展、低碳发展"和"建设美丽中国"的战略目标，面对来自建筑节能环保方面的更大挑战，2013 年国家启动《绿色建筑行动方案》，在政策层面导向上表明了要大力发展节能、环保、低碳的绿色建筑。

2017 年 4 月，住房和城乡建设部印发了《建筑业发展"十三五"规划》（以下简称《规划》），阐明"十三五"时期建筑业发展战略意图，明确发展目标和主要任务，推进建筑业持续健康发展。《规划》强调要推动建筑产业现代化，推广智能和装配式建筑；提高建筑节能水平，推广建筑节能技术，推进绿色建筑规模化发展。

2. 建筑生产工业化

建筑生产工业化是指用现代工业化的大规模生产方式代替传统的手工业生产方式来建造建筑产品。建筑生产工业化主要体现在三部分：建筑设计标准化、中间产品工厂化、施工作业机械化（图 6-1）。

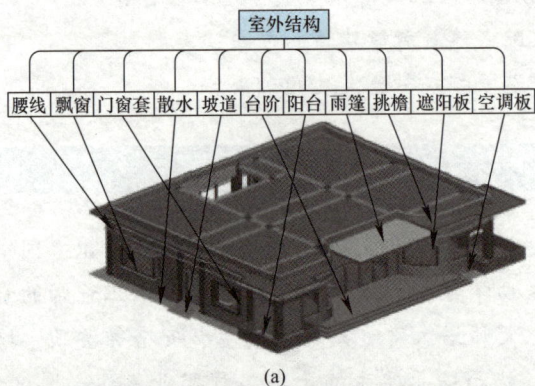

图 6-1 建筑生产工业化
（a）建筑设计标准化；（b）中间产品工厂化；（c）施工作业机械化

3. 全产业链集成化

借助于信息技术手段，用整体综合集成的方法把工程建设的全部过程组织起来，使设计、采购、施工、机械设备和劳动力实现资源配置更加优化组合；采用工程总承包的组织管理模式，在有限的时间内发挥最有效的作用，提高资源的利用效率，创造更大的效用价值（图6-2）。

4. 产业工人技能化

随着建筑业科技含量的提高，繁重的体力劳动将逐步减少，复杂的技能型操作工序将大幅度增加，对操作工人的技术能力也提出了更高的要求。因此，实现建筑产业现代化急需强化职业技能培训与考核持证，促进有一定专业技能水平的农民工向高素质的新型产业工人转变（图6-3）。

图6-2 全产业链集成化

图6-3 产业工人技能化

6.1.2 智能建筑的概念以及产生背景

1. 产生背景

智能建筑的概念，在20世纪末诞生于美国。第一幢智能大厦于1984年在美国哈特福德（Hartford）市建成。中国于20世纪90年代才起步，但迅猛发展势头令世人瞩目。智能建筑是信息时代的必然产物，建筑物智能化程度随科学技术的发展而逐步提高。

当今世界科学技术发展的主要标志是4C技术（即Computer计算机技术、Control控制技术、Communication通信技术、CRT图形显示技术）。将4C技术综合应用于建筑物之中，在建筑物内建立一个计算机综合网络，使建筑物智能化。4C技术仅仅是智能建筑的结构化和系统化。

2. 概念

智能建筑指通过将建筑物的结构、设备、服务和管理根据用户的需求进行最优化组合，从而为用户提供一个高效、舒适、便利的人性化建筑环境。智能建筑是集现代科学技术之大成的产物，其技术基础主要由现代建筑技术、现代电脑技术现代通信技术和现代控制技术所组成。

智能建筑并不是特殊的建筑物，而是以最大限度激励人的创造力、提高工作效率的中心，配置了大量智能型设备的建筑。在这里广泛地应用了数字通信技术、控制技术、计算机网络技术、电视技术、光纤技术、传感器技术及数据库技术等高新技术，构成各类智能化系统。

6.1.3　智能建造与装配式技术的关联

工程建筑产业智能化是指采用当代工业化生产方法替代施工现场现浇工作方式修建工程建筑产品，通过规范化设计方案、工厂化生产制造、装配化工程施工、一体化装修、数字化管理，提高施工品质。

推进绿色建筑，做到节能降耗，改善环境卫生，是工程建筑产业创新发展的必然结果。工程建筑产业智能化存在不一样的发展趋势过程，有不一样的内涵和外延。

现阶段工程建筑产业智能化的内涵便是以发展趋势装配式建筑为切入口，以工业化、信息化管理为驱动力，通过修建方式转型和产业发展科技成果转化推动工程建筑产业创新发展和持续稳定发展趋势，做到减少施工现场工作、减少资源能源需求、减少环境污染问题、提高工程建筑品质、提高劳动生产率、提高综合效益（即"三减三提"）的目的（图6-4）。

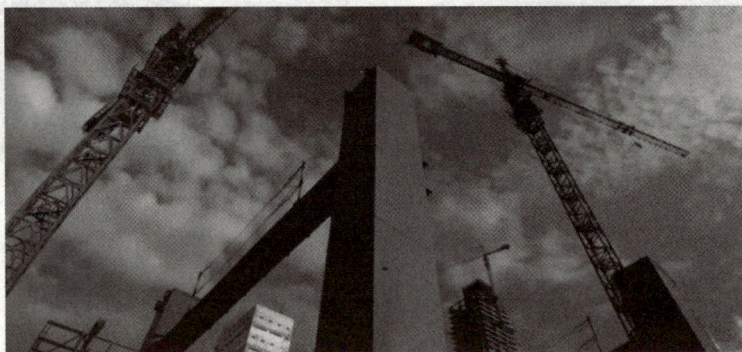

图 6-4　智能建造与装配式

6.2　基于 BIM 的装配式建筑智能建造过程

6.2.1　装配式建筑的概念及特点

随着我国经济的迅速发展，城镇化水平快速提高，建筑业在我国国民经济中充当着重要角色，成为国民经济支柱产业之一。但是建筑业还存在着许多的弊端，传统粗放建造方式面临着生产效率低、劳动力成本高、环境污染严重、信息化程度低等问题，给保护环境带来诸多难题，而发展装配式建筑则是推动建筑产业化、建筑信息化的有效方式（图6-5）。

装配式建筑是以信息化为支撑，设计、施工、装修以及验收、管理方面具有一体化、协同化、精细化、施工干作业等特点。装配式建筑与传统建筑的区别体现在建筑的各个阶段，其核心内涵见表6-1。

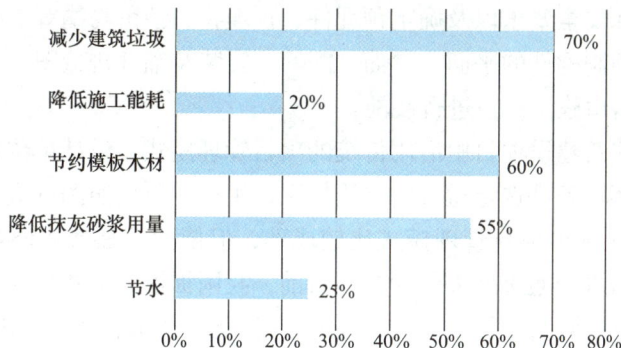

图 6-5 装配式建筑"四节一环保"

装配式建筑与传统建筑的区别   表6-1

内容	传统建造方式	装配式建造方式
设计阶段	设计与生产、施工脱节	一体化、信息化协同设计
施工阶段	现场湿作业、手工操作	装配式、专业化、精细化、机械化
装修阶段	毛坯房、二次装修	装修与主体结构同步
验收阶段	分部、分项抽检	全过程质量控制
管理阶段	以农民工劳务分包为主追求各自利益	工程总承包管理，全过程追求整体效益最大化

装配式建筑的特点如下：

（1）绿色建筑

绿色建筑是指建筑全生命周期内最大限度地实现"四节一环保"（节能、节地、节水、节材、保护环境），为人们提供健康舒适的使用空间，与大自然和谐共处。随着我国经济的快速发展、全面推进城镇化建设、不断推动供给侧改革，建造过程中所消耗的水泥、沙石等建筑材料以及建筑物拆除时所产生建筑垃圾和扬尘成为我国建筑业面临的主要问题。因此，传统建筑业粗放式生产已不适用于现阶段绿色环保、建筑业转型升级的需要。

在绿色环保、建筑业转型升级的时代背景下装配式建筑的优点得以体现，装配式建筑是通过标准化设计、工厂化加工、预制构件运输到工地通过可靠的连接方式组装的建筑，与传统的现浇技术相比，由于预制构件均是在工厂预先加工完成再在现场进行装配，能大大减少施工现场浇筑混凝土的工作量、减少环境污染、节约施工工期，因此装配式建筑的建造方式有助于实现"四节一环保"。

（2）管理方式的改革

构件的初步设计阶段是在建筑、结构设计以及机电设备基础上，由设计单位联合构件生产企业，结合预制构件生产工艺，以及施工单位的吊装能力、道路运输等条件，对预制构件的形状、尺度、重量等进行估算，并充分与建筑、结构、电气等专业进行初步协调。在初步设计的基础上，结构专业确定预制构件的尺寸、质量等空间几何和物理信息，机电设备专业确定管线预埋位置。构件制作前应进行深化设计，应满足工厂制作能力、施工环节构件搭接的技术和安全要求以及确定预埋件、预埋物、预留沟槽等准确位置同时完成设计验算，最终完成预制构件的平面、立面、配筋、安装及细部构造图，设计图纸交由生产单位进行生产，最后由施工单位进行装配。

目前，装配式建筑建设项目中沿用传统的项目管理模式，设计单位根据建设单位对建筑功能需要、项目环境条件选定适宜的结构体系，生产单位按照图纸进行生产，交由施工单位进行建造，虽然这种项目管理模式比较成熟，但依然面临着协调难度大、改图周期长、各个项目的参与方沟通难度大的问题。目前，我国提倡装配式建筑向一体化方向发展（建筑、结构、机电一体化；设计、加工、装配一体化；技术、管理、市场一体化），通过EPC（设计、采购、施工）的管理模式，使装配式建筑设计、生产、施工装配等阶段均由一家企业进行全过程管理，这样的管理模式具有促进产业链有效整合、提高招投标层次、确保工期等优势。

（3）建筑形式的改革

装配式建筑一体化的发展使得装配式建筑在设计阶段就充分考虑生产、施工环节，同时将装饰装修前置到设计阶段。由于人们对居住环境的更高要求，在建造方面也有很大的改变，设计阶段便将用户的不同需求考虑在内，如家装风格、部品部件等，从而营造良好的家居环境，通过工业化流水线的方式快速、保质保量地将厨房、家具、门窗等部件在工厂生产完毕，然后把部品部件运输到工地通过干式连接法完成组装，由于建筑、结构、机电、装饰一体化设计便于预先设置孔洞、预埋件和确定部品位置，避免在施工中二次打孔，既能保证建筑结构的安全性、稳定性，又能减少建筑垃圾产生。

6.2.2　装配式建筑的优势

1. 保证质量

预制装配式的生产是由生产单位统一生产制造，按照预制构件的各道工序在一个封闭的生产流水线上生产，合理的作业流程和质量控制标准具有机械化、自动化程度高的特点，使得工厂在混凝土浇筑和养护、预留洞口、钢筋绑扎连接等生产工艺效果都比现场操作更好，这就保证所生产的预制构件满足设计和装配要求。通过工厂化加工的方式使得预制构件具有平整度高、尺寸准确、外观好等特点，并且在工厂生产的构件都有质量检查记录、检查时间、生产计划等，这一系列流程具有良好的质量追溯。

2. 缩短工期

大量的楼梯、叠合板、柱、梁等构件都在工厂生产，不仅减少施工现场浇筑工作量而且省去支护模板、墙面抹灰等工序，从而减少施工现场混凝土浇筑和养护时间、缩短整体工期，并且构件的生产都是通过工厂流水线的方式预制加工，能够更好地安排生产进度。传统的施工建造受冬季寒冷天气和夏季梅雨天气的影响，施工进度难以保证，但是在工厂生产的构件就不存在这一问题，在工厂生产的构件不仅能保证项目的工期，更能保证构件生产不受天气气候的影响，可以按照生产进度安排生产。

3. 节能环保

因采用现场湿式作业法，施工过程中需要大量的材料、机械设备以及施工人员，这就造成施工现场材料、机械、施工工序多，人员、机械、物料管理难度大，对周围环境造成噪声污染、水污染、固体废弃物污染等，而装配式建筑的构件在工厂通过流水线的方式进行生产，减少粉尘、噪声等，更有利于降低因湿式作业法带来的环境污染问题。建筑过程中产生的钢筋截料可用于预制构件生产的预埋件制作，由于装配式建筑所采用的是构件预制完成后通过可靠的连接方式进行装配，与现浇技术相比减少混凝土损耗量，采用预制构件在工厂生产的方式，施工装配现场的建筑废弃物会大量减少，因而更加环保（图 6-6）。

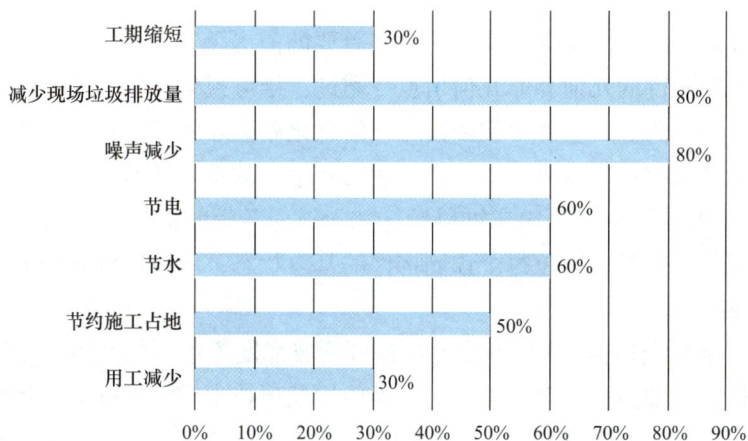

图 6-6　装配式建筑钢结构的"四节一环保"

4. 更加安全

现浇技术施工过程中由于需要大量模板脚手架且高空作业、大型机械设备较多，导致施工现场人员流动大、机械设备进出场多、施工环境复杂、安全隐患多，这就给施工项目安全管理带来一定难度。装配式建筑的构件在工厂流水式生产，运到现场后，由施工安装队伍按照标准完成装配，与传统施工相比，装配式建筑现场仅需要临时支撑、无外围脚手架且施工现场干净整洁，装配式建筑大大降低安全隐患。在生产阶段通过工厂化加工的方式所产生的预制构件具有精度高、平整度高等特点，可有效降低预制构件渗漏、露筋等质量问题并提高建筑物整体安全性、稳定性及防火性。

6.2.3　基于 BIM 技术的智慧建造

BIM 技术的核心信息，对象是建筑，服务于建筑设计、施工、运维的建筑全生命周期，以建筑物为载体建立建筑全生命周期内的相关信息，随着项目的不断推进载入不同的信息，最终形成完整过程的数据库，从而提升整个项目信息的集成度。

智慧建造作为一种新型的建造理念，是在信息化的推动下获取项目中数据、处理相应信息、完成信息传递、实现信息再利用，从数字化建造逐步达到项目建造模式的智慧化。传统的建造模式在建造过程中经常采用有纸办公、人工传递信息的方式，缺乏项目从设计到竣工各个阶段相关信息的集成和整合，因此不能进行

BIM 技术
的特点

有效的信息集成和项目管控，数据表明，查找所需资料的时间在建设项目管理过程中超过30%，建设项目管理信息不当所造成的设计变更等带来的损失占建设成本的 3%～5%，所以智慧建造的核心是通过信息化的方式获取建筑全生命周期内的相关信息并及时地将这些信息传递到其他项目各参与方手中，便于及时掌握项目情况。

BIM 的特点在于本身就是强大的数据库，可集成项目各方的信息，智慧建造面向建筑全生命周期，以信息为支撑，使得相互割裂的各个阶段转变成各个专业，各个项目参与方可以实现多方协同的模式，向着信息及时传递，避免"信息孤岛"，提高决策实现项目管理目标，提升绿色建筑的发展速度。

从信息集成的角度看，BIM 最重要也是最首要的前提是三维可视化模型，模型所携带的是建筑物、预制构件的几何和非几何信息，通过三维可视化模型才能有效地进行建筑物的性能分析、虚拟漫游等，生产单位阅读三维信息化模型才能了解预制构件的尺寸、材料等信息，模型的精细化程度是决定预制构件加工和生产的重要环节。每个预制构件都是独立的单元，读取 BIM 模型信息向二维码标签和无线射频标签添加预制构件信息，通过二维码和无线射频技术跟踪、定位每个预制构件的基本状态，所以二维码和无线射频技术应用的前提是 BIM。

物联网、三维激光扫描、VR 等技术在各自领域都发挥重要的作用，它们具有快速收集信息、质量检查、虚拟漫游等优点，单一地使用某项技术难以发挥集群化效果，而这些技术的基础就是 BIM，依靠 BIM 强大的信息储存能集成多种信息化技术，发挥信息化的优势。

6.2.4 基于 BIM 的装配式建筑智能建造产生

建筑工业具有标准化设计、工厂化生产、机械化施工、一体化管理的特点，与传统的住宅建造方式相比具有绿色环保、机械化程度高、人工劳动量少等优势，通过信息化技术使得建筑工业化设计、生产、建造过程中及时获取相关信息实现信息的快速流转。我国建筑业正面临转型升级，由环境污染严重、生产效率低的现浇技术转型为建筑工业化，要实现建筑工业化就需要大力推动装配式。

基于 BIM 技术的装配式建筑智能建造第一步是设计，以标准化的设计形成标准化的模块，根据模块完成楼层的标准化设计，最后完成建筑物设计，其中 BIM 技术是设计的关键技术，只有依靠其强大的可视化、出图性、模型性的功能才能降低设计出错率，提高设计的精确性。在生产阶段依靠 BIM 技术辅助工厂加工制造，通过工厂管理平台读取三维信息化模型，完成预制构件自动化、智能化的加工；基于 BIM 和物联网技术支持完成预制构件的精细化追踪和构件管理，预制构件的生产状态和运输状态便可及时反馈至后台数据中，以实现智能化追踪。

装配式建筑是复杂的系统，涉及建筑全生命周期各个阶段，这种新型的建造方式打破传统建造方式相互脱节的现状，将设计、生产、装配各个阶段相互串联起来，因此装配式建筑需要与项目各参与方进行更多的信息沟通。将信息化技术、自动化生产等与装配式建筑相结合，可改善装配式建筑设计、生产、装配各个阶段的工作效率，提高产品质量、降低消耗，带动装配式建筑设计创新、管理模式创新、装配创新以及促进装配式建筑上下游企业间协同工作，同时以 BIM 强大的数据集成和整合为基础，支持全生命周期内的信息集成和流转，实现装配式建筑全产业链的信息传递和共享，向装配式建筑智慧建造迈进。

BIM 技术的特点是信息集成与信息共享，是建立涵盖建筑工程全生命周期的模型信息库，并实现各个阶段、不同专业之间基于模型的信息集成和共享，BIM 与虚拟仿真的集成应用主要包括虚拟场景构建、复杂节点施工模拟、安全教育以及交互式场景漫游，从不同视角、时间点感受施工过程，比较不同施工方案的优势与不足以确定最佳施工方案，BIM 技术与虚拟现实的集成应用在很大程度上可提高装配式建筑设计效率、提高安全培训效果、选定最佳施工方案。对于现场难以获取的施工现状，可通过三维激光扫描技术得到现场真实信息，BIM 与三维扫描集成，是将 BIM 模型与三维激光扫描出的模型进行对比，以达到工程、预制构件质量检查、快速建模、收集实际施工进度的目的，可解决很多传统人工方法无法解决的问题。

6.2.5 基于 BIM 的装配式建筑智慧建造体系架构

装配式建筑是将工厂生产好的预制构件运输到工地，以一种可靠的连接方式进行组装的建筑物，涉及设计、生产、装配等各个阶段，装配式建筑是一个复杂的工业化产品，要求设计标准化、生产工厂化、施工装配化、机电装修一体化，以信息化带动装配式建筑全生命周期内各参与方的"五化一体"。

智慧建造就是要把建设中的材料、设备、人员等管理对象借助物联网和 BIM 技术，实现互联互通与远程共享，通过信息测绘、数字施工、智能化检测等手段完成全生命周期的信息化管理。构建基于 BIM 的装配式建筑智慧建造体系，充分利用各种信息化技术和网络技术，将装配式建筑全生命周期内的信息集合在同一信息平台上，以便装配式建筑全生命周期内项目各参与方能够通过该信息平台及时了解、分享项目相关信息，实现项目信息的及时流转和项目决策。而要实现装配式建筑预制构件的设计、生产、装配信息化管理，就需要基于 BIM 的统一协调平台，集成与项目相关的信息，最大限度地发挥装配式建筑工业化的优势。基于 BIM 的装配式建筑智慧建造体系如图 6-7 所示。

基于 BIM 的装配式建筑智慧建造体系包括信息采集层、网络层、数据中心层以及服务层。信息采集层是智慧建造体系的基础，主要获取装配式建筑全生命周期内产生的海量信息，通过无线射频技术、无人机以及三维激光扫描等技术为数据的及时采集提供支持，采用这些设备能及时获取到预制构件的生产状态、产品质量、进度等信息。这些信息的及时获得使得项目具备更通透的感知，是辅助装配式建筑智慧建造的"基石"。网络层相当于人类的"神经"，通过有线网络和无线网络把收集到的信息进行及时的传递，它存在的目的是将人与物、物与物之间互联互通。数据中心层是一个海量的数据库，这里面包含着各种结构化和非结构化的数据，如建筑的几何、非几何数据、文本文档数据以及进度、成本、质量等数据。服务层服务于建筑全生命周期内的各个参与方，项目各个参与方可以通过数据中心层提取出本方需要的数据，通过 PC 端或移动端完成本方个性化、针对性的

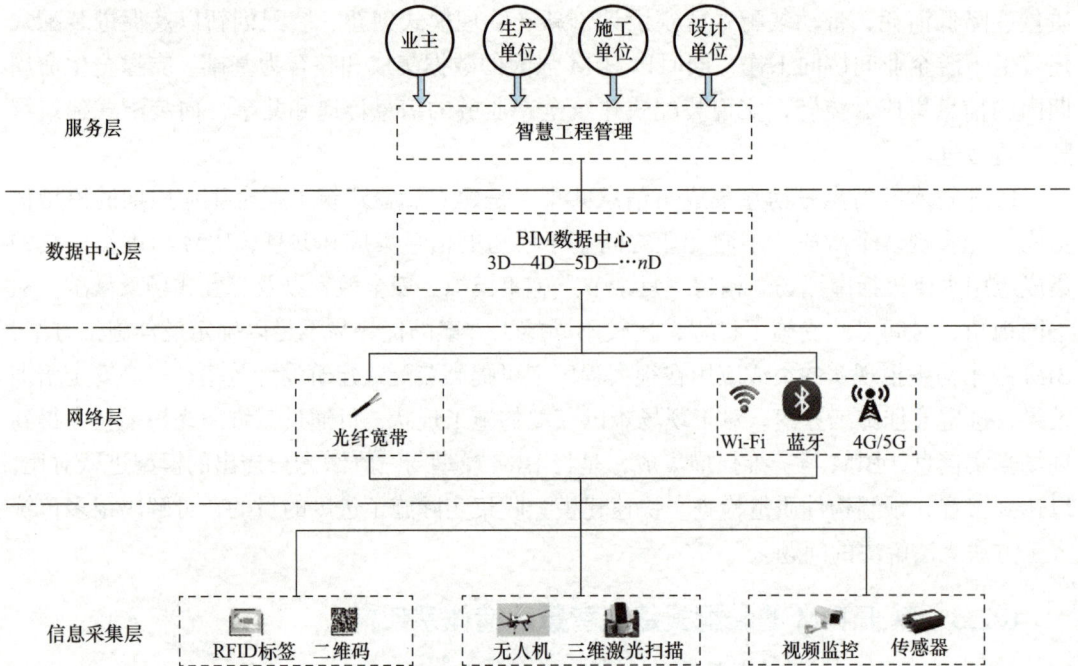

图 6-7 基于 BIM 的装配式建筑智慧建造体系

工作，以实现项目各参与方协同工作、信息传递的互通。

装配式建筑从预制构件的设计到整体建筑物的装配完成，需要经过设计、生产、装配三个阶段，通过智慧建造技术可以快速获取装配式建筑全生命周期中的信息，项目各参与方之间协同工作。

6.2.6 基于 BIM 的装配式建筑构件设计过程应用

装配式建筑 2D 设计时代，经常会面临设计成本高、返工高、信息错漏丢失等问题，项目中更是缺失信息化技术作为协同设计的支撑，传统的设计流程也难以适应信息化发展的要求。

基于 BIM 的装配式建筑智慧建造理念下的协同设计与传统的设计方式有所区别，在设计阶段，设计单位会通过信息化平台与生产单位和施工单位保持沟通，将生产单位和施工单位的角色前置到设计环节，加强信息沟通，提前把生产环节和施工环节可能出现的问题在设计阶段就找出来，保证设计成果满足生产能力和施工要求。

在设计环节采用标准通用的方法设计通用、标准的构件，把这些标准化、通用化的预制构件集成在一起，形成预制构件库。设计过程中，预制构件库中有预制构件的模型可供选择，减少设计的人工成本和时间成本。由于提前将生产单位的角色功能前置到设计环节，预制构件的设计会考虑生产单位的生产能力，预制构件库的形成是由设计单位和生产单位共同拥有，因此会保证后期生产的顺利进行，预制构件库并非一成不变，也会随着特殊构件的加入不断更新构件库，满足特殊建筑布局。

1. 预制构件库设计和完善

传统的设计方法是以"等同现浇"为设计理念，需要从整体设计到构件拆分完成装配式建筑的设计过程。装配式建筑是工业化产品的一种，能够保证批量化生产是工业化产品的一种特点，如果拆分出来的预制构件种类多、造型复杂、生产难度大，便不利于批量化生产，难以发挥建筑工业化的优势，这样就与传统现浇技术没有多大的差别。基于 BIM 的装配式建筑智慧建造在设计环节分为预制构件库设计和完善、建立 BIM 模型、BIM 模型的分析和优化环节。

预制构件库的建立是基于 BIM 的装配式建筑设计的重点，在设计时只需要从通用构件库中提取预制构件进行设计即可，BIM 模型的设计和生产都以预制构件库为基础。装配式建筑是构件拼装而成的，因此预制构件库的设计要执行标准化和通用化，标准化是方便预制构件生产线的生产作业，通用化是满足各类建筑物的需求。预制构件是装配式建筑和预制构件库的重要组成部分，预制构件库中的预制构件要具备重复使用性、可拓展性以及独立性。重复使用性指预制构件模型可以重复应用到不同的项目。随着项目不断推进，预制构件应用到生产阶段、装配阶段，这些阶段的信息可以添加到预制构件的信息拓展区，因此，预制构件模型要具备可拓展性，满足信息的添加、传递和共享的作用。预制构件库中的预制构件是相互独立的，并不会因为使用次数过多增加或减少预制构件的属性信息，下次使用的时候还是最初设定的预制构件属性信息，因此预制构件具备独立性（图 6-8）。

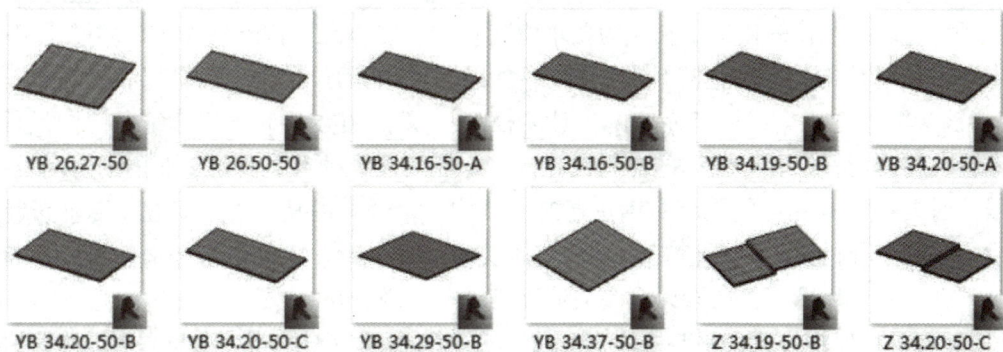

图 6-8 预制构件库

BIM 技术的核心信息是传递与共享，装配式建筑设计过程中要想实现信息的及时传递和与其他项目参与方的及时沟通，首先需要把装配式建筑预制构件库建立完善，在 BIM 技术的支撑下，预制构件库的建立能够通过信息化技术的方式建立预制构件，添加、删除构件属性信息，满足预制构件信息的及时传递和共享。基于 BIM 的预制构件库的建立主要包括四个步骤：预制构件的分类、预制构件信息创建、预制构件审核与入库、预制构件库管理。

预制构件库需要按照不同的结构体系分类建立，满足标准性和通用性，先按照通用的结构体系建立预制构件库，某些特殊的、非常用的结构在项目不断发展中向构件库添加新的预制构件模型。按照厚度、预制构件荷载等控制因素分类统计预制构件并减少预制构件的种类，以此得到符合模数化、标准化和通用性的预制构件。

基于 BIM 技术下的预制构件库的建立需要依靠的是预制构件信息的创建，构件入库这一过程实际上是预制构件信息录入的过程，每一构件需要有唯一、便于识别的编码，这就要求预制构件编码的编制具备唯一性、合理性、完整性和规范性。预制构件编码的目的是为了区分各个构件，便于设计人员、施工人员和生产人员以及项目各个参与方能够区分、识别出各类预制构件，而辅助生产和施工时的信息是预制构件的详细信息。装配式建筑涉及建筑全生命周期，产业链庞大且复杂，建筑信息化的出现为装配式建筑的管理提供便利，基于 BIM 的装配式建筑信息的输入需要综合考虑预制构件的阶段，如果信息全部录入必然会导致信息量过大、增加工作量，因此预制构件的几何信息与非几何信息的录入在不同的阶段录入相应的信息深度。预制构件信息创建完成之后就是预制构件的审核、入库与管理，审核员需要对预制构件信息及信息编码进行确认，保证信息及信息编码录入正确，预制构件库的管理工作，不同层级的人员需要不同的权限，例如，管理人员应具备添加、修改、删除构件的权限，使用人员只具备查询、下载、调用的权限。

2. 建立 BIM 模型

BIM 技术具有可视化、协调性、出图性等特点，BIM 技术下的装配式建筑设计可实现建筑全生命周期内信息的传递与共享，实现装配式建筑产业链上、下游企业间和专业间的信息沟通。在各专业明白设计意图后，首先确定装配式建筑设计结构体系，按照一定标准尺寸及结构将项目分解成独立、可置换的模块，以标准化的接口、功能为要求将建筑的基本单元、构配件等实现多样化组合。各专业设计师从构件库中选择预制构件，完成各个专业的设计方案后，以"工作集"或"模型链接"的方式集成所有专业的设计阶模型。基于 BIM 的装配式建筑的协同设计包含专业内的协同设计和专业间的协同设计，本专业的设计师首先满足专业内的协同设计，在设计时要符合本专业的规范，满足建筑、结构、水暖电的功能要求。在本专业设计完成后，不同专业的设计师要满足业主的功能要求，各个专业之间进行碰撞检查，不符合的地方进一步优化设计，从设计源头上消灭错、漏、碰、缺。

VR 技术可以把三维的设计方案转化成具有空间感的模型，项目参与方可以随意进入设计方案中，从任意角度观察设计方案。结合 BIM+VR 技术实现虚拟漫游，在虚拟场景中可以根据人的身高设置视角的高度，漫游整个设计场景，以视角高度是否能通过净空高度为标准检验设计方案中是否存在缺陷，避免设计方案出现的不必要问题。设计师以第一人的身份进入场景，观察设计方案，与业主商讨室内净空高度、楼梯净空高度、栏杆扶手高度、门窗高度等是否合理，与施工单位商讨管线净高预制构件节点位置、钢筋碰撞点、部品部件安装位置等，这些问题都与后期生产和装配以及建成后的体验密切相关。

装配式建筑与传统的建筑项目不同，室内设计在设计阶段就要同步考虑，包括家具摆放、灯光材质、装修做法等，通过装饰装修做法确定机电管线末端，反推洞口预留、管线敷设、机电管线路径，以实现建筑、结构、机电、装饰装修一体化设计。设计师通过建立 Revit、Sketchup、3ds Max 等三维模型，导入到 VR 虚拟设计平台中，在 VR 虚拟设计平

某建筑
BIM 化
模型

台中设计虚拟样板间，同时附着材质、灯光、部品部件、家具等内装，观察者头戴 VR 头盔或用 APP 从云端下载模型即可观察虚拟样板间的内部、外部，在虚拟空间内自由行走，通过手柄与场景进行交互，设计师与甲方进行沟通，展示内装效果、替换材质、更换家装风格，对空间进行个性把握，提供多种装修方案。

3. BIM 模型的分析和优化

通过预制构件库的模型使得各个专业快速地完成项目的预设计，预设计方案并非是最终方案，还需要进行碰撞检查、模型分析复核、优化性能。与现浇技术相比碰撞检查应用于装配式建筑较少，这是因为装配式建筑是"拼装"而成的，预制构件的尺寸需要满足拼装的要求，其次，装配式建筑节点较多，节点处的钢筋较为复杂，如果在施工时发现设计的预制构件在节点处彼此"打架"，就会导致项目延期、构件返厂重新生产，因此，在设计阶段就需要运用 BIM 技术提前发现设计问题。支持碰撞检查的 BIM 软件常用的有 Navisworks，Fuzor，Synchro4D。以 Navisworks 软件为例，Navisworks 软件支持 NWC，IFC，FBX 等格式文件，将模型转换成软件支持的文件格式后，导入到 Navisworks 软件中，在进行碰撞检查之前，需要对碰撞检查类型进行设置，如软碰撞、硬碰撞、碰撞楼层或者碰撞专业等。软件提供多种导出碰撞结果报告的文件格式，如 PDF，HTML，报告中会高亮显示碰撞位置，同时会提供碰撞构件的 ID 号，通过 ID 号可迅速在三维模型中定位到预制构件，方便设计方案的及时修改。

BIM 中的
一模多用

决定设计模型能否应用于生产和施工的是模型的分析和复核，分析复核的主要任务就是确定模型的安全性，满足荷载的要求。装配式建筑设计的 BIM 模型分析复核包括两个步骤：有限元分析和结果对比。有限元分析的任务是将 BIM 模型转换成结构分析模型，确定模型的弯矩、剪力等，分析模型的荷载，将有限元分析出的结果与设计规范相比较，如若不满足设计要求，就修改不符合规范的预制构件的参数类型，直至符合设计标准为止。将 BIM 模型导入到如 Pathfinder，Ecotect，CFD 等传统的设计分析软件中可进一步分析人流疏散、日照、风动等性能分析，实现绿色建筑，提高建筑性能。

设计成果中最重要的表现形式是设计图纸，图纸中含有大量的技术标注，在目前人工操作为主的生产、施工条件下，施工图具有不可替代的作用。经过初步校核、审核以及碰撞检查后，基于 BIM 技术下的装配式建筑设计出图除可在相关 BIM 核心建模软件中生成平、立、剖面图纸外，还可以生成包含预制构件相关信息，如模型尺寸、构件配筋、材料明细表、预留洞口等图纸，以便再次校核、生产和施工。设计模型和生成的二维图纸可上传到云平台中，经过轻量化处理的模型和二维图纸便于项目参与方调用模型、商讨设计方案、深化设计，有助于信息的及时流转和沟通协调。

6.2.7　基于 BIM 的装配式建筑智慧建造在构件生产过程的应用

目前，大多数生产单位依然采用传统的方法，以二维平面图为基础进行预制构件的生产加工，这种方法有可能出现错解、误解设计意图的情况，与此同时，设计师需要认真、仔细地校核每张设计图纸，即使如此，也会出现错误。也正是这样，信息化在各行各业都蓬勃发展的时候，建筑业的信息化运用情况和生产效率不升反降。

BIM 是建筑信息化的产物，所携带的信息贯穿于建筑全生命周期，保证建筑信息的延续性，也包括设计阶段的信息传递到生产阶段。基于 BIM 的装配式建筑预制构件的生产将 BIM 模型里的构件信息准确地、全面地传递给预制构件的生产单位，传递的方式可以是三维信息化模型，也可以是二维深化图纸。由于信息的准确和全面性，BIM 模型的应用不仅为信息的管理、存储提供方便，而且三维信息化模型在装配模拟、生产加工、运输等方面的应用为装配式建筑智慧建造打下基础。

装配式建筑的预制构件生产是装配式建筑全生命周期中重要的阶段，是由虚拟设计转换为实体的重要环节。预制构件的生产环节依托 BIM 技术和物联网技术对预制构件的关键节点、流程实施动态跟踪，及时更新预制构件的生产状态和所处状态下的拓展信息，从而使预制构件生产单位管理者及时了解预制构件生产的状态，更好地安排紧后工作。装配式建筑预制构件从生产到装配要经过生产、运输和装配三个环节，主要涉及生产单位、运输单位和施工单位，信息的及时更新和流转对于项目各参与方来说是十分重要的，例如：以预制混凝土构件为例，生产跟踪的节点可根据本企业的生产流程进行设置，运输环节的节点设置为预制构件装车、预制构件准备运输、运输中、到达目的地。基于信息化技术和设备，生产人员、司机对预制构件的生产和运输的当前状态更新和上传到信息化平台，通过信息的及时流转，项目各参与方及时了解预制构件的当前状态，便于后续的参与方及时制定、修改、执行计划（图 6-9）。

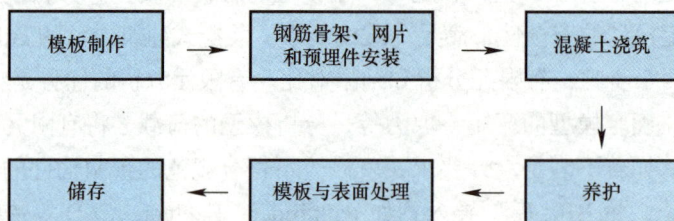

图 6-9　生产跟踪节点

BIM+ 物联网技术在生产阶段对构件的定位跟踪及运用共有 3 个流程，依次实现生产准备阶段、预制构件生产阶段、预制构件运输阶段中所有环节的跟踪管理。信息化技术的出现使得装配式建筑在各个环节中信息流转慢的情况得以改善，通过信息技术及时更新预制构件的生产、物流信息等信息，将点对点的信息沟通方式转换为系统的、集中的沟通方式，有纸化办公升级为数字化、电子化的办公方式。通过 BIM 技术、物联网技术、GPS 定位系统可实现预制构件生产、运输、出厂等一系列跟踪定位，项目各参与方可通过信息沟通平台更新、查询、定位预制构件的生产、运输情况，以精确、及时的信息安排好本单位的工作（图 6-10）。

1. 预制构件生产前准备阶段

与其他加工方法相比，预制构件模具生产具备高精度性、高一致性，从一定程度上讲，模具的质量直接影响预制构件生产质量。由于预制构件的造型复杂和多样化，特别是灌浆套筒开口和钢筋外露，模具的生产需要综合考虑成本、使用次数、质量、生产效率等

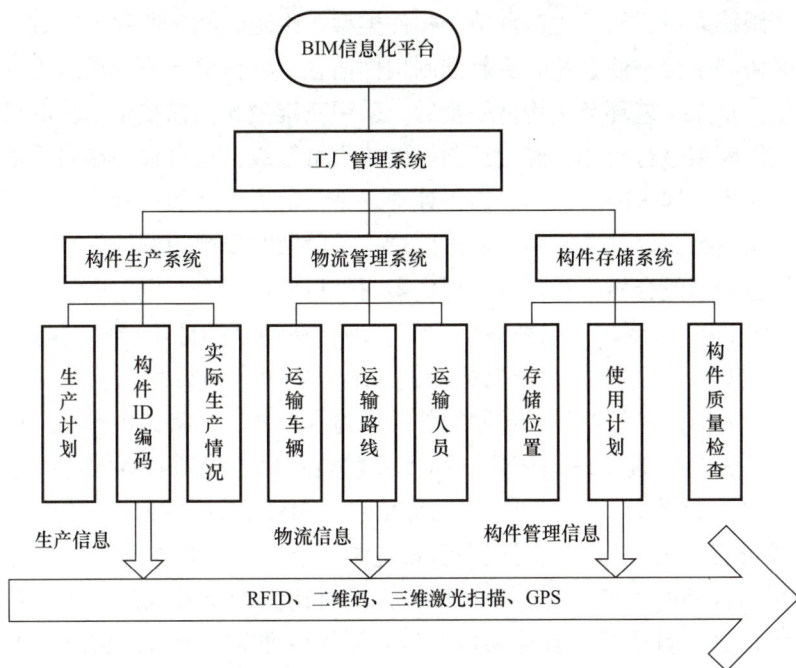

图 6-10　预制构件生产跟踪

因素。BIM 技术提供的三维信息化模型为生产单位提供详细的生产构件所需要的信息，通过 BIM 技术的三维可视化、参数化等优势，将设计人员从复杂的空间想象中解放出来。BIM 模型被誉为参数化的模型，因此在建模的同时，各类的构件在三维建模时就赋予三维空间关系、型号、材料等参数信息，所建立模型经过反复验证、校核、修改，可按材料、位置、生产厂商、材料用途等字段导出明细表，由此导出的材料设备数据具有很高的可信度，生产单位通过信息模型、图纸及明细表、物料清单等迅速进行生产交底、物料准备、制定生产进度计划，依据生产进度计划和项目整体进度细化构件每天产量、生产人员安排、钢筋用量和混凝土用量以及物料进场安排、模具用量。

2. 预制构件生产

预制构件所需要的原材料进场卸车之前，由生产单位物资采购部通知本单位的质量管理部对新进材料进行质量检查，质量管理部应及时按批次或编号检查相关原材料并编写质量检验报告，上传到信息管理平台，质量不合格的产品应禁止投入生产，做到事前质量控制。通过工厂信息化管理平台，构件信息转换成机器设备可识别的格式，解读构件生产信息，这便进入预制构件生产环节。通过控制程序完成模板制作，实现对钢筋的自动裁剪、弯折，完成钢筋绑扎及预埋件安装、浇筑混凝土和振捣、脱模表面清理、存储等一系列生产工序。自动化的生产，便于精益化和数字化制造，减少人工成本、出错率和精确度，整个生产过程中，会一直有工厂信息自动化的监控系统实时监控，一旦出现生产的故障等非正常情况，便能够及时反映给工厂管理人员，管理人员便能迅速做出相应措施。在构件生产过程中，采用 BIM 结合无线射频技术加强对构件的识别性，三维模型与构件实体一一对应，生产单位的生产人员根据预制构件的生产状态，通过移动端更改预制构件的生产状态，包含生产跟踪人员、构件生产环节、构件类型、跟踪时间、所耗工时数、预制构件所处位置，此时协同平台中便会及时更新预制构件信息，项目参与方可通过信息化平台跟踪预制构件的生产重点工艺环节。构件脱模后，采用三维激光扫描技术，获取点云数据，将点云数据与三维模型进行对比，确定预制构件的质量等级，通过移动端对质量情况予以说明，协同平台对反馈回来的质量信息做出处理意见，负责处理的负责人、生产管理人员通过协同平台做出废弃、修补等措施后通过信息化手段及时反馈预制构件状态信息，再次进行质量检查，直到质量合格为止，以此形成事前材料质量检查、事中质量检查、事后质量检查的质量管控闭合回路，达到精益化生产管理。在预制构件生产的同时，将构件的数字信息译成二维码，并打印成二维码标签，二维码中包含项目编号、构件名称、构件编号、产品批次、外形尺寸等信息，预制构件质量检查合格后，将二维码贴到相应的预制构件上，生产管理人员通过手持阅读器扫描无线射频芯片连接到后台数据库中，更新预制构件的状态信息、记录责任人、记录时间等信息。BIM 和物联网技术的应用使得预制构件在生产阶段可实现及时的信息反馈和质量追溯机制，项目各参与方以信息化平台为基础，查询到预制构件的生产进程，生产单位人员对构件的所属状态、计划生产数量、实际生产数量等信息一目了然，其他项目参与方可依靠准确、及时的信息安排本单位的计划。由于生产过程由数字化的形式保存下来，项目完成或进行过程中，相关参与方可对相关数据进行分析，以形成辅助决策的信息用于后续的生产环节，依据庞大的数据量提取高质量的信息，在这种不断提高的过程中形成智慧化，促进装配式建筑产业链上下游的发展（图 6-11）。

A	B	C	D	E	F	G
		装配住宅构件加工清单				
ID 号码						
型号规格	内部剪力墙					
长度尺寸	3000×3200					
构件体积	1.48m³					
1材料型号	混凝土					
2材料型号	钢筋型号					
3材料型号						
附件型号	套管					
附件数量	12					
		发图人		发图日期		
		接收人		出货日期		

图 6-11　装配式建筑构件加工清单

3. 预制构件运输阶段

预制构件出厂前，生产单位质量管理部门按照流程和质量检查标准再次检查需要运输的预制构件产品质量，生产单位对构件质量合格的产品定义为合格，监理单位对预制构件签发质量证明书，不符合质量标准的产品可按相应的标准进行处理，处理方案、检验结果等这一系列过程由质量检查人员通过阅读器或移动端更新预出厂构件的质量信息并拍照上传到信息协同平台中留作电子版质量证明文件，以确保出厂的预制构件产品的质量。

施工单位根据施工进度计划与生产单位协商确定预制构件生产运输计划，生产管理人员通过手持阅读器或移动端查询、定位需要运输的构件，记录预制构件的当前信息如：运送构件司机姓名、司机联系方式、运输车辆牌照、出厂时间、预制构件出厂负责人、构件用途等，并将这些信息上传到信息化平台中，更新预制构件的状态、扩展相关信息。运输路线的确定首先需要根据施工场地的位置来确定，合理的运输路线直接影响到预制构件能否顺利到达、是否需要二次运输，BIM 技术拥有强大的信息集成功能与 GIS 技术的结合，可迅速查阅工地现场周围情况，生产三维地形图，根据三维地形图分析工地周围运输路线，合理确定运输路线。对发出车辆安装 GPS 定位系统，通过 GPS 定位系统实时定位车辆的运输情况，由于运输车辆与运输构件相互挂接，施工单位通过信息化沟通平台查询 GPS 所定位的车辆，及时做好接收预制构件的相关准备。

6.2.8 基于 BIM 的装配式建筑智慧建造在施工过程的应用

1. 场地布置管理装配式

建筑在建筑阶段的实质是把生产好的预制构件通过可靠的连接方式完成拼接，施工过程中面临着装配、现浇、装饰装修多专业、工种的协同工作等问题，同时还面临着作业环境复杂，施工工地平面布置易发生变动等问题。受到施工工地的地形和常规技术的限制，难以对施工场地进行有效、正确的布置，根据经验布置预制构件存储区，因此找错构件、找不到构件的情况时常发生，直接影响到项目进度。传统的场地平面布置采用二维平面布置，对于装配式建筑不能充分考虑吊装等立体空间的影响，更不能充分考虑到时间维度，BIM 技术的出现为装配式建筑施工场地平面布置提供一个很好的方式，可直观地展示空间上的布置和时间上的逻辑。装配式建筑施工阶段的场地布置规划如下：

（1）机械设备规划：工地中一台起重机难以满足施工需要，就需要布置两台及以上的起重机，多台起重机同时工作就面临"打架"的问题。受到场地的制约，起重机靠得过近就可能发生碰撞干扰，即使处于静止状态，也要考虑到受到风速的影响，吊钩摆动时的安全性。因此，机械设备的规划需要覆盖拟建建筑物、构件堆放区的需要，塔式起重机的选择也需要满足预制构件起吊重量、旋转半径、预制构件种类的要求。在起重设备布置过程中，需要根据拟建建筑物的工况、展开结束时间，优化起重设备布置，实现设备的循环利用。

（2）临时建筑物布置及安全疏散规划：在临时建筑物的具体布置过程中要求合理、紧凑、经济实用，保证各个工区、时间段施工能正常进行。基于 BIM 软件的日照分析功能，可根据项目工期不同季节的时间点、时间段进行日照分析，根据分析结果调整临时建筑物之间的距离，减少室内用电，以实现绿色建筑、绿色施工。施工环节的安全也是施工管理的组成部分，临时建筑物的布置除了符合施工要求外也要注重安全疏散，合理布局、统筹安排疏散通道。

（3）临时道路规划：装配式建筑的装配环节需要场外运至场内的预制构件、现浇材料以及辅助装配的工器具，因此施工场布的临时道路规划应在结合预制构件的物流运输路线、永久道路的情况下，通过 BIM 分析软件，优化分析施工场地内主路与次路的关系及空间位置，结合地理信息系统或前期勘察设计单位提供的地下管网的布置，安排工地的道路和水、电、通信的施工，在符合强制规定的标准下优化临时道路的宽度并确定临时道路的材质，以达到节约成本的目的。

（4）加工棚与构件堆放场规划：构件堆放场的面积规划至少要满足一个标准层的装配，根据加工棚、预制构件堆放处、道路的位置及工厂之间预制构件流转路径和转运量，通过 BIM 分析模型分析拟建场布的布局，确定最佳方案后，科学选择加工棚与构件堆放场。

（5）工作面规划：装配式建筑施工过程中装配、现浇、装饰装修等环节不同专业在同一工作区域交叉工作的情况难以避免，工程项目越大，分包单位、专业间的交叉工作也越多，协同交叉工作、资源分配就显得格外重要，同时还面临着如何将工作面划分为多个子工作面的问题。基于 BIM 技术下的工作面划分可直观展示不同时间段下施工计划进度的安排，对比实际施工进度的完成情况，为协调各个分包单位、专业施工提供有效、合理的数据分析，为总包单位提供决策依据，以此实现精细化管理。

根据项目的实际需要对拟建建筑、临时建筑、机械设备、现场平面等进行三维建模，并设置拟建建筑物在建设过程中各阶段、各工况下场布的变化情况，基于 BIM 技术下的场布使得不同阶段、不同工况下的场布具备三维特性和时间逻辑，真实地模拟不同条件下施工现场的变化情况，可最大限度地优化道路、材料堆放、构件堆放、机械设备，为施工单位提供真实、直观的模拟效果，辅助决策。

2. 预制构件管理

由于 BIM 模型中所包含的信息与二维码或 RFID 标签信息是一致的，施工单位只需要通过 BIM 信息即可知道每天需要施工的过程中需要哪些预制构件，这样施工单位与生产单位协调预制构件的生产和运输计划，每天运输的预制构件也是当天需要装配的预制构件，这种有次序的运输预制构件方式既能解决施工现场构件堆放的问题，也能节约运输成本，而不用一次把全部构件堆放在施工现场。施工单位通过信息化协调平台查询预制构件运输情况，根据施工实际施工进度和项目进度安排做好预制构件接收准备工作。运输车辆到达施工现场后，相关责任人检查预制构件的质量情况，通过三维激光扫描、目测、卡尺量等方法检查预制构件的外观、平整度、裂缝、露筋等质量问题，按照预制构件缺陷修补质量管理办法确定预制构件质量等级，施工单位责任人通过手持阅读器或移动端记录预制构件的检验时间、接收时间、入库时间，做好预制构件修补、返厂、接收处理办法，通过信息化协同平台反馈到后台数据库中。

预制构件的堆放需要根据预制构件的种类、刚度、受力情况、外形等采取平放或立放的方式，通常板式构件采用平放，墙式构件采用立放，柱子视情况而定是采用立放还是平放，在摆放过程中注意预制构件的间距和受力，防止混凝土表面破损、钢筋变形。

在预制构件的堆放和管理过程中需要控制预制构件的进场和摆放、入库，这需要耗费大量的人工和时间用以统计。信息化手段可很好地定位、追踪预制构件的位置，施工单位施工人员根据 RFID 芯片定位预制构件摆放位置，每一个芯片对照唯一的预制构件，二维码详细记录预制构件的相关信息，存储人员可通过移动端扫描二维码查询预制构件属性信息，访问后台数据库进一步了解预制构件生产信息，直接读取芯片信息实现电子信息的自动对照，减少人工录入出现的构件摆放位置不对、入库数量不匹配的情况，完成预制构件的摆放，施工单位其他工作人员通过后台数据库的查询可及时了解预制构件的状态信息。

3. 施工进度计划管理

施工进度计划管理是在项目施工过程中，对项目进展情况和能否按照合同工期完成项目交付所进行管理。项目管理者根据项目拟定工期制定经济合理的施工进度计划，在实际执行过程中根据实际情况不断修正进度计划，直至工程完工交付使用。在装配式建筑施工过程中，由于项目管理者缺少装配式建筑施工经验，导致项目管理者缺乏掌控能力，无法准确地根据用工量、工作量安排施工进度计划。通过 BIM 虚拟施工技术的应用，项目管理者可以借助三维可视化效果直观地了解施工进度情况，为编制施工进度计划提供有效的支撑。对整个项目进行虚拟建造，根据虚拟建造可对施工进度计划实施检验，如：空间检验、时间检验、用工量检验以及工作量检验等，针对检验结果优化施工进度计划。BIM 技术具备强大的集成功能，但是数据采集不是 BIM 技术的优势，结合二维码、无线射频技术等物联网技术的应用快速地收集施工现场的实际完成情况，通过与 BIM 模型相互关联，实现装配式建筑的实时进度管理（图 6-12）。

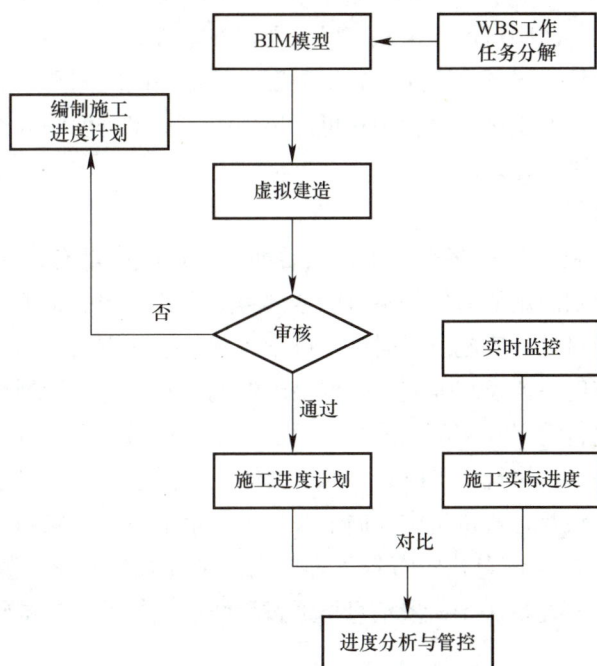

图 6-12　施工进度管理

（1）施工进度计划的编制

传统的装配式建筑施工进度计划制定时需要考虑吊装顺序和关键节点，通常这些工作是由施工单位技术负责人或技术人员制定，但由于受到个人主观的影响施工进度计划会出现误差，难以保证施工进度计划的合理性。

基于 BIM 技术的施工进度计划是在三维模型的基础上增加一维时间维度，即形成 BIM4D，将时间与空间关系相互整合，可直观地展示装配式建筑施工过程。在项目管理中，管理人员通常先制定好施工进度计划，常用的软件有斑马梦龙、P6〔P6 原是美国 Primavera System Inc 公司研发的项目管理软件 Primavera 6.0（2007 年 7 月 1 日全球正式发布）的缩写，暨 Primavera 公司项目管理系列软件的最新注册商标，于 2008 年被 ORACLE 公司收购，对外统一称作 Oracle Primavera P6〕、Project 等软件，以 Project 软件为例，根据项目特点、施工工艺、预制构件运输所到达的预定时间等条件，设定任务的开始时间、结束时间、最早开始时间、最晚开始时间等时间参数，安排任务的紧前工作和紧后工作，导出为特定的格式。目前应用于 BIM4D 的施工进度模拟软件有很多，例如 Fuzor，Navisworks，Synchro4D 等，本节用 Autodesk 系列的 Navisworks 软件为例对装配式建筑施工进行可视化模拟施工，该软件支持 Project 软件所建的施工进度计划导入到 Navisworks 软件中，将施工进度计划与 BIM 模型相互关联，即通过 WBS 任务分解，为每个构件或任务指定任务的时间，形成构件与时间的相互关联，构件与构件之间形成空间和时间逻辑上的联系，实现模型与时间之间的整合。

将三维模型转换成 Navisworks 软件支持的文件格式，如：IFC、NWC、SKP 等文件格式，利用软件中的 Timeline 功能添加 Project、Excel 或 P6 的施工进度计划，按照工作集或者楼层的方式将所选构件与时间进度表相互关联，从而完成构件与时间节点相对应。通过三维信息化模型与时间进度相关联，以可视化的方式展现出项目自上而下或是逐层生长的虚拟建造，清晰地描述各个工序、施工进度、工地空间之间复杂的关系，项目管理人员通过直观的虚拟建造发现施工过程中有可能出现影响施工进度的因素，制定纠正进度偏差的措施，优化施工进度计划。

（2）施工进度控制

无论前期施工进度制定得多么详细，在后期执行过程中都有许多不可预见的问题出现，这在前期进度计划制定的时候是不可能全部考虑到的，按照施工进度计划执行的时候仍然会出现偏差。项目进入实施阶段时施工进度控制包括三方面：施工进度计划跟踪、实际施工进度与计划进度对比发现偏差、采取措施纠偏。施工进度计划跟踪是了解实际装配中施工进度计划的执行情况和实际完成量，通过对比分析后发现执行施工进度计划时潜在的问题，预测施工进度的执行，采取必要的措施保证施工进度的顺利进行。

传统的施工进度跟踪是各班组定期向上级汇报，手工录入，采用的是传统的有纸化办公，尽管已经成熟，但在信息化的背景下难以满足装配式信息化、数据化的要求。基于 BIM 的装配式建筑智慧建造施工阶段信息可通过无线射频技术、二维码、三维激光扫描等技术收集施工进度。

施工员按照施工进度计划安排进行施工，在装配前需要领取拟装配的预制构件，施工员通过移动端查看云端储存的轻量化 BIM 模型，对照 BIM 模型里自己的工作区域和模型构件信息，就可以查询到拟装配预制构件的位置信息，通过手持阅读器或移动端可迅速领到拟装配的预制构件，再对照 BIM 模型就知道该预制构件安装的信息，如安装的位置等，施工员等人员通过手持阅读器或移动端录入领料人信息、领料时间、拟装配位置等信息，这样在避免领错、安装错预制构件的同时，后台数据库中还可迅速收集到预制构件的状态信息。吊装完成后，施工人员再次通过手持阅读器或移动端更改预制构件状态信息，与此同时参与安装的人员都需要录入、确认自己的个人信息和工作信息，吊装环节的负责人还需要记录下安装现场的风速、气温、湿度等环境信息，安装方案及安装环节中突发情况和处理措施，这一系列都会传送到后台数据库，此时后台数据库中预制构件的信息即显示为已安装并未验收。监理人员根据后台数据库中的预验收构件信息，完成预制构件的验收工作，后台数据的预制构件信息就显示为已安装。通过信息化技术可以及时跟踪预制构件的装配进度信息，而且也能收集到如环境、吊装人员、处理方案等装配环节的其他信息。

及时、精确的实际施工进度信息可与施工进度计划进行对比。可按照里程碑事件、关键路线控制点为依据结合后台数据库收集到的预制构件吊装完成时间，与原模型进行对比，模型以绿色和红色分别代表进度提前和滞后，直观地看出存在的进度偏差，能够判断该工作是否按时完成、预测后续工作能否在规定时间内完成吊装任务。基于 BIM 技术下的装配式建筑智慧建造过程中，施工进度计划管理可通过 BIM4D 平台查看施工任务资源分析报表、直方图、资源曲线图，通过直观地对比模型和图表，可分析出施工进度出现偏差的原因，及时采取纠偏措施，开始新一轮的循环。

4. 施工安全管理

据数据统计，2015 年，全国共发生房屋市政工程生产安全事故 442 起、死亡 554人；2016 年，全国共发生房屋市政工程生产安全事故 634 起、死亡 735 人，比去年同期事故起数增加 192 起、死亡人数增加 181 人。安全管理是实现施工进度、成本、质量三大控制目标的重要保障，传统的安全培训主要依靠"传帮带"或是书本学习，传授者多依靠现场实践和长期的工作经验，被传授者很难通过简单的口耳相传或课堂教育、试卷考核的方式深刻认识到安全施工的重要性及安全施工的关键点。在信息化的大环境下，BIM、无线射频、VR 等信息化技术可有效弥补传统施工安全管理的缺陷。

（1）施工安全事前控制

装配式建筑在装配过程中是一个大型且复杂的系统，包括许多交叉工序和各个工种协调配合的过程，而在施工过程中常会遇到因空间和时间布局不合理、突发意外情况或工人操作不当、缺乏安全意识导致的高空坠落、物体打击、起重伤害、触电等人身伤害。在装配式建筑开始装配前对本工程中的专项施工方案、特殊施工工艺等进行施工模拟，提前发现装配过程中可能出现的风险源，并将风险源分析归类评定等级，确定应采取的风险对策后再一次进行模拟以确定风险排除。

结合 BIM 技术和 VR 技术建立 BIM-VR 安全虚拟体验馆，通过 VR 设备，令体验者以受害者或旁观者的身份身处安全事故事发地，高度逼真的视觉效果和感官感受令体验者亲身体验事故的发生，提高施工人员正确佩戴劳保用品、加强洞口、洞边、基坑支护、安全用电的安全意识。在安全技术交底和培训方面，技术人员进入 VR 虚拟场景后，按照提示和现场操作流程，通过操作柄完成具体的操作步骤，调取所配置的工具，实施当前任务的操作，完成安全培训和安全技术交底（图 6-13、图 6-14）。

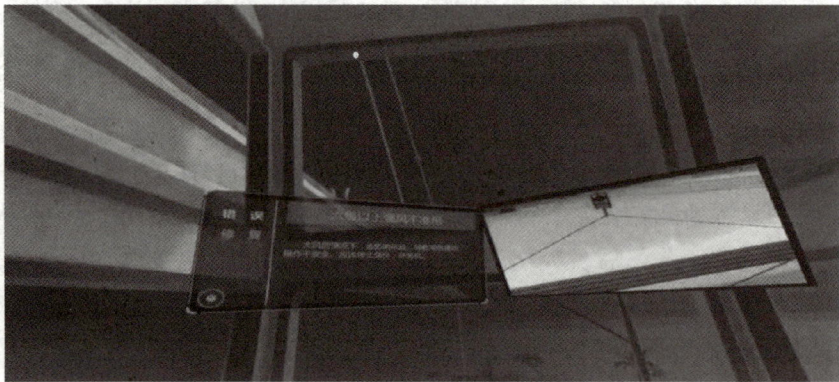

图 6-13　BIM-VR 安全虚拟体验（一）

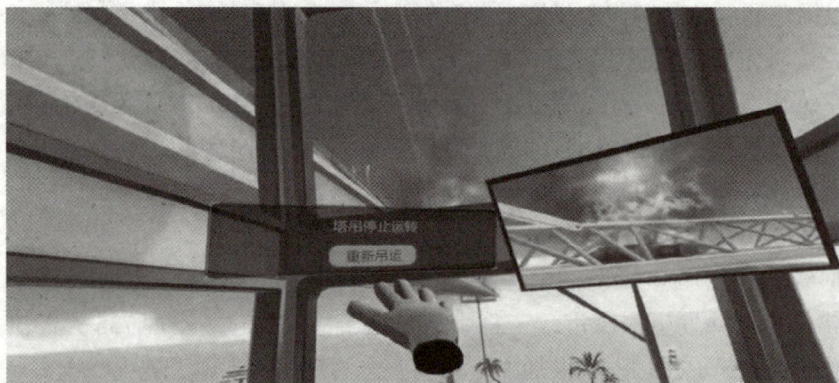

图 6-14　BIM-VR 安全虚拟体验（二）

（2）施工安全现场监控

传统安全管理模式下对施工过程中的安全监管一直存在着监管不到位、信息不通畅的问题，为有效解决这些痛点，宜引进 BIM、无线射频、实时监控等技术。无线射频技术的标签标记于大型塔式起重机、机械设备、工人安全设备上，BIM 技术是物理和功能特性的数字化表达，其本身就是一个集成项目全生命周期的数据库，具备强大的数据集成功能，BIM 技术与无线射频技术的结合可以实时可视化地将标记物传输于后台，项目管理人员可及时查看工地中的安全环境。

开始装配前已通过 BIM 技术分析出潜在的危险源，项目施工人员根据列出的危险源清单进行分类（如：人、材料、机械等）确定风险等级并贴上电子芯片标签，标签内应包含对象属性、工作区域及安全防护措施等基本属性，设置相应的权限。当佩戴标签的工作人员进入某区域时，感应设备即可查询到标签内的人员属性信息是否完备，如若不完备则无法进入该区域，阅读器连续地采集、跟踪、定位，一旦施工人员误入危险区域，后台会根据危险等级提醒项目管理者，项目管理者以三维可视化的方式及时查看。信息的及时传递，使项目管理者可通过三维可视化模型动态地查看周围的施工环境、吊装器械、人员是否在安全范围内，一旦出现安全预警，后台即发出预警信号，项目部可立即派安全小组人员去可能出现安全问题的地方协调人员、机器、预制构件的相关工作。

5. 施工质量管理

（1）事前控制

施工质量管理是项目管理的重要部分，施工的质量直接影响到装配式建筑的整体质量。装配式建筑在施工前制定施工组织设计和专项施工方案以及对节点处的安装和施工制定相应的施工方案，通过碰撞检查虚拟建造预先判断施工方案的可行性。通过三维可视化的方式查看目前或是下一阶段可能存在的装配难点和重点，提前发现在装配过程中可能出现影响施工质量的环节，确定质量控制的关键点，进而补充施工组织设计、施工专项方案和质量控制点，经过多次施工模拟后选择最优的施工方案，这样可以保证施工方案的可行性与最优性，有利于施工交底，事前控制施工质量。

装配的质量和装配的进度是相互影响的，确定施工方案后将预制构件三维模型与时间进度相互关联起来可形成 4D 信息化模型，通过 BIM 技术进行虚拟建造以动态的方式展示出构件在时间和空间上的状态，通过碰撞检测可发现在同一工作面上是否会出现空间和时间上的冲突。同时，以三维、全局的角度查看施工方案中可能出现的质量控制难点和重点，可以以动画的方式输出重难点装配，有利于施工技术交底。

（2）事中控制

正式开始装配前通过放线机器人或是测量定位的方式确定好预制构件的摆放位置及控制高度。现场施工管理人员通过移动端查看预制构件质量控制难点和重点，通过人工或是三维激光扫描的方式确定预制构件的平整度，检查预制构件是否存在缺角等质量问题，若发现质量问题用移动端设备拍照并附文字记录等上传到后台数据库中，后台管理相关责任人会收到信息通知，可及时采取纠偏措施。

在吊装完成之后，现场管理人员通过移动端设备修改预制构件状态信息，此时后台数据库中当前预制构件的信息就从准备吊装转变为吊装完成，信息会传递到相关质量检查工作人员手中，相关责任人便通过三维激光扫描或人工测量的方式检查预制构件的平整度、倾斜度等确保预制构件装配的质量，通过移动端或是 RFID 阅读器修改预制构件的状态信息，如果存在质量问题，相关责任人及时采取纠偏措施并将整改情况上传到后台数据库中，质量检查人员再次进行检查形成封闭的质量控制回路（图 6-15）。

（3）事后控制

利用移动端收集回来的装配阶段质量问题及整改数据在后台数据库中可逐步建立质量问题数据库，按周月季度统计出装配式建筑在施工过程中经常出现的质量问题以及质量责任人、待整改质量问题和已整改质量问题，通过柱状图、饼状图及曲线图的形式让项目技术负责人和项目经理可了解到项目质量情况，对经常发生质量问题的环节可与设计方及时沟通了解设计意图，设计单位可做好本单位的数据库，为本单位总结出智慧成果。

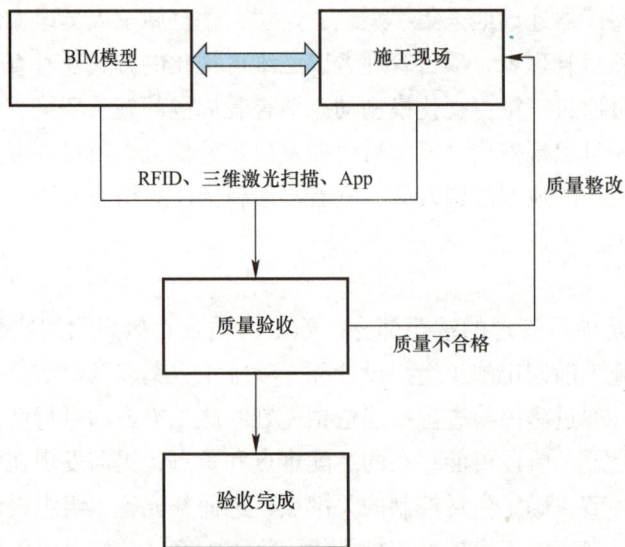

图 6-15　质量检查

6.3　基于 BIM 的装配式建筑智能建造管理体系

6.3.1　体系构建原则和结构设计

1. 体系构建目标和原则

装配式建筑的概念来源于制造业，其本质是要将建筑业转向工业生产模式。精益建造的概念同样来源于制造业的精益生产，精益生产以多品种、小批量的生产模式，向传统的大批量粗放式生产模式发起挑战，取得了很好的效果，精益建造同样极大地改善了我国建筑行业的粗放型管理模式。无独有偶，BIM 也是在制造业中率先应用的，1987 年，波音公司开始采用计算机辅助的三维交互应用软件设计波音 747-400 分机的部分零件，后来开始大规模使用，大大降低了生产成本，提高了生产效率，BIM 在建筑业中的应用虽然还没有达到全过程使用的阶段，但仅从目前的应用情况来看，已为项目建设带来了较为可观的收益。

2013 年，德国正式提出工业 4.0 的概念，旨在提升制造业的智能化水平，利用物理信息系统将生产中的供应、制造、销售信息数据化、智慧化，最后达到快速、有效、个性化的产品供应。这种智慧制造的模式为企业提供了更广的业务范围，也为消费者提供了更优质的服务。

在国民生活水平和精神追求不断提高的今天，国民对建筑个性化的需求会不断提高，因此，以满足消费者要求为目标的新型建造方式——智慧建造应运而生。智慧建造是以信息物理系统为技术支撑，将建造过程中的需求、设计、生产、制造、运输、安装、运营、拆除信息数据化，最后形成高效、智慧化、个性化建筑供应链的新型建造模式。

基于 BIM 的装配式建筑智慧建造管理体系的构建目标在于解决装配式建设项目全生命周期各阶段的脱节问题，通过 BIM 与物联网的强大功能，将实体与信息数据对应起来，将存在于建筑全生命周期的信息孤岛连通起来，实现各利益相关者的信息共享，为项目的建设和使用搭建桥梁，做到项目全生命周期的管理智慧化；提高建设效率和质量，借助 BIM 和物联网实现项目建设的精益化，消除各环节的浪费，降低建设、运维的成本，实现项目全生命周期运作最优化；项目信息集成管理，各主要利益相关者协同工作，信息公开透明，实现项目的利益共享、风险共担、目标一致，力求各方利益最大化。

适用性原则：项目建设体系虽大同小异，但没有两个项目会完全相同，管理体系应根据市场环境、政策环境、自然环境等的变化做出相应的适应性调整。

2. 总体结构

信息物理系统的核心在于，在计算机计算能力大幅度提升的前提下，融合了网络通信、大数据、普适计算和管理控制，其价值在于对实体系统的状态和活动进行精确评估，在于对实体系统之间关系的挖掘和管理，在于视情的决策优化。在项目运作过程中，决策贯穿始终，而决策的结果会直接影响项目的进展，人作为主体的决策行为的准确性不是与生俱来的本能，而是大量经验的累积结果，这也就解释了通常情况下决策时经验丰富的人会更容易做出正确的决策这一现象，但人在大量复杂计算问题的学习能力上远没有计算机的学习能力强。信息物理系统可以通过对采集到的大量数据进行数据挖掘，对实体系统的状态做出精确评估，辅助人的决策行为，让项目中的大量决策行为更加准确、透明。

在装配式建筑中，物联网是实体系统状态的采集器，而 BIM 是项目信息的载体通过 RFID、NFC、传感器、移动终端、视频监控等方式将实体与信息库连接起来，实现数据的实时收集、传输，提高了数据获取的效率；大数据挖掘对收集的数据进行挖掘和梳理，形成信息，提高数据的利用率，充分发挥大数据的优势；通过云计算对信息进行规律总结，归纳为知识，决策者通过知识辅助决策，而非仅凭个人经验的判断，提高决策的效率；最后通过物联网进行反馈和控制，解决了信息孤岛等问题，各参与方能够高效协同工作，实现建造过程的智慧化（图 6-16）。

装配式建筑智慧建造管理体系以物联网为信息采集方法，以 BIM 为数据集成基础，以信息物理系统为数据整合处理平台，对项目全生命周期的状态进行精确监控、实时信息传输、大数据挖掘，为项目的规划组织管理、利益相关者管理、过程控制与目标管理、运营维护管理、信息管理提供了统一精确的信息模型和数据信息支撑，以大数据处理弥补管理者经验不足、人为失误等人的因素对项目造成的影响。

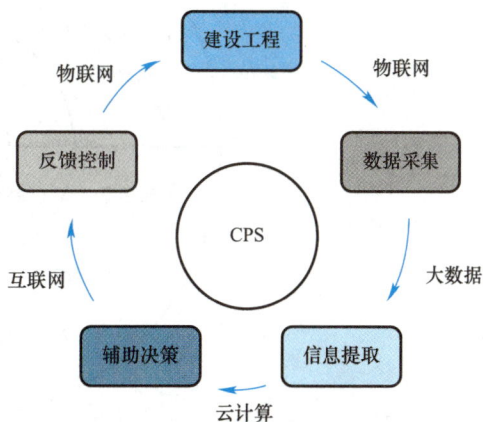

图 6-16 装配式建筑智慧建造管理

6.3.2 装配式建设项目系统要素研究

1. 项目规划与组织管理

项目规划与组织管理涵盖了项目建设前期的所有准备工作，其内容包括项目的总体策划决策、组织结构分析、工作任务分解、管理职能分工及工作流程确定等。通过策划决策确定项目目标，对项目目标进行分解，确定各单位的工作分工，并制定工作流程，形成包括项目全生命周期的项目实施计划。根据该计划进行项目组织管理，确定各单位的任务，尤其要注意任务边界划分明确，任务分工落实明确，任务边界划分不明确会给相关任务单位带来不必要的重复工作，或是引起纠纷，增加管理难度，甚至损害项目利益。

（图左侧）装配式建筑数字化智能建造流程演示

2. 利益相关者管理

装配式建设项目组织为项目建设过程中所有行为主体组成的系统，即利益相关者。利益相关者理论的核心思想是：综合平衡各类利益相关者的诉求，因为项目的过程和结果与各利益相关者的参与密切相关，因此，应着重于追求整体利益而不是部分利益。各利益相关者有相同的项目目标，却又有着不同的利益目标，在项目全过程管理中，各利益相关者协同工作可以减少错误的发生，极大提高工作效率。在装配式建设项目中，各利益相关者协同工作可以降低成本、加快进度、提高质量。

有很多学者对利益相关者的分类做出了研究，其中威勒将社会性维度引入到利益相关者的分类中，以是否具有社会性和是否对企业有直接影响为依据，将利益相关者分为首要的社会性利益相关者、次要的社会性利益相关者、首要的非社会性利益相关者和次要的非社会性利益相关者四类，威勒利用这两个维度对利益相关者的界定和划分（图6-17）。

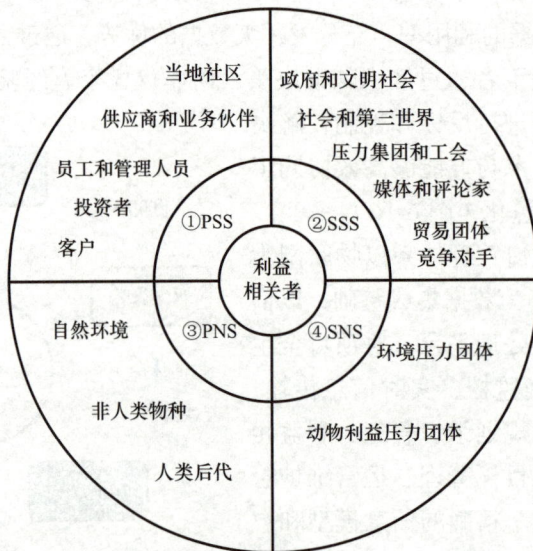

图 6-17 威勒的利益相关者分类结果

PPS—首要的社会性利益相关者；SSS—次要的社会性利益相关者；
PNS—首要的非社会性利益相关者；SNS—次要的非社会性利益相关者

此处采用威勒的分类方法对装配式建设项目的利益相关者进行分类，分类依据为利益相关者是否具有社会性、是否对项目有直接影响，可分为以下四类。

（1）首要的社会性利益相关者：包括建设单位、施工单位、设计单位、构件生产单位、监理单位、咨询单位、运维单位等，以上利益相关者均具备社会性并对工程项目有直接影响。

（2）次要的社会性利益相关者：包括政府相关主管部门、行业相关协会、评估机构等，以上利益相关者均具备社会性，但对工程项目有间接影响。

（3）首要的非社会性利益相关者：包括自然环境、地质条件等。

（4）次要的非社会性利益相关者：包括环境压力团体、动物利益压力团体等。

装配式建设项目中利益相关者众多，本节仅对首要的社会型利益相关者展开研究，利益相关者管理的目标是提高其工作的协同度，缩短项目建设周期，提高建设质量，降低建设成本，减少错误发生，进而提高装配式建设行业的生产力。

在装配式建设项目中，利益相关者众多，而利益相关者之间的利益冲突不利于项目的推进，甚至会损害项目的目标，利益相关者管理的核心就是平衡各方利益，最理想的状态就是项目本身和各利益相关者同时达到利益最大化，在这种状态下，项目的推进也必然是最理想的状态。项目利益相关者的管理目标是各方协同工作，合作共赢，而非处于对立面，以损害项目利益或其他利益相关者的利益为前提达到自身利益最大化。

基于 BIM 的装配式建筑利益相关者管理系统为利益相关者搭建了高效的协作平台系统支持各专业设计协同，随着设计的细化，模型精度随之提高，在项目建设和运作过程中，模型集成的相关数据趋于完整，直至项目报废拆除。在项目全生命周期中，平台所集成的数据对各利益相关者开放，各方信息交流高效无障碍，有效解决了传统项目管理模式中的设计施工脱节、信息孤岛等问题。

装配式建设项目中，涵盖了多个专业，而且不同于传统现浇混凝土结构，各专业可以独立施工，由于装配式建筑的建造特点，在构件生产时每个构件就已包含了所有的专业，装配式建筑在设计阶段就必须考虑所有专业，并细化为构件设计，设计过程中的各专业协同就尤为重要，同时也对设计和生产精度提出了极高要求。借助该系统，可以强化各专业之间的信息交流，使各专业协同工作，提高设计效率和构件生产精度，有效减少设计变更。

基于 BIM 的物理信息系统通过 BIM 集成的项目信息和用户信息进行大数据挖掘，借助计算机强大的学习功能和计算功能，合理平衡各方的利益目标，对各方利益进行优化，得到最优解，以此来保证项目目标和各利益相关者目标的一致性。利益相关者在使用该系统时，系统会根据用户的使用内容得出该用户所关心的内容，为用户提供更好的使用体验。该系统作为一个智慧平台，以大数据挖掘作为技术手段，形成为每一个用户量身定制的学习型系统，随着使用次数的增加，系统对用户思维模式的学习就更加准确，在决策问题形成时，系统得出的结论也会更加精确。

6.3.3 过程控制与目标管理

1. 立项阶段

装配式建设项目在项目的早期就必须确定总目标，并将总目标贯穿于工程项目的整个实施过程中，以指导总体方案的策划、可行性研究、设计、施工过程，并作为后评价的依据。项目构思和项目目标决定项目方向，方向错误会直接导致项目失败。项目前期投入费用较少，施工阶段投入费用较多，但项目前期策划对项目全生命周期的影响最大，任何失误都有可能给项目带来不可逆转的巨大损失，施工阶段对项目全生命周期影响较小（图6-18）。

装配式建设项目立项阶段，政府相关主管部门、建设单位和设计单位都在其中发挥着重要的作用（表6-2）。

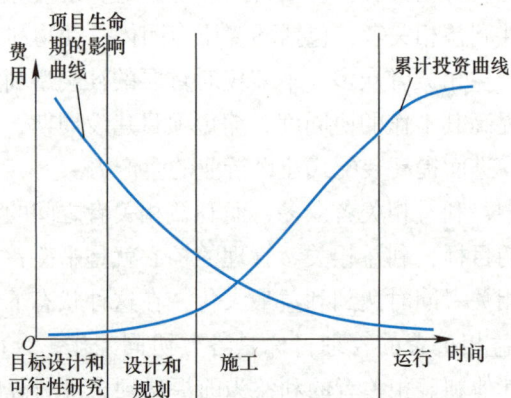

图 6-18　项目累计投资和影响对比图

立项阶段各参与方管理内容　　　　　　　　　　　　　　　　表6-2

参与方	管理内容
政府主管部门	编制项目建议书，成立项目管理机构，可行性研究的批复，环保报告的批复，用地审批
建设单位	确定前期组织结构，落实相关管理办法，编制环保、节能等报告，参与可行性研究审查，组织初步设计，办理用地规划许可，编制项目概算
设计单位	进行预可行性研究，落实预可行性研究内容，编制可行性研究报告

2. 勘察设计阶段

本阶段由建设单位或项目法人组织或委托专业机构组织进行勘察设计招标，由中标单位开展勘察设计工作。与传统现浇混凝土建筑设计不同，装配式建筑对设计有着更高的标准，对设计成果有着更高的要求，对各专业间的配合也提出了新的要求，装配式建筑设计可分为策划阶段、方案设计阶段、初步设计阶段、施工图设计阶段和深化设计阶段五个阶段（表6-3）。

勘察设计阶段各参与方管理内容　　　　　　　　　　　　　　表6-3

参与方	管理内容
政府主管部门	初步设计审查和批复、初设概算财政评审、人防审查、消防设计审查、建设工程规划许可、施工图设计与审查及财政评审
建设单位	监理招标、签订勘察设计合同、组织施工图设计、编制指导性施工组织设计
设计单位	初步设计、绿色节能设计、施工图设计、施工图预算编制

3. 构件生产运输阶段

本阶段主要工作包含工程招标、审批开工报告和组织生产预制构件。由预制构件生产单位按照深化设计后的图纸进行构件批量生产并存放。由于我国装配式建筑行业体系不完善，预制构件不能做到模块化、部品化设计，导致构件生产所需的模具不能重复使用，造成生产成本上升，对施工进度也会产生较大影响。同时，由于我国长期处于粗放式生产模式下，建筑工业化转型不够彻底，受限于构件生产设备和工人，装配式构件生产精度难以保证，偏差较大，造成返工，影响施工进度，建设成本增加。

因此，装配式建设工程项目在此阶段管理工作的重要内容是实现质量控制和进度控制。在构件生产过程中协调设计单位控制产品精度，严格管理生产线设备、模具及原材料，加强构件出厂的质量检测措施，完善产品出厂管理体系，提高产品质量合格率，确保预制构件产品的质量达到施工要求；在运输和堆放过程中，充分考虑构件的受力特点及自重，合理布置支撑，确保构件在运输和堆放时不会损坏。构件生产前，编制生产进度计划，按照进度计划进行生产任务，保证产品质量，避免返工，延误生产进度；构件运输过程中，结合施工现场堆场布置，合理设计运输方案，确保构件供应满足安装要求，并对构件运输堆放计划进行优化，在保证进度的情况下降低生产成本。构件生产运输阶段各参与方管理内容见表6-4。

构件生产运输阶段各参与方管理内容   表6-4

参与方	管理内容
建设单位	工程招标、提报开工报告、组织构件生产。 1.进度管理：审批施工组织设计，组织构件生产计划编写，监督构件生产进度，组织制定构件运输方案，确保项目实施进度； 2.质量管理：组织核对构件出厂质量标准，委托第三方检测机构对构件成品进行检测，保证构件产品出厂质量，审查构件运输方案中的质量保证措施，避免构件运输过程中的产品损耗； 3.投资管理：组织设计单位与构件生产单位进行设计交底，严格管理设计变更，优化构件运输方案，降低运输和堆放成本
构件生产单位	1.进度管理：编制构件生产计划，严格管理生产线设备、人员，协调原料供应厂家，确保原材料供应时间，保证生产线畅通，制定构件运输方案，保证构件供应时间和数量； 2.质量管理：进行原材料进厂质量检测，制定工艺质量控制标准、产品出厂质量检测标准，制定构件运输方案，详细说明构件运输和堆放过程中的质量保证措施，如支撑布置方式、位置和数量等，避免运输途中和堆放过程中造成构件损坏； 3.投资管理：规范生产线操作流程，降低模具损耗率，严格执行质量标准，避免因质量问题造成返工，构件批量生产养护，降低成本
设计单位	1.质量管理：修改设计中有质量隐患的地方，参加构件生产过程中的质量检查，对存在的问题组织设计整改，整理内业资料并归档，参加质量领导小组会议； 2.安全管理：修改设计中存在的安全隐患，参加安全管理会议，监督安全措施的落实； 3.投资管理：参与设计变更研究，控制变更频率，建立投资管理台账
咨询单位	为业主提供设计、施工等方面专业技能、知识的工程咨询

4. 现场安装阶段

本阶段主要工作包含施工准备、组织工程施工。本阶段开始全面施工，是项目建设的高峰期，建设单位、设计单位、构件生产单位、监理单位、供应商及咨询单位同时参与到本阶段的工作中来，合理组织各单位间协同工作，是管理工作中的重难点。由于装配式建筑在我国尚不成熟，管理体系基本沿用了传统现浇项目管理模式，但装配式建筑建设过程与传统现浇混凝土建筑的建设过程有较大的差异，需对装配式建筑建设与传统建设模式的区别引起注意。

装配式建筑建设项目现场安装阶段的重要管理内容是投资管理、质量管理、进度管理和安全管理。装配式建筑施工过程中需要进行大量的吊装作业，且部分吊装构件体积和质量较大，吊装难度较大，对吊装设备和操作人员要求较高，为避免吊装过程中出现问题，导致工期延误，成本上升，甚至引发安全事故，对于吊装难度较大的构件，吊装前应制定详细的吊装方案，确保构件吊装顺利进行；装配式建筑中构件连接是影响装配式建筑工程质量的重要因素，节点连接质量直接关系到建筑整体结构的力学性能，应根据不同构件的连接方式进一步确定其质量检测方式，国内常用的节点连接方式一般为灌浆套筒连接，该施工过程不可逆，因此在灌浆之前应增加灌浆料质量检测程序，确定灌浆料标号、强度等力学参数符合标准要求，同时检查预留钢筋是否符合规范要求，编制操作规程，并加强现场监理力度，保证灌浆操作规范，避免人为因素导致的灌浆密实度不佳，保证施工质量；规范构件入场质量检查流程，避免吊装作业的返工。现场安装阶段各参与方管理内容总结见表6-5。

现场安装阶段各参与方管理内容

表6-5

参与方	管理内容
建设单位	施工准备、组织工程施工。 1.进度管理：依据施工组织设计对工程实施进度进行监督检查，组织构件吊装施工方案编制和审查； 2.质量管理：组织核对构件安装质量控制标准，检查施工单位内业资料，召开质量工作会议并提出质量工作计划，质量事故的报告和处理； 3.投资管理：严格控制设计变更，建立投资管理台账，组织投资管理考核； 4.安全管理：组织安全措施的落实、重大安全方案实施、安全会议的召开、安全检查、安全事故报告
施工单位	1.进度管理：编制施工组织设计，开展工程实施，编制构件吊装专项方案，确保构件吊装顺利实施； 2.质量管理：加强对操作人员的培训，编制并落实工序操作规范，保证施工质量，做好材料及构件进场验收，参加质量会议并落实质量整改，做好内业资料，上报质量事故并配合处理； 3.投资管理：施工图现场核对，施工组织及构件吊装专项方案优化，参与设计变更研究，建立投资管理台账，履行合同职责； 4.安全管理：反馈安全隐患，落实各项安全措施、安全检查和评估，参加安全分析会议，上报安全事故并配合处理
设计单位	1.质量管理：修改设计中存在的质量隐患，参加构件安装质量检查，组织设计整改，做好内业资料的归集整理，参加质量领导小组会议； 2.安全管理：配合安全检查，修改设计中存在的安全隐患，参加安全分析会议，监督安全措施的落实； 3.投资管理：参与设计变更研究，建立投资管理台账，对勘察设计质量负责
监理单位	1.进度管理：审查施工组织设计，实施工程监理； 2.质量管理：反馈质量隐患，检验进场材料和构件，进行隐蔽工程验收，参加质量管理会议，上报质量事故并配合处理； 3.安全管理：检查并监督安全措施的执行，参与审查重大安全施工方案，并监控其实施过程，参加安全分析会议，参加施工单位安全检查、评比和考核，上报安全事故并配合处理； 4.投资管理：计量并确认验工计价部分，建立投资管理台账，履行合同职责
构件生产单位 咨询单位	配合施工单位进行构件安装工作，协调构件运输时间，并做好售后服务。 为设计、施工等方面提供专业技能、知识等方面的工程咨询

基于 BIM 的装配式建筑过程控制与目标管理系统从投资、进度、质量三个方面对装配式建设项目过程进行控制与目标管理。

（1）投资控制

在上面对装配式建设项目建设过程的研究中可以发现，项目立项阶段和设计阶段对项目投资的影响非常大，因此在投资控制中，应对这两个阶段进行重点管控，BIM、大数据挖掘、建筑方案模拟可以很好地用在这两个阶段。

立项阶段可以将项目的投资估算、经济效益、社会效益、主要技术经济指标、方案比选等指标通过 BIM 项目信息库和大数据挖掘的方式和类似项目进行对比比较，确定最优方案，实现投资控制最优化和智慧决策。

设计阶段经过一系列设计活动，模型数据逐渐完善，在设计过程的各个阶段中，仍然存在方案比选的问题，通过对不同版本的设计进行模拟，得出建筑的各项参数，再与 BIM 项目信息库中的类似方案做比较，选择合适的方案，并随时对设计方案进行优化，提高设计质量。同时，系统为设计过程中各专业提供了便捷的信息交流平台，各专业间协同设计，有效降低了设计成本。

（2）进度控制

装配式建设项目的进度控制是将项目分解以后的工作任务做统筹管理和优化，对工作任务的顺序、完成时间、消耗资源进行合理的排布，达到资源利用最优化、工期排布最优化的控制目标。进度控制要求各单位按计划推进工作，但项目进行过程中的状况随时都会发生改变，管理者应根据实际状况及时做出计划调整，并进行调整后优化。

在进度控制过程中，需要靠物联网进行状态感知，并将采集的信息实时回传至 BIM，实现进度控制中的实时监控，大数据挖掘重新计算实时数据，对计划进行调整和优化，实现进度控制智慧化。

（3）质量控制

根据上面对装配式建设项目子系统的研究，得到装配式建设项目的质量控制要点有设计质量控制、生产原材料质量控制、生产工序质量控制、构件出厂质量控制、运输堆放质量控制、构件进场质量控制和安装工序质量控制。质量控制对工程建设的投资和进度都会产生直接影响，管理过程中各利益相关方应对这些要点进行重点管控。

BIM 在设计质量管理中的作用非常突出，通过 BIM 的碰撞检查功能，对设计方案进行优化，减少设计变更，提高设计精度，为构件精确生产提供了基础条件。在构件安装过程中，应用施工模拟技术对施工过程进行模拟，制定可靠的施工方案，确保施工质量。BIM 集成项目建设过程中的所有质量问题，做到整改有据可查，物联网可以实时采集过程中的质量状态，做到质量事故预警、质量整改追踪，实现质量控制智慧化。

6.3.4 项目运营维护管理

各单位完成工程建设后，应按照国家规定进行竣工验收，并交付运维单位管理，主要包括两方面工作：一是对完工工程进行竣工验收，根据相关法律法规、合同文件、设计文件，对工程和竣工资料进行全面检查，检查出的问题应及时反馈施工单位，并督促施工单位进行整改，最终交由运维单位管理；二是建筑物使用之后的运维管理，包括空间管理、资产管理、维护管理、公共安全管理和能耗管理五个方面。运维阶段各参与方管理内容总结见表6-6。

运维阶段各参与方管理内容 表6-6

参与方	管理内容
政府相关主管部门	1.对施工单位完整的工程技术资料进行检查； 2.到现场对竣工验收的组织形式、验收程序、执行验收标准等情况进行现场监督； 3.验收合格后，监督机构将监督报告送住建委
建设单位	1.组织监理单位、设计单位、构件生产单位、施工单位等对工程质量进行初步检查验收； 2.收到施工单位的《工程竣工报告》后，组织设计、施工、监理和构件生产等单位有关人员成立验收小组； 3.主持竣工验收会议，组织验收各方对工程质量进行检查； 4.确认施工单位提交的《整改报告》内容，签字确认； 5.验收合格后，向住建委备案
施工单位	1.质量自查，提交《工程验收报告》； 2.对初检中各单位提出来的问题进行整改； 3.初检通过后，向建设单位提交《工程竣工报告》； 4.将完整的工程技术资料交质监部门检查； 5.按照各方提出的整改意见及《责令整改通知书》中的内容进行整改，整改完毕后提交《整改报告》
设计单位	1.对勘察、设计文件及施工过程中由设计单位签署的设计变更通知书进行检查，并提交《质量检查报告》； 2.对初检中存在的问题提出意见； 3.对竣工验收中存在的问题提出意见； 4.确认施工单位提交的《整改报告》内容，签字确认
监理单位	1.收到《工程验收报告》后，对施工单位的验收资料进行全面审查，对工程进行质量评估，提交《工程质量评估报告》； 2.对初检中存在的问题提出意见； 3.监督、核实施工单位整改情况； 4.对竣工验收中存在的问题提出意见； 5.确认施工单位提交的《整改报告》内容，签字确认
构件生产单位	1.对初检中存在的问题提出意见； 2.对竣工验收中存在的问题提出意见； 3.确认施工单位提交的《整改报告》内容，签字确认
运维单位	1.空间管理：包括空间分配、空间规划、租赁管理、统计分析等。将空间进行规划、分配、使用，满足企业在空间上的需求，计算空间相关成本，执行成本分摊等内部核算，提高企业收益。 2.资产管理：包括日常管理、资产盘点、折旧管理、报表管理等。对建筑物内的各种资产进行经营运作，充分利用资产产生收益，减少闲置，避免资产流失。 3.维护管理：建立设施设备台账，建立设施设备维护计划，进行周期维护；对设施设备运行状态进行巡检管理，并记录信息；对出现故障的设备进行维修申请、派工、维修、完工验收全过程管理。 4.公共安全：包括火灾自动报警系统、安全技术防范系统和应急联动系统。需要应对自然灾害、重大安全事故和公共卫生事故等危害公众生命财产安全的各种突发事件，建立应急及长效的技术防范保障体系。 5.能耗管理：对建筑物正常运行时消耗的电、气等能源和水资源等进行管理，收集各种能耗数据，进行能耗监控，异常情况实时控制，实现能耗的优化
咨询单位	1.对初检中存在的问题提出意见； 2.对竣工验收中存在的问题提出意见； 3.确认施工单位提交的《整改报告》内容，签字确认

项目运营维护管理包括项目移交和运营维护管理两部分，项目移交不仅是项目建设实

体的移交，同时包括了项目信息的移交，完整的项目信息包括了从项目策划阶段一直到项目竣工验收结束时由 BIM 集成的所有信息，运营方通过项目信息的掌握，科学开展设施管理工作。运营维护以 RFID、NFC 为技术支持，进行设备管理中信息数据的采集，并由 BIM 进行数据集成。RFID 是一种非接触式的自动识别技术，通过射频信号自动识别目标对象，可快速地进行实体追踪和数据交换，且不受恶劣环境的影响。NFC 与 RFID 功能类似，适用距离较短，但增加了点对点通信功能，设备之间能够彼此寻找并建立连接，在关机状态下仍能发送识别数据。

6.3.5 信息系统管理

基于 BIM 的装配式建筑智慧建造管理体系建立在软件、硬件及网络环境配备完善的基础上，软件、硬件和网络对数据的存储、交流、传输有着至关重要的作用。各利益相关者应根据自己的角色和软件需要，配备相关的硬件设备，保证软件的使用性能和数据的处理要求。智慧建造管理体系还要依托于先进的软件配备，如操作系统、办公软件、开发软件、数据库软件、BIM 类软件（Revit、Navisworks 等）、防火墙、防病毒软件、网络管理软件、备份软件等。由于软硬件种类繁多、更新换代速度快、项目信息数据庞大，硬件、软件配备应具有良好的兼容性、扩展性和一定的前瞻性，以提高系统的生命力。使用过程中应制定信息安全保障措施、机房管理措施、运行维护制度，严格控制系统操作权限，做好访问日志留存，制定数据备份措施，以确保数据和网络环境的安全性。

1. 基于 BIM 的装配式智慧建造管理平台框架构建

由前面讲解可知，基于 BIM 的装配式建筑智慧建造管理平台需要实现物理信息采集、管理数据采集、数据传输、数据集成、数据挖掘、数据存储等功能，实体项目的建设和项目数据建设相辅相成，在项目全生命周期完成之后，形成完整的项目信息，并作为建设项目信息库的一部分进行收录。

在大数据环境下，建设项目信息库的成立尤为重要，大数据挖掘的目的是以智慧化数据挖掘来代替人的经验，人的经验在项目建设过程中有着重要作用，很多情况下，经验是影响管理者决策的重要因素，而人受限于时间和精力，无法迅速以人脑集成海量的相关信息并给予处理，而建设项目信息库加上大数据挖掘正好可以弥补这一决策缺陷。

基于以上分析，在基于 BIM 的装配式建筑智慧建造管理体系的基础上，建立基于 BIM 的装配式智慧建造管理平台，包括感知层、数据层、服务层、应用层四个层级（图 6-19）。

（1）感知层

感知层通过对 RFID、NFC 等通信技术的应用，进行物理数据收集，包括生产流程、设备工作状态、物流状态、维修状态、环境状态等。感知层建立了人与物沟通的桥梁，实现了数据采集的智慧化。

（2）数据层

数据层基于 BIM 完成数据集成，包括各阶段的设计方案、构件生产计划、构件运输计划、施工组织计划等。BIM 集成的数据与感知层采集的数据相互映射，完成了数据与实体空间的对应，共同构成了数据层，并通过存储设备进行数据存储。

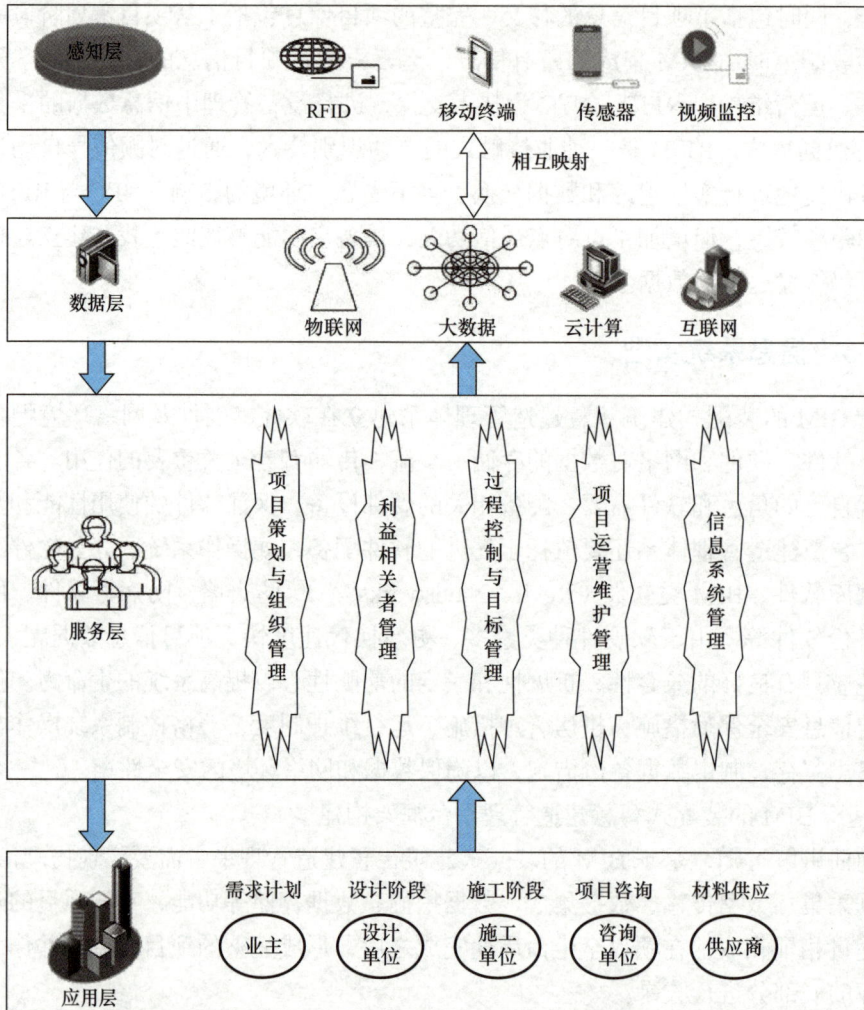

图 6-19　平台模型架构

以数据为基础，以大数据挖掘、海量计算、互联网为技术支撑，实现基于个体空间、群体空间、活动空间、环境空间的知识发现与推演预测。认知过程根据认知特点不同可分为三类：行为认知、启发认知、群体认知。行为认知是通过数据而不考虑工作原理的学习方式，实现了数据层内在关联的探索和发现；启发认知基于基本原理和模型，提供数据驱动下的模型升级和算法迭代，是兼容通用性和精确性的监督学习过程，适合某一类设备或某一类生产活动的知识发现；群体认知是一种基于群体行为和认知的高级认知方式，是对人类思维方式的模仿，旨在实现项目建设过程中的资源优化和协同工作。三种认知方式各有不同的特点，为项目建设过程中的各类问题提供了智慧化决策支持。

（3）服务层

该层级融合了数据层的认知成果，完成资源优化和调度。通过过程算法、系统辨识等技术实现物理过程的最优控制，并及时反馈信息，对算法进行优化，形成闭合的感知和控制系统。服务层收集子系统中的需求，然后将需求逐级分解为子任务，根据子任务进行物理数据的提取，并对相关的数据进行分析，优化资源调度，最终完成服务层的需求，实现智慧化决策。

（4）应用层

应用层是直接面向用户、为用户提供服务的。通过 BIM 与物联网、云计算等信息技术和通信技术的集成应用，为项目管理人员提供准确、客观的数据支持，辅助管理人员做出决策。同时，建筑信息模型与建筑构件实体的有效结合，能够提高各环节和各参与方之间的信息共享与协同工作效率，有效解决信息孤岛问题，可以直观地掌握项目进度、成本管理、物资消耗与资金需求情况，有助于建造过程的集成和各参建方之间的协同工作，从而实现建造过程的智慧化。

2. BIM 环境下装配式智慧建造管理平台实现机制

BIM 以三维模型为平台，集成了全生命周期的项目信息，实现了项目信息的数据化，也是实现智慧建造管理体系的第一步。目前 BIM 的数据来源普遍为人工输入或导入，将建设过程中产生的数据与模型手动结合，要想实现智慧建造的目标，还应做到数据的智能应用。通信平台为工程数据的采集提供了技术支持，BIM 平台与通信平台的结合，实现了数据的智能采集，数据来源更加广泛、精确和智能，感知层与数据层的相互映射形成了智慧数据平台。通过数据分析平台对智慧数据平台集成的数据进行学习，完成三类认知的学习，实现了知识发现与推演预测，形成信息物理平台。信息物理系统为数据智能应用提供了平台，使用者使用智能移动终端通过信息物理系统对物理实体进行智慧化控制，对管理问题形成智慧化决策，构成了智慧建造管理平台。BIM 环境下装配式建筑智慧建造管理平台实现过程如图 6-20 所示。

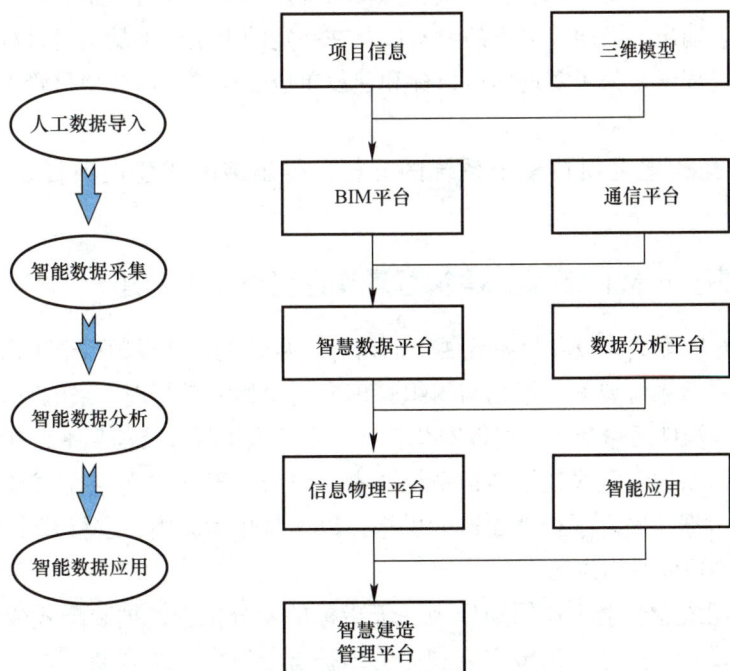

图 6-20 BIM 环境下装配建筑智慧建造管理平台的实现过程

6.3.6　装配式建设项目系统环境、输入与输出

1. 装配式建设项目系统环境

装配式建设项目系统环境是指对项目建设产生影响的外部因素的总和，这些外部因素共同构成了项目的边界要素。装配式建设项目系统环境是装配式建设项目系统的边界条件，作用于项目的整个建设周期，对整个系统形成约束，给项目建设带来很大影响。装配式建设项目系统环境包含以下几个方面：

（1）经济环境：包括国家经济政策、国家宏观经济状况、社会经济状况、国民经济水平、建设项目所在地经济水平。

（2）政治环境：包括相关部门出台的和装配式建筑相关的政策、方针、政治制度等。

（3）法律环境：包括相关工程建设法律的完备性、装配式建设工程相关奖励补贴政策等。

（4）人文环境：包括建设项目所在地的人民生活价值观、文化素养、风俗习惯等。

（5）技术环境：包括装配式建筑的施工技术水平、构件生产技术水平、相关科学研究水平、相关专利等。

（6）自然环境：系统环境对项目的影响是决定性的，但产生的影响可能是有利的，也可能是不利的。在管理过程中，应当尽量规避不利影响的风险，降低不利影响对项目的作用和干扰，充分利用有利的环境影响，把握时机，为项目创造更大的价值。

2. 装配式建设项目输入与输出

装配式建设项目的输入即为项目的建设目标和建设单位的期望，具体来讲就是建设单位希望通过投入若干设备、原料、资金、劳动力等，得到的具有完整的使用功能、满足客户要求的产品。输出即为通过输入的要素以及在一定约束条件下的项目过程转换得到的产品。项目实施过程就是为了实现项目目标和建设单位的期望，因此项目管理的目标应与项目目标一致。

综合对装配式建设项目整个系统的分析，得出装配式建设项目系统的基本框架（图 6-21）。

6.3.7　基于 BIM 的装配式建筑智慧建造管理体系构建

根据上文对装配式建设项目系统要素的研究，从装配式建设项目全生命周期入手，提取到以下九个一级系统要素：策划与组织管理、利益相关者管理、采购管理、设计管理、构件生产管理、构件运输管理、构件安装管理、运营维护管理及信息平台建设（表 6-7）。

（1）以已提取的装配式建设项目系统要素，作为基于 BIM 的装配式建筑智慧建造管理体系的构建依据，融合了智慧建造的思想，以智慧化为原则，进行基于 BIM 的装配式建筑智慧建造管理体系构建。

（2）将装配式建筑全生命周期作为一级指标的划分依据，把装配式建筑智慧建造过程分为组织、设计、生产、运输安装和运营维护五个阶段，结合装配式建设项目一级系统要素研究，最终确定基于 BIM 的装配式建筑智慧建造管理体系的一级指标为：智慧组

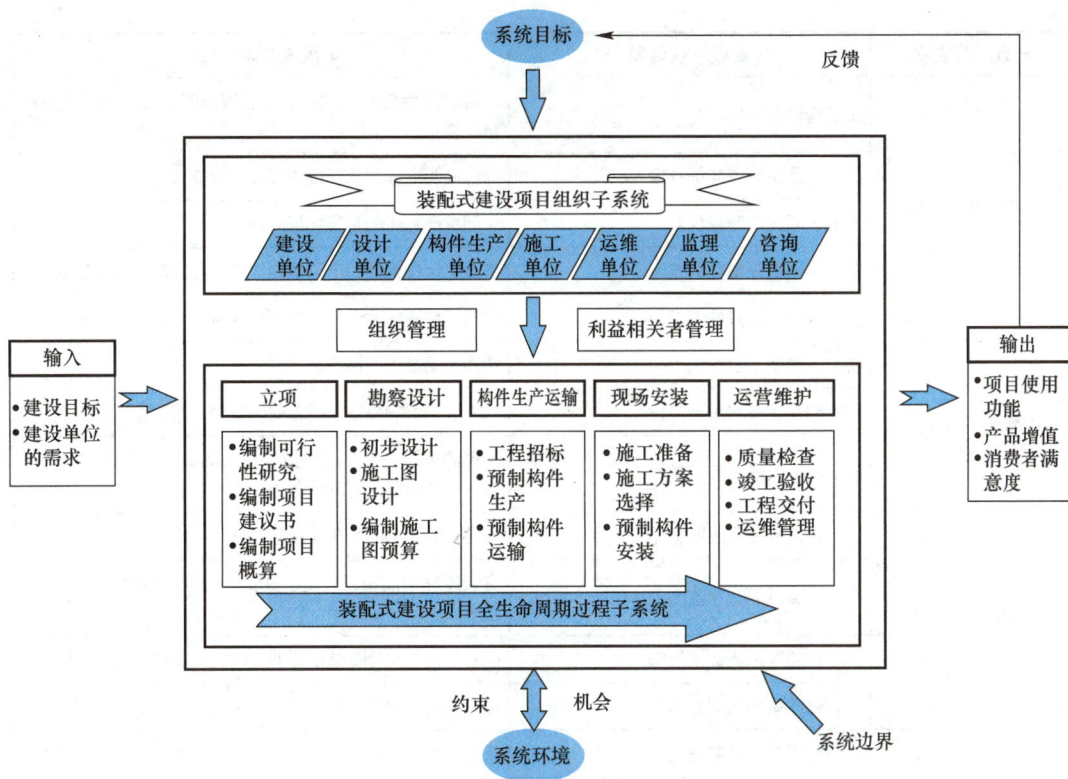

图 6-21 装配式建设项目系统图

装配式建设项目系统要素提取   表6-7

一级系统要素	二级系统要素	系统要素解释
1 策划与组织管理	1.1 工作流程合理性	对工作的分解和工作流程制定的合理性
	1.2 边界明确性	各参与方的工作范围划分的明确程度
	1.3 终端采集数据效率	组织策划阶段项目信息通过各类终端采集的效率
2 利益相关者管理	2.1 信息共享度	信息的集成程度及在利益相关者中的透明度
	2.2 目标一致性	利益相关者及各参与方的目标统一程度
	2.3 利益分配合理性	利益相关者利益分配的合理程度
3 采购管理	3.1 原材料质量	采购的原材料符合标准及质量要求的程度
	3.2 采购价格	采购价格智慧监测水平
	3.3 终端采集数据效率	信息平台在采购阶段通过终端获取数据的效率
4 设计管理	4.1 部品库完善度	装配式建筑各部品功能体系的智慧化集成程度
	4.2 设计标准化程度	构件设计的标准化程度
	4.3 设计变更智慧监测	设计变更的频率监测及变更原因智慧分析
	4.4 终端采集数据效率	信息平台在设计阶段通过终端获取数据的效率
5 构件生产管理	5.1 构件生产过程控制	构件生产过程中质量、成本及工艺控制智慧化
	5.2 生产线设备智慧程度	生产线设备自动化、智能化水平高低

续表

一级系统要素	二级系统要素	系统要素解释
5 构件生产管理	5.3 构件合格率	构件生产合格率监测，及实现提升生产合格率方法的智慧程度
	5.4 产品说明书详细程度	构件说明书编写的详细程度及可操作性
	5.5 车间排产智慧程度	车间排产方式的智慧化程度高低
	5.6 传感器采集数据效率	信息平台在构件生产阶段通过传感器获取数据的效率
	5.7 终端采集数据效率	信息平台在构件生产阶段通过终端获取数据的效率
6 构件运输管理	6.1 运输成本合理性	构件运输过程的性价比高低
	6.2 制定运输方案智慧程度	构件运输保护措施、运输时间安排、运输路线
	6.3 构件入场时间误差率	选择的智慧化、合理性以构件入场即能安装为基准，推迟或提前入场的时间误差大小
7 构件安装管理	7.1 确定安装顺序智慧化	构件安装顺序的智慧化确定方法，如虚拟建造
	7.2 安装过程智慧监测	安装过程中质量、进度、成本、安全等方面智慧监测的水平
	7.3 传感器采集数据效率	信息平台在构件安装阶段通过传感器获取数据的效率
	7.4 终端采集数据效率	信息平台在构件安装阶段通过终端获取数据的效率
8 运营维护管理	8.1 空间管理智慧程度	空间规划、分配、租赁、统计管理中信息化平台使用率
	8.2 资产管理智慧程度	日常管理、资产盘点、折旧管理、报表管理信息化平台使用率
	8.3 维护管理智慧程度	设备周期维护、故障维修管理信息化平台使用率
	8.4 公共安全系统智慧程度	火灾自动报警系统、安全技术防范系统、应急联动系统与信息化平台关联度
	8.5 能耗管理智慧程度	能源消耗管理信息化平台使用率
9 信息平台建设	9.1 信息化投资	信息化建设投入力度
	9.2 互联网覆盖情况	网络覆盖范围的大小
	9.3 硬件平台	包括办公自动化设备、服务器、传感器、移动终端等硬件配置情况
	9.4 软件平台	BIM类软件、数据库技术及新型互联网技术等软件配备情况
	9.5 大数据应用	数据库搭建情况及云计算技术应用情况
	9.6 信息化人才培训	受信息化培训人员占比

织管理、智慧设计管理、智慧生产管理、智慧运输及安装管理、智慧运维管理、智慧建造平台管理。根据确定的一级指标，将装配式建设项目二级系统要素进行合理筛选、归并和智慧化，最终完成完整的基于 BIM 的装配式建筑智慧建造管理体系的构建和详细解释（图 6-22）。

（3）对该管理体系的二级指标及智慧化过程的详细解释见表 6-8。

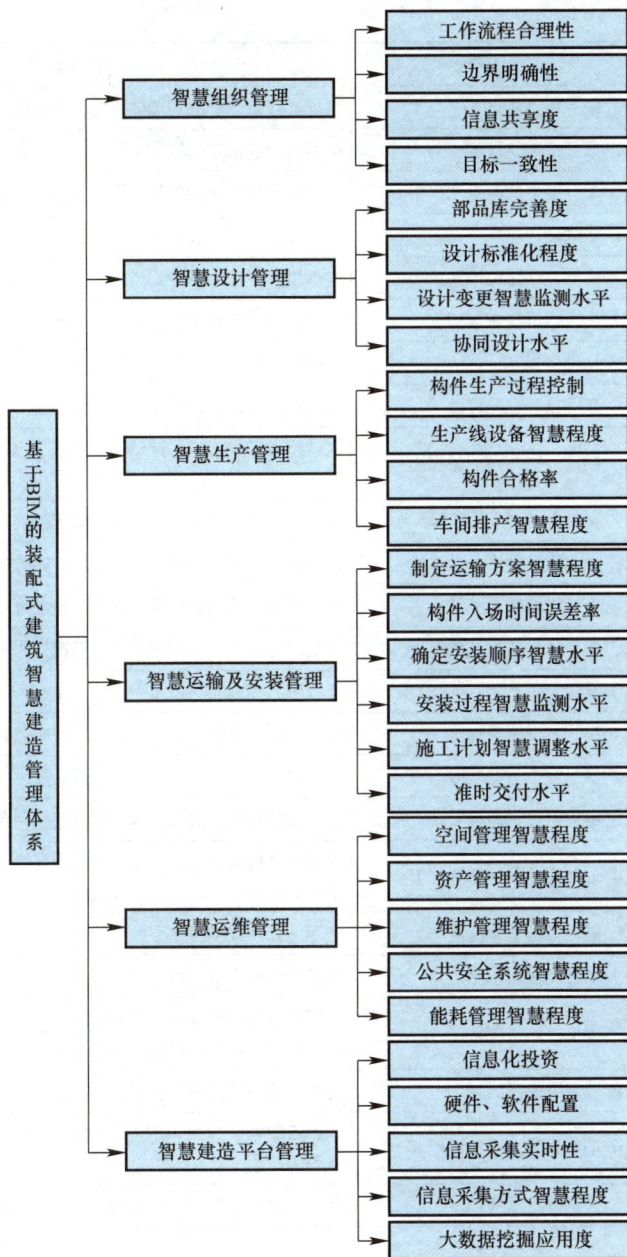

图 6-22　基于 BIM 的装配式建筑智慧建造管理体系

基于BIM的装配式建筑智慧建造管理体系及指标解释　　　　　　　　表6-8

一级指标	二级指标	指标解释
1 智慧组织管理	1.1 工作流程合理性	对工作的分解和工作流程制定的合理性
	1.2 边界明确性	各参与方的工作范围划分的明确程度
	1.3 信息共享度	信息的集成程度及在利益相关者中的透明度
	1.4 目标一致性	利益相关者及各参与方的目标统一程度

一级指标	二级指标	指标解释
2 智慧设计管理	2.1 部品库完善度	装配式建筑各部品功能体系的智慧化集成程度
	2.2 设计标准化程度	构件设计的标准化程度
	2.3 设计变更智慧监测水平	设计变更的频率监测及变更原因智慧分析水平
	2.4 协同设计水平	各专业之间协同设计水平
3 智慧生产管理	3.1 构件生产过程控制	构件生产过程中质量、成本及工艺控制智慧化
	3.2 生产线设备智慧程度	生产线设备自动化、智能化水平高低
	3.3 构件合格率	构件生产合格率监测，及实现提升生产合格率方法的智慧程度
	3.4 车间排产智慧程度	车间排产方式的智慧化程度高低
4 智慧运输及安装管理	4.1 制定运输方案智慧程度	构件运输保护措施、运输时间安排、运输路线选择的智慧化、合理性
	4.2 构件入场时间误差率	以构件入场即能安装为基准，推迟或提前入场的时间误差大小
	4.3 确定安装顺序智慧水平	构件安装顺序的智慧化确定方法，如虚拟建造
	4.4 安装过程智慧监测水平	安装过程中质量、进度、成本、安全等方面智慧监测的水平
	4.5 施工计划智慧调整水平	安装过程中施工计划根据施工情况变化进行智慧化调整的水平
	4.6 准时交付水平	工程按计划准时交付水平
5 智慧运维管理	5.1 空间管理智慧程度	空间规划、分配、租赁、统计管理中信息化平台使用率
	5.2 资产管理智慧程度	日常管理、资产盘点、折旧管理、报表管理信息化平台使用率
	5.3 维护管理智慧程度	设备周期维护、故障维修管理信息化平台使用率
	5.4 公共安全系统智慧程度	火灾自动报警系统、安全技术防范系统、应急联动系统与信息化平台关联度
	5.5 能耗管理智慧程度	能源消耗管理信息化平台使用率
6 智慧建造平台管理	6.1 信息化投资水平	信息化建设投入力度
	6.2 硬件、软件配置	包括服务器、传感器、移动终端、办公自动化设备等硬件配置情况，BIM类软件、数据库技术及新型互联网技术等软件配备情况
	6.3 信息采集实时性	信息采集传输过程滞后时间
	6.4 信息采集方式智慧程度	信息采集方式智慧化水平，如BIM、ERP、RFID、NFC、无人机等的应用
	6.5 大数据挖掘应用度	通过大数据挖掘，将数据转化为知识，辅助决策的能力

6.4 基于装配式建筑智能建造的思考与实践

6.4.1 装配式建筑结合智慧建造思考

1. 装配式建筑

随着现代工业技术的发展，建造房屋可以像机器生产那样，成批成套地制造。只要把预制好的房屋构件，运到工地装配起来就可以了。

装配式建筑与现浇建筑的对比

装配式建筑在 20 世纪初就开始引起人们的兴趣，到 60 年代终于实现。英国、法国、苏联等国首先作了尝试。由于装配式建筑的建造速度快，生产成本较低，迅速在世界各地推广开来（图 6-23）。

图 6-23　装配式建筑

装配式建筑是指把传统建造方式中的大量现场作业工作转移到工厂进行，在工厂加工制作好建筑用构件和配件（如楼板、墙板、楼梯、阳台等），运输到建筑施工现场，通过可靠的连接方式在现场装配安装而成的建筑。

装配式建筑主要包括预制装配式混凝土结构、钢结构、现代木结构建筑等，因为采用标准化设计、工厂化生产、装配化施工、智能化应用，是现代工业化生产方式的优选。

2. 智慧建造

智慧建造的两层含义：

一是产业的和谐发展，与大自然和谐可持续发展。我国建筑业规模约占全球 50%，建筑用钢材水泥约占全世界 50%，是资源能耗、能源消耗和污染产业最大的行业，实行精细化管理减少消耗和排放时不我待。

二是让行业武装先进的数字神经系统。无论是行业还是企业、项目管理都在先进的信息化技术系统支撑下，经营环境公平透明，企业项目管理高效精细。

6.4.2　装配式建筑结合智慧建造实践事例

2020 年 7 月 3 日，住房和城乡建设部联合国家发展和改革委员会、科学技术部、工业和信息化部、人力资源和社会保障部、交通运输部、水利部等十三个部门联合印发《关于推动智能建造与建筑工业化协同发展的指导意见》。意见提出：要围绕建筑业高质量发展总体目标，以大力发展建筑工业化为载体，以数字化、智能化升级为动力，形成涵盖科研、设计、生产加工、施工装配、运营等全产业链融合一体的智能建造产业体系。

1. 实景化施工策划

施工策划阶段，通过无人机实景建模技术建立实景模型，模型含任意点详细的位置信息，直接在模型上进行土方量计算、精确测量、面积计算等，精度达厘米级。

无人机高空进度巡查：实景化施工策划（图 6-24）。

图 6-24　实景化施工策划

2. 实时化质量管理

为把控现场装配式构建安装质量，保证构建连接质量的标养室远程监控系统如图 6-25 所示。

图 6-25　实时化质量管理

3. 多样化安全管理

管理人员通过现场二维码巡更点自动定位，在移动端发布巡更信息及整改命令，实现现场安全信息化管控；施工危险区域设置报警装置，配合红外感应器进行提醒、报警，提高施工人员警觉性；在钢筋车间、临边防护等区域设置防拆报警系统，防止安全围栏违拆；针对最高高度为 13.95m 的高大支模区域，运用高支模变形监测系统，对架体数据实时收集分析及时预警，预防事故发生；通过 VR 技术把安全教育从以往"说教式"转变为"体验式"，让工人切实感受违规操作带来的危害，强化安全防范意识（图 6-26）。

4. 物流化物料管理

通过安装智能地磅和车辆进出管理系统，自动识别车牌、登记并获取进出现场的混凝土构件等运输量，实施上传数据，系统自动计算并生成报表，实时管控项目主材成本。如图 6-27 所示为车辆进出管理系统，如图 6-28 所示为智能地磅系统输出数据系统。

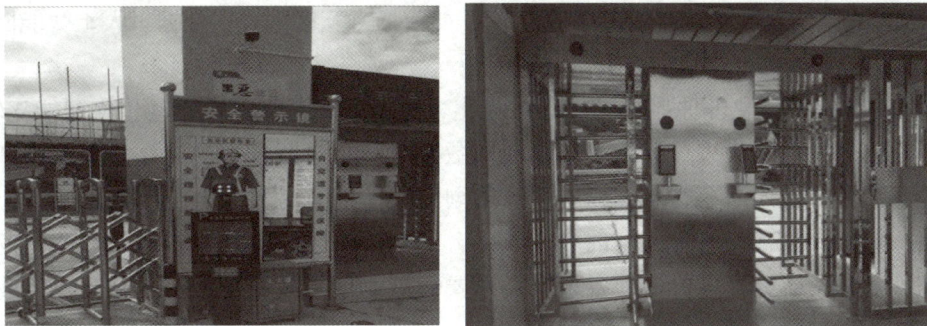

图 6-26　多样化安全管理

图 6-27　车辆进出管理系统

图 6-28　智能地磅系统输出数据系统

6.5　智能建造装配式融合发展的未来

6.5.1　智能建造与装配式结合前景

名人访谈案例[①]:

（1）住房和城乡建设部建筑市场监管司副司长廖玉平接受采访时表示，数字化时代下，应推动智能建造与建筑工业化协同发展，走出建筑业集约化高质量发展之路。他认为，应该大力发展装配式建筑，像造汽车一样造房子，推动建筑工业化升级；积极研发应用建筑机器人，逐步用机器人替代人工，提升智能建造水平。同时，行业应加快打造建筑产业互联网平台，打通"智能制造"和"智能建造"全流程，推进建筑业数字化转型。此外，建筑行业应该注重加大人才培育力度，为智能建造与建筑工业化协同发展提供智力支撑。

在"十三五"收官之年，为"十四五"发展奠定基础的关键之年召开的全行业会议，将助推建筑业企业更好布局发展、提升核心竞争力、打造"中国建造"品牌、实现高质量发展。主办方认为，当前，建筑业如何借助以互联网、大数据、人工智能等为代表的新一

[①]　摘自 https://baijiahao.baidu.com/s?id=1677427648904803258&wfr=spider&for=pc

代数字技术，培育和大力发展一批领军企业；如何推进互联网、大数据、人工智能同建筑业融合发展，是行业企业必须认真思考的问题。

（2）工业和信息化部原副部长杨学山指出，建筑业正在加速向自动化和智能化转变，这是不可逆转的。他认为，建筑业企业在向数字化转型过程中，应当注重装备创新，这是行业实现"由大到强"的基础；要系统筹划无人工地，劳动力短缺和人工成本上升是大趋势；要打造自有技术为主体的软件体系，避免受制于人。杨学山同时直言，商业模式要实现多赢，创造更多价值使各方受益；要做到制度与实践相匹配，推动建筑业实现高质量发展。

（3）谈到新基建，中国工程院院士丁烈云认为，新基建是数字基建，老基建是物理基建。数字基建与物理基建结合所形成的融合基建，是产业转型升级的必然趋势。据悉，随着以人工智能为代表的现代信息技术的发展，数字经济已经成为新经济发展的重要引擎。丁烈云指出，新基建是一个前所未有的时代机遇，它需要产业各界躬身入局，积极响应。建筑业应抓住新一轮科技革命的历史机遇，高度重视数字技术对工程建造的变革性影响，实现建设行业转型升级。

（4）广联达科技股份有限公司董事长刁志中认为，建筑业要想转型升级，必须首先提升认知，用平台思维重构产业生态、用数字思维重新定义业务创新、用闭环思维牢牢抓住数字转型的每一个环节，才能从根本上优化生产关系、提高运营效率、抵御危机压力。该企业总裁袁正刚指出，对于建筑业企业而言，落实现场工作数字化、软件方案平台化和企业管理系统化是成功实现数字化转型的三大方向。

（5）中国建筑股份有限公司监事会主席石治平接受采访时表示，应该借助信息化创造全球运营管控新模式，并在此基础上建设建筑产业互联网。他强调，信息化的内涵、深度、广度已经并持续发生着颠覆我们传统认知的变化。建筑业企业要紧抓时代机遇，用新思维、新技术、新模式，依靠信息化推动行业转型升级。

推广装配式建筑是促进绿色发展的重要举措，是促进建筑业转型升级的必然要求。绿色、高效、节能作为新时代的潮流，各地区积极推动装配式建筑的发展，为装配式建筑的未来奠定了坚实的基础。以上内容就是"装配式建筑助力'智能建造'，企业核心竞争力是关键"。

6.5.2　智慧建造与装配式相结合智慧建造未来式

1. 基于 BIM 的装配式建筑智慧建造应用发展

装配式建筑是我国建筑业未来的发展方向，信息化是装配式建筑迅速发展的最大助力。收集项目中产生的信息最后形成完整的数据库，数据库便是企业在项目中最原始的数据来源，通过对数据进行分析整合可形成知识，把知识从点连成线最后成面，这便形成一个企业的智慧，也是一个企业核心竞争力。

从装配式的项目上看，我国目前实施装配式的项目主要是保障房项目，市政、高端商业区的项目较少，从结构体系上看，目前采用较多的结构体系是混凝土结构，由于我国是地震多发地带，未来装配式建筑的发展可以选择因地制宜的结构体系，比如木结构和钢结构。

从信息化技术的集成上看，应基于 BIM 技术结合 GIS、三维激光扫描、VR/AR、物联网等信息化技术应用于装配式建筑全生命周期中获取项目的结构化、非结构化及半结构化的数据文件，以信息化带动企业、项目的管理方式促进整个行业的发展使得装配式建筑上下游企业间形成有机整体，在信息化不断发展推进的过程中制定完善的标准、草案和协议以保证装配式建筑和信息化技术更好地融合。根据项目和企业的特点开发适合本企业、本项目的智慧化管理平台，集成项目周期内的各个参与方和数据资料。

2. 基于 BIM 的装配式建筑智慧建造推进对策

（1）标准化完善

装配式建筑建造水平也从侧面反映出行业标准、国家标准的完善程度。目前我国国内标准制定并不完善，设计出来的构件尺寸过大且尺寸不一，预制构件在生产过程中，模板、台座等生产工具难以通用，这就导致无法形成规模化生产。完善相关规范标准的制定就显得尤为重要。第一，组织科研院所、高校、企业等装配式建筑产业链上的专家、学者参与到行业标准、国家标准的制定中，逐步建立适应于装配式建筑的规范、标准，鼓励 BIM、VR、三维激光扫描等信息化技术应用于装配式建筑中，逐步推进装配式建筑迈向智慧建筑，稳步推进智慧城市的发展；第二，鼓励行业内的龙头企业制定属于本企业的企业标准，企业标准高于行业、国家标准，做到优而更优，成为推动装配式建筑向智慧建造发展的推动力。

根据我国装配式建筑的发展特点和社会大环境，建立健全以国家强制设计标准、地方设计标准相结合的设计体系，出台建筑行业法律法规，通过相关规章制度约束装配式建筑上下游参建方的行为。

（2）自主开发软件平台与生产工艺创新

在科研支持方面，科研是推动技术发展的重要保障，支持工业化建设、信息化等关键技术研究工作，做好各类装配式建筑关键技术研究中心及实验室配套设施建设，鼓励高校、企业结合生产一线遇到的重难点展开科技攻关，解决实际工程中遇到的数据缺失、软件不匹配、软件二次开发、结构体系、节点稳定性等问题，对于有重大贡献的企业与个人，国家应给予政策补贴，减少税收负担等支持，从侧面反映出国家对于优秀个人、优秀团体的重视及对创新驱动生产力的重视和鼓励。鼓励中小企业自主研发，营造装配式建筑智慧建造产业生态圈，鼓励相关行业进入装配式建筑智慧建造行业。

目前，我国装配式建筑还存在施工技术、生产工艺、产业化工人缺口大等问题，要想促使装配式建筑快速发展需要突破技术瓶颈，因此，装配式建筑全生命周期内的各个参与方，如：设计单位、生产单位、施工单位都需要立足自身提高本单位的技术成熟度和技术创新能力，只有技术走在同行业的前列才能具有市场竞争力。对于设计单位，要寻求变革与创新，抛弃旧有的设计流程与观念，主动拥抱信息化技术并结合信息化技术特点创新适应于信息化技术的工作流程；对于大中型施工企业，需要建立自己的技术部门和信息化部门等研发部门，在政策和经济上给予倾斜，针对装配式建筑研究新的施工方案、施工方法以及革新信息化技术在装配式建筑中的应用方法，建立适应本企业不同层级的标准，如企业级标准、项目级标准、模型精细度等标准，抢占技术和信息化先锋，争做行业内的领军者；对于生产单位，因地制宜地就地取材、节约成本，创新生产流程，结合设计单位开发适应于批量化、集约化生产的设备、工器具。

（3）培养专业人才

① 建立装配式建筑实训实践基地

切实加强以产学研合作教育为主体的教育培养模式，建立搭建企业与企业、高校与企业的合作平台，联合院校与企业建立装配式建筑实训实践基地，将 BIM、大数据、云计算、虚拟技术等信息化技术应用于教学当中，推广装配式建筑教育体系。学校作为培养装配式建筑急需应用型人才的主阵地，目标应该是培养社会和产业需要的人才，企业具备高校所没有的资源、良好的实习实践场所，应与高校合作，融合资源、提供技术支持服务于人才培养，促进产业发展。因此，建立装配式建筑实训基地，服务于线上与线下教学，充分整合高校与企业教育实训资源，能够使装配式建筑教育建设更具针对性，人才培养更加全面。

完善的教学资源是培养建筑产业化的基础，成熟的人才大多是在企业中，这是因为他们大多经历过实际项目、出国深造、公司二次培训，这也暴露出人才建设上缺乏企业与高校相对接的实训实践基地，建立装配式建筑实践基地，培养定期输送学员到企业，实行"双导师制"，培养应用型人才的实际操作能力，以产业或专业为纽带，定岗实习缩小专业人才素质和能力与岗位需求差距，推动教育教学改革与产业转型升级衔接配套，串联起专业人才精细化培养培训和高端人才输送，提供装配式建筑高端人才由学校到企业的一站式人才培养解决方案，为装配式建筑高级人才解决就业。

② 互联网＋教育平台建设

装配式建筑涉及建筑全生命周期，从设计阶段开始到装配阶段乃至运维阶段都需要大量的信息支撑，针对装配式建筑的"三个一体化"的发展特点（建筑、结构、机电、装修一体化；设计、加工、装配一体化；技术、管理、市场一体化），开发基于 BIM 技术在装配式建筑中应用的课程资源库，注重减少共性知识点重复的科目。

大力宣传装配式建筑就业前景的同时，建立人才培养与就业对接平台，以装配式建筑企业需求和资源优势，形成适应发展需要、"产、教、研"融合、校企优势互补的培养体系，以企业需求为根本，行业前景为导向，重点进行与复合型教学内容相匹配的学科建设。

基于"互联网＋"理念打造装配式建筑产业链的人才服务，充分利用建筑类云平台，方便教师在设计过程中根据各个阶段设计内容的特点安排设计任务。利用基于互联网＋技术构建交互式云平台传输图、文、声、像的特殊优势，使学生的学习过程更加形象直观、灵活可控，既可实现设计在线交流、讨论、答疑，也可方便进行课下学习，学生的学习积极性可进一步被激发，及时调整教学内容和教学方法，真正实现互动、协同。结合高校传统教学、线上慕课平台、线下实训基地联合体，线上线下相结合、理论实践相结合、立体化、全方位地培养新型装配式建筑人才。与装配式建筑企业合作，高校就业与企业人力资源部门对接，帮助学院高端人才解决实际的实习就业和职业发展问题。

复习思考题

一、单选题

1. 装配式建筑从预制构件的设计到整体建筑物的装配完成，需要经过设计、生产、（ ）三个阶段，通过智慧建造技术可以快速获取装配式建筑全生命周期中的信息，项目各参与方之间协同工作。

A. 安装　　　　　B. 运输　　　　　C. 装配　　　　　D. 施工

2. 装配式建筑设计的 BIM 模型分析复核包括两个步骤：（ ）和结果对比。

A. 有限元分析　　B. 基础统计量　　C. 协整验证　　　D. 单位验证

3. 预制构件的生产环节依托 BIM 技术和（ ）对预制构件的关键节点、流程实施动态跟踪，及时更新预制构件的生产状态和所处状态下的拓展信息，从而使预制构件生产单位管理者及时了解预制构件生产的状态，更好安排紧后工作。

A. 口头传述　　　B. 时事通话　　　C. 文件传达　　　D. 物联网技术

4. 从装配式建设项目全生命周期入手，提取到以下九个一级系统要素：策划与组织管理、利益相关者管理、采购管理、（ ）、构件生产管理、构件运输管理、构件安装管理、运营维护管理及信息平台建设。

A. 生产管理　　　B. 设计管理　　　C. 施工管理　　　D. 人员管理

5. 装配式建筑主要包括预制装配式混凝土结构、（ ）、现代木结构建筑等，因为采用标准化设计、工厂化生产、装配化施工、智能化应用，是现代工业化生产方式的优选。

A. 钢结构　　　　B. 砖混结构　　　C. 框架结构　　　D. 砖木结构

二、多选题

1. 借助于信息技术手段，用整体综合集成的方法把工程建设的全部过程组织起来，使设计、（ ）实现资源配置更加优化组合。

A. 策划　　　　　B. 采购　　　　　C. 施工

D. 机械设备　　　E. 劳动力

2. 绿色建筑是指建筑全生命周期内最大限度地实现"四节一环保"，其中"四节"包括（ ）。

A. 节能　　　　　B. 节地　　　　　C. 节水

D. 节材　　　　　E. 节电

3. 装配式建筑的优势有（ ）。

A. 保证质量　　　B. 缩短工期　　　C. 节能环保

D. 安全可靠　　　E. 节约资金

4. 装配式建筑是一个复杂的工业化产品，要求（ ），以信息化带动装配式建筑全生命周期内各参与方的"五化一体"。

A. 设计标准化　　　　　　　　　B. 生产工厂化

C. 施工装配化　　　　　　　　　D. 管理综合化

E. 机电装修一体化

5. 基于 BIM 的装配式建筑智能建造管理体系包括（　　）。

A. 智慧组织管理　　　　　　　　　B. 智慧设计管理

C. 智慧生产管理　　　　　　　　　D. 智慧运输管理

E. 智慧验收管理

6. 关于装配式建筑的"三个一体化"的说法正确的有（　　）。

A. 建筑、结构、机电、装修一体化

B. 设计、加工、装配一体化

C. 策划、生产、施工一体化

D. 技术、管理、市场一体化

E. 设计、生产、装配一体化

三、填空题

1. 装配式建筑主要包括_____、_____、_____等，因为采用标准化设计、工厂化生产、装配化施工、智能化应用，是现代工业化生产方式的优选。

2. 装配式建筑建设项目现场安装阶段的重要管理内容是_____、_____、_____和_____。

3. 由于预制构件的造型复杂和多样化，特别是灌浆套筒开口和钢筋外露，模具的生产需要综合考虑_____、_____、_____、_____等因素。

四、简答题

1. 装配式的基本内涵有哪几点？

2. 智能建造的概念以及产生的背景是什么？

3. 装配式建设项目系统环境包含哪几个方面？

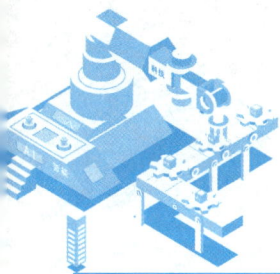

【学习目标】

通过本单元的学习，理解并掌握智能设备对智能建造的重要性与智能建造中智能设备的特点。了解智能机器人在建筑行业的类别及智能设备与智能建造的融合应用。了解智能建造未来的发展前景与融合收益。

【学习要求】

（1）熟练掌握智能建造对智能设备的需求与应用到智能建造中智能设备的特点；
（2）了解并能辨识智能机器人的种类与特点；
（3）了解智能设备与智能建造融合应用的例子与畅想；
（4）了解智能设备与智能建造融合后的未来前景及可带来的收益。

【课程思政】

本教学单元主要培养学生科学、技术、工程、人文的相统一、相融合和相互贯通，新工科建设的重要目标之一，就在于培养德学兼修、德才兼备的复合型、综合型理工科学生和未来的工科从业者，实现符合新时代新要求的复合型工科人才的培养目标，提升学生的科学精神、工匠精神、工程伦理、社会责任、家国情怀等。

7.1　智能建造对智能设备的需求

7.1.1　智能设备的定义

在科技发展如此迅速的今天，智能设备的发展使得人们的生活越来越便捷。近年来人工智能的快速发展令人欣喜。目前，特定领域的人工智能技术已经取得了突破性进展，甚至在单点突破和局部智能水平单点测试方面都超过了人类智能。在战争中，我们在计算机和大脑中一路前进，但"一般智能"是其应用的最大障碍。如果能够突破这一限制，人工智能将进入一个新的领域。

目前，智能建筑正朝着两个方面发展。其一，智能建筑已不再限于智能化办公楼，正向酒店、公寓、商场、地下工程甚至住宅扩展。其二，智能建筑由单体向区域性规划发展，从而使得 20 世纪 90 年代中后期"智能广场""智能小区"的概念得到完善并在工程中实现。现在，智能建筑的建设与发展，不仅已经成为一个国家经济实力的体现和一个国家科学技术水平的综合标志之一，也成了人类社会建筑建设发展的必然趋势。在我国，智能建筑越来越受到政府部门的重视，建筑中的智能部分已列为设计的先决条件之一，智能建筑也正朝着规范化方向发展。

智能设备（Intelligent Device）是指任何一种具有计算处理能力的设备、器械或者机器，对新一轮产业变革和经济社会绿色、智能、可持续发展具有重要意义。因其具有巨大的发展潜能，随着计算技术的发展，它可以被构建到越来越多的设备中。功能完备的智能设备必须具备灵敏准确的感知功能、正确的思维与判断功能以及行之有效的执行功能。

智能设备是传统电气设备与计算机技术、数据处理技术、控制理论、传感器技术、网络通信技术、电力电子技术等相结合的产物。智能设备主要包括两方面的关键内容：自我检测是智能设备的基础；自我诊断是智能设备的核心。除家用电器和掌上电脑外，几乎无限可能的智能设备清单包括传感器、安全帽、医疗器械、地质设备和配电系统等。

《智能制造发展规划（2016—2020 年）》（工信部联规〔2016〕349 号）中提到在 2025 年前，推进智能制造发展实施"两步走"战略：第一步，到 2020 年，智能制造发展基础和支撑能力明显增强，传统制造业重点领域基本实现数字化制造，有条件、有基础的重点产业智能转型取得明显进展；第二步，到 2025 年，智能制造支撑体系基本建立，重点产业初步实现智能转型。

智能设备是一种高度自动化的机电一体化设备，由于其结构复杂，在系统中的作用十分重要，因此对智能设备的可靠性有着极高的要求。元器件的可靠性、技术设计、工艺水平和技术管理等共同决定了电子产品的可靠性指标。提高产品的可靠性，必须掌握产品的失效规律，只有对产品的失效规律进行全面的了解，才能采取有效的措施来提高产品的可靠性。

按照《智能建筑工程质量验收规范》GB 50339 里所阐述的：建筑设备监控系统用于

对建筑物内各类机电设备进行监测、控制及自动化管理，达到安全、可靠、节能和集中管理的目的。我们把它总结一下，即：实现自动监视与自动调节以适应室内环境的变化；各类机电设备的启动、停止和运行进行连锁操作，以确保机组的安全运行；各类机电设备的故障自动监测，以保证设备的安全和及时维修；实现优化控制以实现节能降耗；实现过程控制自动化以节约设备管理人员。

在智能建筑中，建筑的结构以及工程和建筑包括在水电暖线路的设计上都构成了一个专业的整体，这种有机的体制就好像是一个人的身体，在各个企管相互协调的情况下人才能够健康地活动，而且这种智能建筑也像人一样可以通过对外界的反应而表现出一些不同的状态从而对建筑自身的状态进行调节。这样通过自身的调节达到建筑的舒适安全和健康节能的标准，其根本方式就是将建造与网络相连接。如图 7-1 所示这样的大环境下，工作效率的提高也是必需的，正因为环境舒适了才不会出现所谓的楼宇综合征。

图 7-1   建造与网络相连接

7.1.2   智能建造中智能设备的特点

我国在工业机器人的技术上已经趋近于成熟并且在各个领域都有所涉及。工业机器人在机械加工厂中运用得更为广泛，能够大幅度缓解工人压力并节约了原材料等，保障了产品的质量。同时经过工业机器人的投入能够让大量的工人摆脱复杂的工作环境，从高强度高风险的工作中解放出来，保障了人们的人身安全。

近几年来工业机器人在工作表现中越发出色和稳定，同时也成为机械生产中常见的设备。工业机器人能够在生产的不同环节里发挥不同的作用，并且在从货物的装卸、商品的运输、包装的制作等方面都有所涉及。

我国已经在一定程度上熟练掌握了工业机器人的制造技术，并能够自主地研发和生产工业机器人，但是一些重要零件和技术却只能够从国外引进，因此从总体水平上看依旧和发达国家有着一定的差距。现阶段许多国家的工业机器人研究技术已经炉火纯青，并且使得工业机器人向着智能化、集成化的方向发展。但是我国的工业发展较为缓慢，许多机械企业还没有认识到工业机器人的作用和重要性，因此并没有给予一定的重视，依然采用传统经营方式，生产力水平始终不高。所以企业需要有计划地提高工业机器人的优化升级，致力于技术的创新从而缩小和其他国家之间的距离。

面对我国现在的社会发展情况，机电设备的发展具有非常好的发展前景，尤其是在建筑行业、工业和航天行业等多个领域被广泛使用。这是一种把机械设备和电气自动化结合到一起的机械设备，如果可以将机电设备应用到其他方面的话，就可以缩短工期，提高工作效率，推动自动化生产的发展，满足人们的基本需求，而且出现的错误率也会降低，保证了工程的质量。

现在社会的发展越来越快，科技也在不断进步，机电设备的作用和功能也需要适应当前社会的发展与需求，需要进行更新和改造。现在的人们对机电设备的依赖程度越来越大，面对这种情况，机电设备安装工作就更为关键了，这会影响到机电设备能否可以正常工作，而且机电设备本身具有复杂性，在安装的时候难免会遇到很多原则性问题。对此，将BIM技术应用到机电设备安装工作中，就可以解决上面存在的一些问题，提高机电设备在工作过程中的效率和安全性，这对我国机电设备安装和运行具有很大的意义。

新时期下我国施工安全管理正处于不断发展及完善的状态，国家相关部门给予安全生产作业较高重视，与建筑安全生产相关的法律体系也日渐完善。在数年的实践中，很多施工企业的安全管理水平有了很大提升，建设规模有很大拓展，安全生产形势整体趋于稳定。我国是发展中国家，劳动资源充沛且廉价，建筑行业劳动力密集化分布，面对等同的作业量，与发达国家相比我国投入的工人数要有 2.5～10 倍的增长，因而施工事故发生率也相应增加，更应加大施工安全标准化管理与控制。

随着自动化的不断普及，建造中的智能设备发生了翻天覆地的变化。与以往建造中的智能设备相比，目前市场上建造中的智能设备操作更加便捷。不仅提高了施工的生产效率，也为施工方减少了劳动成本的支出。

在众多项目建设施工过程中，由于机械设备种类繁多，多台设备同时运行时，其工作整体性能表现出一定的随机性，为施工项目进展优化造成了一定的阻碍。此外，施工现场需要综合考虑环境、材料等不同因素对机械工作性能的影响。当某一机械器材出现问题而影响整体协调工作时，可通过智能化系统对整体机械群进行管理，避免因机械故障等原因而延误项目的正常进度，从而在节约施工成本的同时保障了企业的经济效益和社会效益。

工程机械智能化行业作为对传统制造业的完善，其在项目建设过程中的监控、事故诊断等方面发挥着重要的作用。当事故发生时，智能化操作可帮助工作人员进行远端操作，及时对故障设备进行维护和检修，以避免工程事故的进一步扩大。

随着微型机械的发展，工程机械智能化开始广泛运用于该领域。例如，在现代医学和军工行业，大量仪器设备需要十分精确的灵敏度以及精细的做工，微型仪表、传感器等微型机械工具在以往的生产过程中如果仅由人工进行操作，将难以达到标准要求，而智能化工程机械的引进可以弥补这一缺陷。在设备监控方面，微型机械产品的工程机械智能化效益得到了显著提升。通过在机械设备上安装电子监控设备，可保证对工程机械的实时监控和管理，当机械出现故障时及时分析事故原因，从而最大程度上减少企业损失。

当前，工程机械智能化主要有智能控制与集成控制两种模式。智能控制是具有智能信息处理、智能信息反馈和智能控制决策的控制方式，是控制理论发展的高级阶段，主要用来解决那些用传统方法难以解决的复杂系统的控制问题。集成控制是指研发出一个总的遥控键，来无线控制相对应的换气、照明、取暖等开启或关闭，彻底保证控制的安全问题，从而避免发生安全事故。在大型工业生产企业中，智能分拣机器人、换挡助手等新型自动化机械设备的使用已经开始普及，智能化工程机械在充分保障企业生产建设质量的同时有效提升了企业的社会经济效益。

7.1.3 现阶段智能建造对智能设备的需求

现在中国智能机器人产业发展情况如何？

自 2000 年以来机器人技术有了较大的进步。我们看到越来越多的企业使用机器人。据不完全统计，截至 2017 年底，有 90 余家上市公司并购或者投资了机器人项目，机器人相关企业的数量甚至超过了 4500 多家。中国机器人市场以年均 36% 的速度增长。这几年建筑用工成本大幅度上升，再加上国家产业政策的导向，建筑企业利润出现断崖式下降，建筑业相对于制造业、交通运输、农业、航空航天、金融、贸易等其他行业而言，运用互联网、云平台、云计算、移动互联网、物联网、智能制造等高科技起步较晚，建筑行业的施工、管理与营运方式，远未跟上时代进步与创新的步伐。

现在中国随着行业的逐渐升级，行业领导者越发注意到，传统建筑行业不能再仅靠廉价劳动力维持市场竞争，应该依靠核心技术提高工作效率，例如通过使用智能设备完成不适合人力完成的工作，从而摆脱繁琐的手工枷锁。因此，未来的智能工厂技术将大大解放双手，改善工作环境，先进的智能工厂与自动化方案也将为各国的建筑行业提供一种保持制造竞争力的绝佳方式。

举个建筑智能设备在施工现场应用的实际例子。新加坡工程技术人员做过一项实验，一个新的建设项目需要贴上 4000 万片瓷砖，实验用 2 个工人需要花 2 个工作日完成一定工程量，同样的劳动力与工作天数加上 4 台智能设备的帮助居然可以完成 4 倍于此的工程量，发现原本的生产效率可以提高 4 倍之多。

在钢结构现场安装焊接作业施工中用全位置焊接机器人，可提高焊接质量，确保施工安全；超高层外表面喷涂机器人可以解决高空作业安全问题，提高施工速度和精度；大型板材安装机器人可用于大型场馆、火车站、机场装饰用大理石壁板、玻璃幕墙、顶棚等的安装作业，无需搭建脚手架。综合归纳一下，建筑施工现场利用智能建筑机器人的优势有：

第一，智能建筑机器人可以在各种条件下工作，不受外界环境的影响、无间断不休息地工作，人是做不到的。

第二，建筑机器人只要把程序先预设好，可以比人做得更精准。如图 7-2 所示就是智能设备的生产车间。

第三，智能建筑机器人可以做简单的创意化的工作。建筑智能机器人利用仿真模拟与监测及高度灵活的特点，通过与设计信息（特别是 BIM 模型）集成，实现设计几何信息与机器人加工运动方式和轨迹的对接，完成机器人预制加工指令的转译与输出。智能建筑机器人将不再是简单施工工艺的替代，可以成为智慧建造的辅助工具，可以编制施工方案

图 7-2　智能设备的生产

和设计文件。

第四，智能建筑机器人可以完成人做不了的事情。比如在灾后地区需要快速建造大量房屋建筑安置灾民，建筑机器人可以发挥积极作用。

7.1.4　智能机械设备存在的问题

我国部分建筑工程施工单位对建筑机械设备缺乏必要的管理，与机械设备管理相关的各种规章制度存在着一定的缺陷，并且制度执行力度较小，管理制度形同虚设，无法达到管理目标。有些建筑施工单位甚至缺乏相应的管理制度，导致建筑机械设备的使用、维修、保养方面都缺乏制度保障。

1. 机械设备运转存在问题

有些建筑施工单位的机械设备负责人由于缺乏对事故隐患的防范意识，同时为了谋取更多的经济效益，在建筑机械设备的检测及保养上动手脚，不按规定定期进行。同时，在建筑工程施工过程中，由于盲目地抢工期，或者最大限度地节约施工成本，施工单位在很多时候都采取人休息，但是机械设备不休息的工作模式，项目投入的机械设备要承担着超负荷的工作量，从而导致建筑机械设备存在超负荷运转的现象，甚至会忽视建筑机械设备存在的问题。在这样的状况下，建筑机械设备每次长时间运转就会进一步加速老化，从而无法避免发生安全事故。

2. 缺少维修配件

我国目前针对建筑机械设备的保养与维修还未形成系统的市场，在这方面还缺乏专业性及产业化的服务，并且在施工现场的维修及养护又处于落后的状态。另外，建筑工程项目大多数都是在野外作业，远离城市，并且有着较大的现场流动性，交通条件是非常恶劣的，建筑机械设备需要的零件一般都没有库存，若是建筑机械设备需要维修却无法得到所需的配件，就会影响建筑工程施工的正常进行，或者是加长设备带病工作的时间，进一步加大安全事故发生的概率。

3. 建设机械设备维修及保养不及时

在我国目前的建筑行业中，对于建设机械设备往往都是重视使用，而忽视对设备的保养及维修，有些施工单位甚至还会愚昧地认为机械设备只要不出现问题就不需要进行维修，可以一直使用，即使存在一点小问题也不会影响正常使用，建筑机械设备基本上都无法得到定期及时的保养与维修。正是由于施工单位存在这种错误的想法，才会导致建筑机械设备中的小问题逐渐发展成为大故障，最终也会导致安全事故的发生，对工作人员的生命健康造成威胁。

7.1.5 智能机械设备的未来展望

20 世纪 90 年代初至今，是我国建筑业大发展的最好时期，建筑业空前繁荣，大型、特大型公共建筑、工业建筑相继出现，新材料、新技术、新工艺的大量应用和新型建筑结构的创新使传统的建筑机械已无法满足现代施工的需求，迫使施工企业大量进口施工装备，一些国际著名厂商纷纷到我国投资建厂。

国际先进设备的广泛应用，使我国科技工作者看到了与国际先进水平的差距，找准了研发方向和目标，即瞄准国际先进水平，结合我国建筑施工急需，集中力量重点突破，引领行业技术进步。

1. 未来建设市场发展对机械设备的硬件要求

（1）在原有产品设计的基础上，简化设计，提高产品的可靠性、安全性和实用性，降低产品成本。传统设备通过现代化技术重新改造，可以创造新的施工设备和新的产品。例如混凝土浇筑的众多方法：

① 塔机吊灰斗：施工可靠、成本低，但效率低；

② 混凝土固定泵 + 布料杆：施工效率高，安全可靠，但施工成本高；

③ 混凝土泵车：施工效率高，灵活机动，但施工成本更高；

④ 传送带：可连续施工，效率高、成本低，但灵活性较差；

⑤ 吊车 + 灰斗 + 螺旋泵：施工安全可靠、使用方便、成本较混凝土泵及泵车低；

⑥ 塔机 + 传送带：施工效率高、覆盖面积大、成本较混凝土泵及泵车低。

以上若干种设备，根据施工工艺和现场要求，进行不同的组合，既可保证施工安全、提高效率，又可降低成本。

（2）在现有产品的基础上，应用电子技术，提高技术含量，对产品进行状态监测，确保使用过程中的安全性。

在 21 世纪，随着人民生活水平的提高，社会保障和安全将成为城市居民头等重要的大事。因此，对于建筑施工用的传统机械设备，需要加强设备工作过程中的动态检测，提前报警和预防。电子与计算机等成熟技术的应用，能很好地解决以上课题。

在传统的塔机上安装塔机群防互撞及区域保护系统，可消除群塔作业的事故隐患，保证施工人员和操作人员的安全。在传统混凝土振动器的基础上，引入变频技术，可提高产品使用寿命，同时降低施工中的噪声。

（3）增加现有产品的使用功能，扩大产品的应用范围。

例如未来的建筑物将向节能保温、轻型墙体方向发展，如果在传统模板的基础上，增加模具功能，使建筑物的结构与外立面装饰合二为一，既美观又能承载。

（4）环境保护和建筑结构体系的变革将对机械设备未来市场带来巨大变化。

（5）增加产品系列，扩大用户的选择范围。从目前建设机械市场角度看，中型系列的产品过于集中，产量过大、市场竞争过度，而大型或小型设备处于短缺状态。以混凝土振动器为例，直径50mm以上的产品过剩，而直径35mm以下产品短缺，且质量不稳定。未来建设机械市场需要小型机械手和大型化产品，以及适应小区物业管理、城市污水处理及日常维护检测的机械设备。

我国研究人员多年的积累为建筑机械化进步发展奠定了坚实的基础，国家的创新驱动发展政策以及绿色建造、新型建筑结构和新工法的采用为建筑机械的发展提供了广阔的空间，同时也提出了新的挑战。

当前我国建筑机械总体来看，基本上满足了国内一般性需求，并实现了批量出口，但大型、特大型、微型和特殊型设备仍依赖进口或部分进口，一般性产品与国际先进国家相比也存在着标准不高、可靠性稍低、智能化差距较大、能耗较高的普遍问题，大量行业共性技术问题还需解决。

2. 我国未来将开展创新性研究

（1）加大大型、特大型、特殊型、微型建设机械领域的研发力度，研发工程急需的填补国内空白的新技术、新产品，摆脱依赖进口的被动局面。

（2）重点研究解决行业内的共性难题，在基础理论、计算方法、应用技术、产业化方面有所突破，引领行业技术进步。

（3）结合BIM信息化体系：

① 研究解决建设机械安全信息化监控管理及现场拆卸过程安全监控问题，并形成应用技术，以遏制重大机械事故、减少一般事故，提高安全使用及管理水平。

② 研究工程钢筋部品化生产及按工程所需进行配送的产业化技术及管理模式，实现工程钢筋标准化、自动化生产。

（4）研究建设机械节能减排技术，尤其是针对位能负载的机械在工作状态下实现重载低速、轻载高速技术，实现节能。

（5）研究产品可靠性技术及再制造技术，提高机械使用寿命，实现设备的可再生与再利用。

（6）承担社会责任，加大标准研究力度，制订、修订本领域技术标准，全面提升标准水平，使之与国际先进标准同步，为行业发展做出贡献。

未来的建设机械市场竞争将在产品硬件和软件两条战线上展开。设备的软件对企业来讲就是服务。设备生产企业为租赁企业服务，租赁企业为专业施工企业服务，施工企业为开发企业服务，开发企业为百姓服务。服务是无形的，在很大程度上是抽象的概念；服务的标准是不统一的，根据不同地区和用户特点需要经常调整；服务与产品及用户是不可分割的，三者之间的互动将使企业在产品市场上赢得优势；服务无存货性，它必须随市场和竞争对手的变化而改变。

7.2 智能机器人在建筑行业的类别

7.2.1 智能传感器

1. 光电传感器

光电传感器是将光信号转化为电信号的一种器件。其工作原理基于光电效应。光电效应是指光照射在某些物质上时，物质的电子吸收光子的能量而发生了相应的电效应现象。根据光电效应现象的不同将光电效应分为三类：①在光电作用下能使电子逸出物体表面的现象称为外光电效应，如光电管、光电倍增管等；②在光线作用下能使物体的电阻率改变的现象称为内光电效应，如光敏电阻、光敏晶体管等；③在光线作用下，物体产生一定方向电动势的现象称为光生伏特效应，如光电池等。

光电检测方法具有精度高、反应快、非接触等优点，而且可测参数多，传感器的结构简单，形式灵活多样，因此，光电式传感器在检测和控制中应用非常广泛。

2. 接近传感器

接近传感器，是代替限位开关等接触检测方式，以无需接触检测对象进行检测为目的的传感器的总称。能把检测对象的移动信息和存在信息转换为电气信号。在换为电气信号的检测方式中，包括利用电磁感应引起的检测对象的金属体中产生的涡电流的方式、捕测体的接近引起的电气信号的容量变化的方式、利石和引导开关的方式。

接近传感器是一种具有感知物体接近能力的器件，它利用位移传感器对接近的物体具有敏感特性来识别物体的接近，并输出相应开关信号，因此，通常又把接近传感器称为接近开关。它是代替开关等接触式检测式检测方式，以无需接触被检测对象为目的的传感器的总称，它能检测对象的移动和存在信息并转化成电信号。

在 JIS［Japanese Industrial Standards，日本工业标准简称，是日本国家级标准中最重要、最权威的标准，由日本工业标准调查会（JISC）制定］规格中，根据 IEC60947-5-2的非接触式位置检测用开关，制定了 JIS 规格。在 JIS 的定义中，在传感器中也能以非接触方式检测到物体的接近和附近检测对象有无的产品总称为"接近开关"，由感应型、静电容量型、超声波型、光电型、磁力型等构成。在本技术指南中，将检测金属存在的感应型接近传感器、检测金属及非金属物体存在的静电容量型接近传感器、利用磁力产生的直流磁场的开关定义为"接近传感器"。

3. 光纤传感器

光纤传感器的基本工作原理是将来自光源的光经过光纤送入调制器，使待测参数与进入调制区的光相互作用后，导致光的光学性质发生变化，成为被调制的信号光，再经过光纤送入光探测器，经解调后，获得被测参数。与传统的各类传感器相比，光纤传感器用光作为敏感信息的载体，用光纤作为传递敏感信息的媒质，具有光纤及光学测量的特点。光纤传感器可用于位移、振动、转动、压力、弯曲、应变等的测量。

4. 位移传感器

位移传感器又称为线性传感器，是一种属于金属感应的线性器件，传感器的作用是把各种被测物理量转换为电量。位移是和物体的位置在运动过程中的移动有关的量，位移的测量方式所涉及的范围是相当广泛的。小的位移通常用应变式、电感式、差动变压器式、涡流式、霍尔传感器来检测，大的位移常用感应同步器、光栅、容栅、磁栅等传感技术来测量。其中光栅传感器因具有易实现数字化、精度高（目前分辨率最高的可达到纳米级）、抗干扰能力强、没有人为读数误差、安装方便、使用可靠等优点，在机床加工、检测仪表等行业中得到日益广泛的应用。

5. 霍尔传感器

霍尔传感器是根据霍尔效应制作的一种磁场传感器。霍尔效应是磁电效应的一种，这一现象是霍尔于 1879 年在研究金属的导电机构时发现的。后来发现半导体、导电流体等也有这种效应，而半导体的霍尔效应比金属强得多，利用这现象制成的各种霍尔元件，广泛地应用于工业自动化技术、检测技术及信息处理等方面。霍尔效应是研究半导体材料性能的基本方法。通过霍尔效应实验测定的霍尔系数，能够判断半导体材料的导电类型、载流子浓度及载流子迁移率等重要参数。

7.2.2 智能安全帽

1. 智能定位安全帽

智能定位安全帽功能以定位为主，如图 7-3 所示。常用的定位技术有 GPS/ 北斗定位、射频 RFID 技术、Wi-Fi、蓝牙、LoRa（LoRa 是一种基于扩频技术的远距离无线传输技术，其实也是诸多 LPWAN 通信技术中的一种，最早由美国 Semtech 公司采用和推广）以及 UWB 技术（超宽带，Ultra Wide Band 的缩写，UWB 技术是一种无线载波通信技术）等。不同的定位技术有不同的应用场景。GPS/ 北斗定位主要用于室外较大区域范围的人物定位，相对简单，对精度没有非常高要求的话，一般不需要再架设定位基站，卫星是现成的，省去部署的时间和费用，但是对于一些没有卫星覆盖的室内场景，这种方案不适用；相对于 GPS/ 北斗室外定位技术，其他更多是用于室内定位，或者室外相对有限范围的区域定位。其中 RFID 技术被用来定位已经很久了，因为 RFID 非常成熟，成本相对较低，对于定位精度要求不高费用预算不太多的用户可以考虑，尤其是在隧道、地下工程等复杂特殊施工环境下的人员定位，RFID 定位目前被应用得相对较多，缺点是 RFID 需要定位辅助设备，需要网络和供电。iBeacon 蓝牙［iBeacon 是苹果公司 2013 年 9 月发布的移动设备用 OS（iOS7）上配备的新功能。其工作方式是，配备有低功耗蓝牙（BLE）通信功能的设备使用 BLE 技术向周围发送自己特有的 ID，接收到该 ID 的应用软件会根据该 ID 采取一些行动］定位是苹果公司最早推出的一项定位技术，目前在商业、仓储等领域 iBeacon 有广泛的应用，但是在工程领域 iBeacon 蓝牙定位技术相对而言应用较少，不是技术原因，是因为初期投入费用相对较高，这也是 LoRa/UWB 等定位技术在目前工程行业很难大规模推广应用的原因。工程行业是微利行业，定位主要的应用对象是劳务工人，企业一般不会舍得花太多钱在这个上面。

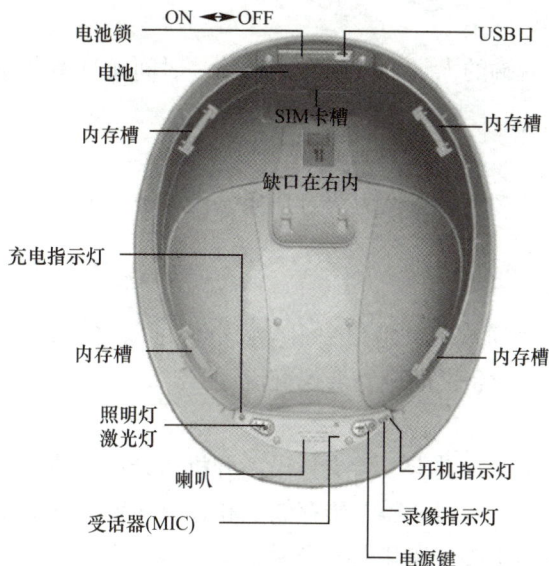

图 7-3　智能定位安全帽

所以，RFID 和 GPS/ 北斗方案因为其相对较低的费用在行业内被用得较多，尤其是对于线状工程，GPS/ 北斗具备先天优势，但是到了室内和地下环境，GPS/ 北斗定位则无用武之地。

定位必须要有管理后台支撑，通常的管理后台，须具备实时定位、移动轨迹查询、电子围栏等基本功能，在此基础上延伸考勤统计、脱帽告警、声音监听、一键求救等增值功能。智能定位安全帽的佩戴使用人员主要是现场劳务工人。

2. 智能记录安全帽

智能记录安全帽主要有记录、储存的作用。这类安全帽的功能相对简单，主要是实时录像录音功能，对于一些需要同步摄录工程影像资料的场景，这类安全帽比较适用，清晰度要求比较高，后续二次加工利用价值大，比如监理旁站摄录、隐蔽工程施工作业摄录、重大危险部位施工摄录、质量安全巡检摄录等。这类安全帽功能类似执法记录仪，优点是比执法记录仪更方便佩戴，文件导出方便，有一定的应用场景。

智能记录安全帽的使用佩戴人员以企业或项目部各类管理人员为主。

3. 4G 智能可视安全帽

这种安全帽集成了视频采集、音频采集、音频输出、编码、通信（4G/Wi-Fi）、存储、LED 灯等模块，是一款高集成度的可视穿戴物联网设备。除了定位和记录存储之外，还具备视频实时直播、通话对讲、广播喊话、夜视照明的功能，具备后台管理，实现平台 + 前端设备一体的工作模式。

（1）视频在线浏览

前方作业视频场景可通过 4G/Wi-Fi 实时传输到指定的平台，实现前方作业场景在线视频查看浏览，设备到哪视频看到哪，随时随地看，看细节，全方位、无死角地覆盖。这个功能可以跟工地现有的固定监控搭配，作为固定监控的有效补充。

（2）通话对讲

视频直播过程中，后端的人员发现问题可以第一时间通过平台呼叫前端设备，跟前端设备进行通话对讲。

（3）广播喊话

可以通过平台向前端多个设备发起语音广播，设备被动地收听，确保重要注意事项能够及时准确传达。

（4）群组通话对讲

根据实际工作需要，通过平台组建一个会议群，可以邀请对应的前端设备加入会议，实现平台跟设备、设备跟设备之间进行会议交流。

（5）录像存储

前端设备集成的大容量存储卡，可支持设备开机后录像存储，同时支持平台存储（录像文件根据设定的计划往后台服务器上传存储）和客户端软件录像存储。

（6）位置定位、移动轨迹查询和电子围栏

可以定位设备的位置，以及进行移动轨迹查询，对于一些特殊部位的作业人员可以设置电子围栏及时告警、支持移动轨迹查询、支持电子围栏设置。

（7）夜视补光

设备集成的 LED 灯，可以给夜晚作业人员提供一定的辅助照明功能。

7.2.3　智能机器人

1. 3D 打印建筑机器人

3D 打印建筑机器人（图 7-4）集三维计算机辅助设计系统、机器人技术、材料工程等于一体。区别于传统"去材"技术，3D 打印建筑机器人打印技术体现"增材"特征，即在已有的三维模型基础上，运用 3D 打印机逐步打印，最终获得三维实体。因此，3D 打印建筑机器人技术大大地简化了工艺流程，不仅省时省材，也提高了工作效率。典型代表如：DCP 型 3D 打印建筑机器人、3D 打印 AI 建筑机器人。

图 7-4　3D 打印建筑机器人

美国麻省理工学院最新研制出一款用于建筑施工的 DCP 型 3D 打印机器人。该机器人由运载装置、机械臂、机械手和储存装置四部分组成，利用机械手中的喷嘴喷出聚氨酯泡沫（这种泡沫可瞬间固化成建筑材料），具有六个自由度的机械臂能够实现喷嘴各个方向的移动，因此可以制造出不受尺寸限制的建筑物。经实验已证明，该机器人可在 14h 内，打印完成一个直径 15m、高 3.7m 的圆形墙体。

英国伦敦 AiBuild 创业公司研发的 3D 打印 AI 机器人集 3D 打印、AI 算法和工业机器人于一体。该机器人为了避免盲目地执行电脑的指令，在原有控制系统中，添加基于 AI 算法的视觉控制技术，这样可将现实环境和数字环境构成一个有效反馈回路，解决机器人自动监测打印过程中出现的各种问题并进行自我调整。经测试，该机器人用 15 天时间完成长 5m、宽 4.5m 的代达罗斯馆打印，大大提高了 3D 打印效率。

2. 墙体施工机器人

世上第一台用于墙体施工的机器人雏形是由日本研发的 TKY·HI 型堆石机器人。随着墙体施工质量提升，砖块的尺寸随之变宽，这导致建筑施工人员作业难度系数变大，为了有效地解决这些问题，欧盟于 1994 年提出"计算机集成制造装配机器人系统"的研究项目。在这基础上，德国、比利时和西班牙等研究人员合作研制 Rocco 型建筑砌墙机器人，该机器人自带自动声呐导航控制系统，采用液压控制方式完成砖块砌筑。与当前纯手工砌筑相比，可大大地减轻相关建筑工人的施工负担，但受建筑高度、季节性天气等因素影响较大，未受建筑公司青睐。近年来，由于物价飞涨、建筑施工事故率高、企业用工成本大幅度上涨等原因，墙体施工机器人重新获得建筑公司重视。典型代表如：德国杜伊斯堡埃森大学研发的电机驱动钢丝绳自动墙体施工机器人、HadrianX 墙体施工机器人。

德国杜伊斯堡埃森大学研发的墙体施工机器人能够实现砖块半自动砌筑。该机器人自重 250kg，利用传感器收到信号，使执行机构中夹具装置夹紧，再通过电机驱动钢丝绳改变末端执行器的位置，实现砖块安装。其中通过倾角传感器和间隙传感器等能够顺利实现砖块的精确定位，并配备基于压阻式应变式原理设计与数字滤波等技术的力学传感器实时监测砖块的受力情况，从而在一定程度上节省砖块因受力过小而滑落的重新定位安装的时间。

3. 挖掘机器人

（1）REX 机器人挖掘机

卡耐基·梅隆大学开发了一种机器人挖掘机（REX），它通过测绘挖掘地点、规划挖掘操作和控制挖掘设备来挖掘埋在地下的公共设施管道。对煤气设施进行盲目挖掘，有时会意外地点燃易爆气体，而 REX 不仅可减少由于爆炸引起的人员伤亡和财产损失，而且还有可能降低成本，提高公共设施挖掘的生产能力。REX 使用一个由传感器构成的表面模型，用来规划挖掘作业，为了建立精确的表面和目标深度布局图，REX 对声呐数据进行解释，用来对控制地点进行建模。根据表面拓扑图和目标管道的地点位置，产生和实施适当的轨迹。为 REX 开发的精良终端刀具是一个超声喷气刀具，它可以移走物料，而不需要像斗式挖掘机那样直接接触物料。迄今的研究结果表明其很有发展前途，而且已经用实例演示了在模拟实验室中一个无人化的良好挖掘过程。

（2）超深隔墙挖掘机

在松软的海岸地段建造容量为十万公升或更大的地下液化天然气储存罐时，通常需要建造一道超深隔墙，一般来说，隔墙往下建到不渗透层，目的是把储存罐围起来，阻止地下水的渗入。为了使这种隔墙有效地挡住地下水，在隔墙挖掘机进行垂直挖掘时确保精确度是十分重要的。在解决这一问题的尝试中，日本开发了一种自动挖掘系统通过在挖掘过程中控制机器的姿态和根据被挖掘土壤的物理性质对荷载进行控制，已经可以确保 1/1000 以上的挖掘精度。

4. 检查机器人

（1）取芯钻探作业的机器人

卡耐基·梅隆大学开发了一种卸料器，在美国宾夕法尼亚州的三里岛（TMI）核电站的放射性污染地区使用。作为一种机器人工具，该设备用来回收钻探出的混凝土岩芯样品，提供受污染样品的污染情况及对其深度进行特性鉴定。

图 7-5　检查机器人

（2）瓷砖检查机器人

瓷砖检查机器人是一种用于检查瓷砖的机器人（图 7-5）。在地面操纵台上，采用微处理机系统对机器人敲打装置产生的声音进行分析，每块瓷砖的黏着强度和位置能被自动地记录下来。它能自动地检查墙面贴砖，并确定其黏着度。

5. 组装机器人

日本开发了一种钢筋放置机器人，专门用来放置钢筋，它能够携带多达 20 根钢筋，并根据各种各样的预选模式自动地把这些钢筋放置到地板或墙上。据该家公司声称，在一些需要大量混凝土加筋地基的工程项目（例如核电厂）中，这种机器人能够节省 40%～50% 的劳动力，并节约 10% 的时间。

6. 混凝土切割机器人

日本为进行其国家示范动力反应堆放射性废块的拆除，研制了放射性混凝土切割机器人。该机器人悬挂在起重机上，采用锯割和钻割两种切割方式，在反应堆的室内作业。控制台远离作业现场遥控操作，每个运动构件的速度及动力元件的功率大小均由控制台监控，并在电视屏幕上显示。机器人作业时，其转动和滑动构件均被电锯的冷却水完全覆盖。电据的切割刃盘的直径为 1.07m，其端部镶有金刚石抗磨刃，可将坚固的钢筋混凝土切入 40cm，被用于水平或垂直的混凝土内墙切割。钻割则采用取芯钻孔方法，可钻割直径 15cm、割缝 4mm 的圆环，用连续钻割的方法切割大面积的放射性混凝土。

7. 铺面修整机器人

日本设计制造用于该项作业的机器人。整个系统包括一个带有移动平台的主部件，一个带有转动镘刀的水平关节臂，一台主机，一个喷嘴以及动力供应设备。首先由操作人员输入移动路线、开始位置坐标、臂摆动次数、镘刀角度及镘刀旋转次数，以及在每个角上的转动角度，机器人开始工作之后，就不再需要其他的指令。当机器人前进时，它拉动左右摆动的镘刀臂。该机器人配有陀螺仪、旋转编码器和传感器等，可至少代替 6 名熟练工人。

8. 装修建筑机器人

基于人机协作的 RoboTab-2000 石膏板安装机器人由德国杜伊斯堡埃森大学研制。该机器人由控制器、支撑平台、机械臂、机械手四部分组成，当夹具夹紧石膏板进行旋转时，会产生旋转力矩，对相应的零部件磨损较大，因此需要安装一个线性制动器用以抵消此转矩。同时，为了实现平稳地调速，在电机的调速控制系统结合模糊控制和 PID 控制技术。与纯手工操作相比，可大大地节省安装时间，也降低了相关建筑工人的劳动强度。

韩国仁荷大学与大宇建筑技术研究所合作研发的外墙自动喷漆机器人能够实现全自动喷漆。该机器人的喷漆装置零部件包括压缩机、油漆罐、刷子、流量传感器、油漆测厚仪，采用 PID 恒流量控制系统对喷漆的流速进行精确控制。其最大优势在于实时监测周围风速大小，自动地改变吸盘吸力大小，确保其所有的操作稳定地进行。经测试，该机器人可以 0.11m/s 速度移动喷漆。

7.2.4 智能配电系统

1. 智能配电系统定义

智能配电系统是设置智能配电服务器集群、能源数据分析服务器、集中监测管理工作站、工程师工作站、移动运维的系统平台。

2. 智能配电系统组成

智能配电系统需要智能的变配电系统元器件及智能监控系统平台支撑，即从市政进户到设备终端所有的配电系统设备应采用智能设备，如智能中压配电柜、智能干式变压器、智能低压配电柜、智能 ATS 开关、智能中压开关、智能框架开关、智能塑壳开关、智能微型断路器、智能配电母线、智能变频器、智能 UPS 电源、智能配电母线、智能列头柜等。

3. 智能配电系统架构及系统平台

智能配电系统架构包含设备运行层、网络层、监控层、应用管理层（包括能源数据分析、云端服务等）四个应用层面，不同层面支撑不同业务管理功能。

7.3 智能建造与智能设备的融合应用

7.3.1 智能配电系统的应用

智能配电系统是电量集中采集与用电管理、控制相结合的高度智能化的用电管理系统。电能集中计量、作息时间用电分时段控制、超负荷控制、电热负载限制、用电数据网络实时查询等功能满足现场实际管理需求，为生活区宿舍用电管理提供了一整套安全、高效、先进的管理手段。可以管控电源，避免不必要的浪费和用电安全性，保障在工地中工人的安全。

（1）工人生活区用电管理一向是工地安全管理的重点难点。用电问题也分为如下几种：

① 生活区配电线路不规范，室内存在私拉乱接，如图 7-6 所示。

图 7-6　用电不规范

② 室内违规使用大功率电器，如热得快、小太阳、电炒锅等违规用电设备，如图 7-7 所示。

③ 工人上班后各类设备不断电，存在安全隐患。

④ 工人宿舍内照明未采用安全电压，容易造成触电危险。

⑤ 宿舍内电源插座未接地线，容易造成触电事故。

⑥ 即使宿舍内采用了 USB 手机充电插座，个别宿舍仍存在改用逆变器等工具获得 220V 电源，造成低压线路电流过载，引发火灾事故。

图 7-7　违规大功率电器

（2）这套系统通过在生活区安装智能配电这一科技创新，从源头上解决了上述在工人生活区宿舍存在的用电问题，使生活区用电管理更加规范，提高了生活区的安全管理水平，消除了生活区用电安全隐患。这套智能配电系统可实现以下功能：

① 用电最大负载限制。使用单位可根据自身的管理要求，设定和更改每间房间的用电最大负荷值，从而达到限制负荷的目的。

② 使用违禁负载自动限制。当用电单元使用大功率负载时，系统自动识别是电热负载（如电炉、电热棒等）还是正常负载（如电脑、电视等），使用超过设定功率的电热负载自动断电，经过设定时间的延时后自动送电，当电热负载解除后保持送电，若仍有电热负载，将再次断电，达到设定的停电次数后，将不再自动送电，须由管理员给断电单元送电。该过程自动产生可供查询的时间记录。这就需要用到智能配电箱，如图 7-8 所示。

③ 按作息时间分时段停送电。可以根据单位自身的管理要求，对职工用电时间进行控制，系统可以对所有用电单元进行统一开关，也可以对任意单元进行单独开关。解决了夜间加班工人在白天限电情况下无法正常用电的问题。

④ 短路、过流双重保护。如果房间出现短路或电器过载的情况，控电单元会立即自动切断电源，避免用电事故的发生。

⑤ 房间用电功率大小实时监控。系统可对每个用户单元的用电功率大小进行实时监控。

⑥ 该系统的原理为每一户的用电情况由智能配电箱传送给智能终端之后由管理主机来进行进一步的管理，如图 7-9 所示。

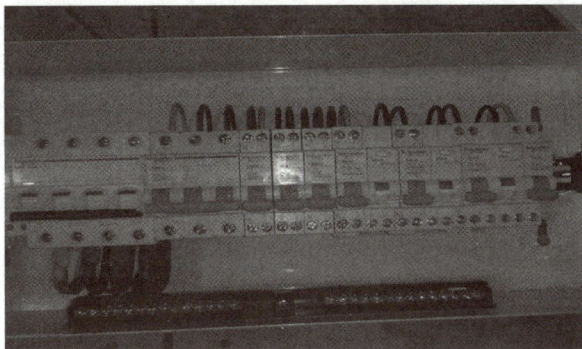

图 7-8　智能配电箱

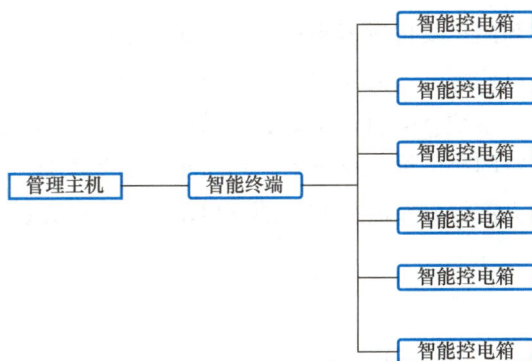

图 7-9　智能配电系统管理原理

（3）智能配电系统安装使用。在每个工人休息区内安装一个智能控电箱，总的控制终端安装在门卫室，配置一台计算机通过专用网络将每一个控电箱连接到终端的电脑上，使电脑上的专用管理系统实现对每一个休息区的用电管理控制。

7.3.2　智能传感器的应用

智能传感器的类别有许多，例如：环境传感器、磁性传感器、生物传感器等。这些不同类型的传感器也可以应用到各种不同的环境之中。

1. 在照明系统中的应用

在楼房中，智能照明系统可通过不同的预先设置。用红外热释电传感器、声音传感器、光线传感器等对不同的环境进行精确和合理的管控，实现节能的效果。在合理利用自然光的条件下，利用最少的能源来达成当前所需要的照明，提高照明质量。

2. 在给水排水系统中的应用

在智能建筑中，现场监控站和管理中心来进行给水排水系统的监控和管理，其最终目的是实现管网的合理调度。随着用户水量的变化，管网中各个水泵都能及时改变其运行的方式来调整水压。该系统还可随时监控大楼的排水系统并自动进行排水。当系统出现异常情况或需要维护时，系统将产生报警信号，通知管理人员处理。给水排水系统的监控主要包括水泵的自动启停控制，水位流量、压力的测量与调节，用水量和排水量的测量，污水处理设备运转的监视、控制、水质检测，节水程序控制，故障及异常状况的记录等。现场监控站内的控制器按预先编制的软件程序来满足自动控制的要求，即根据水箱和水池的高低水位信号来控制水泵的启停及进水控制阀的开关，并且进行溢水和停水的预警等。当水泵出现故障时，备用水泵则自动投入工作，同时发出报警信号。

3. 在安防中的应用

智能建造可以通过传感器技术和电子信息技术建立安保系统。通过感应找出试图非法进入场地的人，之后通过报警系统发出报警信息，如此来减少不必要的损失。防入侵系统中包括外围防护和建筑物内（外）区域／空间防护和实物目标防护等部分单独或组合构成，系统的基础是各种类型的防入侵传感器。

4. 在火灾中的应用

在智能建筑中，可利用火险传感器来检测和预防险情的发生。在重点区域必须设置多种传感器同时对现场加以监测，以防误报警，还应及时将现场数据经过控制网络后向控制系统汇总。获得火情后，系统就会自动采取必要措施，经通信网络向有关职能部门汇报火情，并对楼内的防火卷帘门、电梯、灭火器、喷水头、消防水泵、电动门等联动设备下达启动或关闭命令，以使火灾得到及时控制，还应启用公共广播系统，引导人员疏散。具体方法如图 7-10 所示。

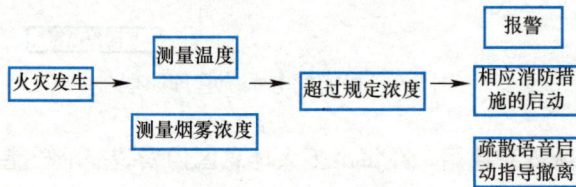

图 7-10　火灾发生后的应对流程

7.3.3　智能安全帽的应用

1. 保证工人安全

施工工人在施工过程中由于其施工环境的不确定性，其人身安全往往得不到有效的保障。再加上部分施工工人并不在意安全帽的使用，致使施工工地上事故频发。而智能安全帽的出现可实现工人上班时的自动打卡，还能通过北斗定位模块精准定位工人位置并能有效地减轻监管人员的工作复杂度，保障工人的施工安全。

2. 智能通信功能

利用可视化后台管理系统，能对单一人员进行点对点的实时现场辅助和通信，也能建立不同的群组进行组内的实时通信，并且不会对其余的智能安全帽产生干扰，完全地达到群组间隔工作的目的。实时视频功能：通过后台管理系统，可轻松了解佩戴智能安全帽人员的现场视频，及时获得任务进展，同时也可通过视频将现场图像反馈至后台，实现远程监管和技术协助。人脸识别及设备识别功能：检修现场人员、工种众多，利用传统手段难以有效管理检修人员。利用人脸识别功能，可迅速获得相关人员的姓名、工种及所属班组等信息，及时掌握人员动态，结合实时视频功能，共同作为安全及质量监管依据。

3. 远程指导

在项目重要的部位施工，安装智能系统时遇到困难，可以请求后方专家的远程指导，通过智能安全帽的实时画面，专家可以在后方看到一个前方清晰的画面，根据现场的情况对前方人员提供相关的支持与指导。

4. 事故通话指挥

工地的安全事故频发，工地平常的安防演练必不可少。在平常安防演练时，项目部的领导或者上级指挥部、企业管理部门的领导，能够通过可视安全帽实时回传的图像，第一时间看到现场演练情况，进行通话指挥。智能安全帽可以作为现场安防处置的音视频指挥终端设备，发挥较好的作用，实现突发紧急情况时的应急指挥处理。

5. 信息采集与传输

智能安全帽作为一种智能物联网硬件终端，负责信息的采集与传输，后端有管理后台支持。通过平台跟前端设备的协同，来实现平台管理系统与前端设备或者设备和设备间的集体语音与视频通话。

6. 项目验收

对于一些需要进行影像拍摄的施工部位，不需要再借助于其他设备，可视安全帽可以解放双手，灵活地进行现场同步摄录的保存，事后可以方便地传输影像文件，安全又高效；质量、安全巡检的实时同步影像记录，现场的情况可复盘、追溯，作为档案留存；质量、安全巡检的实时同步之外，后方也可以根据需要实时看到前方情况，实现前后方信息准确传递和分享。

有些验收场合，相关的专家或者管理人员不方便到达施工现场，可通过可视安全帽回传的需要验收部位的清晰视频，进行远程提问和交流，实现远程验收。验收影像资料可以用于档案保存和复盘。

7.3.4 智能机器人的应用

1. 生产类机器人

例如混凝土切割机器人、拆/布模机器人、钢筋弯箍机，这一类机器人主要用于施工前的构件生产工作，可以接替许多的体力劳动者，比起传统的操作节约了大量的人力与时间，也可以使构件更加精密，减少制造中所带来的误差。

（1）混凝土切割机器人（图 7-11）

这种机器人的主要应用场景在拆除废旧的楼房，在传统的人工用镐子等工具拆除的许多不便中，混凝土切割机器人的出现使这一过程变得简单高效，它可以迅速地切割开混凝土与钢筋，并且比起人工拆除节约时间、节省劳动力、工作时产生的尘土较小、对施工人员的身体危害小。

（2）拆/布模机器人

它通过计算机的控制可以一键拆模、一键布模，极大提高效率。依靠计算机的精密性也提高了产品的品质。

图 7-11　混凝土切割机器人

（3）钢筋弯箍机

钢筋是建筑中一个非常重要的组成，钢筋对建筑结构的稳定性也有着至关重要的作用。但混凝土中所配置的钢筋样式五花八门，有着各种形状，直接生产出的钢筋大多数都是直筋，这就需要人工将钢筋改变成各种形状。不仅耗费了巨大的劳动力，而且工人将钢筋改变的形状对比规范的形状还有一定的偏差，在这种现状下钢筋弯箍机器人就有着很大的作用。它既可以节省劳动力，又能避免钢筋形状的偏差。

2. 施工类机器人

施工类机器人，如图 7-12 所示，顾名思义就是帮助工人施工，例如铺贴机器人、组装机器人、墙板安装机器人、砌砖机器人等，这一类机器人的发明大幅度地加快了施工速度。计算机的使用也使施工工作更加精密，节约劳动力，使施工过程安全、施工成果安全。

图 7-12　施工类机器人

（1）铺贴机器人

制造厂房与普通家居房有很大不同。在规模上，厂房整体占地面积较大，且多以规则的四边形为主。在建筑风格上，厂房立柱将厂区进行区域划分，墙面体较少，所以厂房的地面瓷砖铺贴所需人力较多，加之瓷砖铺贴工人的费用最近几年也在增长，为了节约成本和提高效率，瓷砖铺贴机器人的研究在建筑行业有着非常大的实际意义和广泛的应用前景。如图 7-13 所示。

图 7-13　铺贴机器人

（2）组装 / 安装机器人

装配式建筑近些年来逐渐走入大众的眼中，它是由一块一块的预制构件进行拼接组装而构成的。组装机器人可以将构件送到需要的地方依照所需要的安装方式自动进行安装，而人只需要对其进行监督与检查即可，大大地节约了劳动力成本，也确保了施工的安全性。

（3）砌砖机器人

自工业革命以来，尽管各行各业的自动化、信息化、智能化水平得到飞速的提升，但是人类盖房子的砌砖过程上没有变化，至今仍然主要依靠人力一块块地往上叠砌。一种能代替人工砌砖的全自动机器人，将彻底颠覆传统的砌砖概念，改变沿用已久的砌砖方法，有可能引起建筑行业的一场革命。这台名为"哈德良"的机器人，是费时 10 年、耗资 700 万美元、聚合了多种先进技术研发成功的。它有一个 28m 长的支臂与主体相连，支臂的尽头是一只机器"手"，能够一气呵成地握住砖、拿起来、放到位。一个 3D 计算机辅助设计系统按要求规划好房子的形状和结构，然后由机器人计算出每块砖应放在什么位置。粘合砖块的砂浆也会依靠压力系统传送到机器人"手"中，并抹到砖上，因此过程无需任何人力；它甚至懂得为布线和敷设管道留下空间，还能够在需要改变砖块形状时进行扫描和切割，虽然房子的其他工序尚需人工辅助完成。实验证明，这台机器人能够每小时砌砖 1000 块，全年不间断工作，一年能盖 150 栋砖房，平均每两天盖一栋，缩短了工期。如图 7-14 所示。

图 7-14　砌砖机器人

3. 验收类机器人

（1）验收类机器人可帮助工作人员验收建筑物的成果是否符合要求，能使验收的过程更加高效精确。

（2）这类机器人可通过机器上装配的摄像头与相关的网络进行连接，时刻检查施工进程。通过前方摄像头的画面自动计算出施工是否正确，若不正确这类机器人也可以及时纠正。它也可用于整栋建筑物的成果验收，辅助相关人员的工作，使过程精准，效率提高。如图 7-15 所示。

图 7-15 验收类机器人

7.4 建筑设备自动化研究

1. 建筑设备自动化介绍

（1）产生背景

建筑设备自动化是现代建筑领域融入现代科技的典型案例，伴随着我国科学技术的不断发展和进步，人类的生活融入智能化设备已经不再局限于幻想之中，智能化建筑使人们的生活得到很大改善，生活水平也不断提高，让人们享受到了现代科技带来的便利。但是，万事万物都有不断发展的局面，建筑行业的自动化不应仅仅局限于小范围而言。为此，人们对其又提出更高的要求，不断推动建筑设备自动化发展，且发展得更快、更好。

（2）建筑设备自动化的定义

时代发展的速度太快，社会更新速度也很快，所以对于建筑自动化的定义和含义并没有固定的说法，我国也无统一的定义。2015 年实施的《智能建筑设计标准》GB 50314—2015 中，明确了智能建筑"是以建筑为平台，兼备建筑设备、办公自动化及通信网络系统，集结构、系统、服务、管理及它们之间的最优化组合，向人们提供一个安全、高效、舒适、便利的建筑环境"。

（3）建筑设备自动化的分类和功能

现代建筑设备突破了传统建筑的局限性，通过加入智能模拟来感应外界提供的信息（智能模拟体现在：对设备发送指令、收集并判断信息、处理传递信号）。其主要体现在两个方面：①建筑设备增加节能控制作用。节能作用主要实施于水电方面，通过智能感应，一方面节约资源减少浪费，另一方面保证居民居住的舒适度。②增加对设备的监控和管理。监控和管理主要用在室外与远程范围内，利于现场跟踪，及时发现问题，随时进行诊断。

（4）建筑智能化系统的构成

现代建筑设备的自动化主要由建筑管理系统 BMS、信息网络系统 INS、通信网络系统 CNS 三大子系统构成。每个系统都有其分系统，比如 BMS 中又包含建筑设备自动化系统 BAS、安全防范系统 SAS、火灾自动报警与消防联动系统 FAS，其中 BAS 是最大的综合系统，它集建筑的监控、管理、照明、空调等于一身，作用相当大。这一系列均为建筑智能化工程技术，如图 7-16 所示。

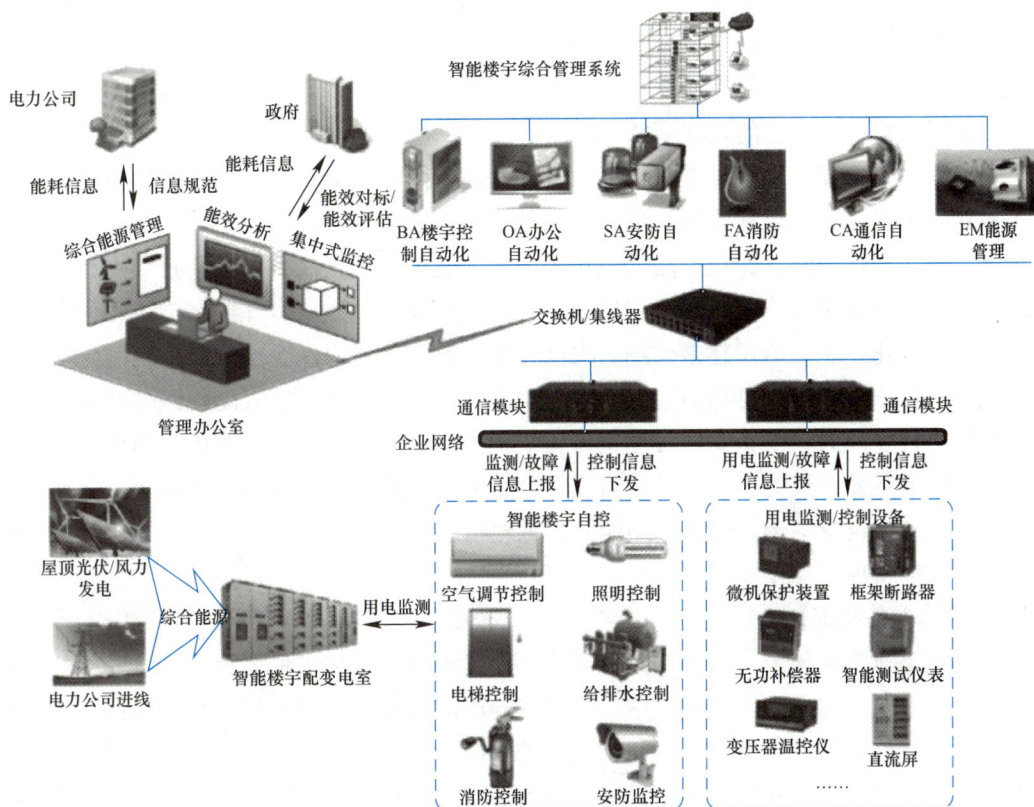

图 7-16 建筑智能化工程技术

2. 建筑设备自动化的优势

建筑设备自动化作为 21 世纪新兴的产业之一，其发展前景非常广阔。它能够将现代科技与消费者的需求相结合，创造出一种新型建筑模式，将传统建筑模式进行革故鼎新。这不仅符合现代社会发展趋势，也顺应了时代潮流。关于建筑设备自动化的优势，我们从以下两方面来看，首先，通过对其概念和功能的具体了解，我们知道自动化对电力、照明、电梯、HVAC（HVAC 是 Heating，Ventilation and Air Conditioning 的英文缩写，即供热通风与空气调节）和排水等系统有着很大的影响。它可以节约水电资源，节省居民开支，减少光污染，还给用户带来很大便利，省去了手动调节的时间。其次，随着目前自动化水平的不断提高，它不断向国际靠拢，通过不断学习先进的科学技术，自身也加大了创新力度，使企业的竞争力不断提高，也带动了国家经济发展。

3. 建筑设备自动化的发展

（1）发展历程

自 20 世纪 50 年代后期我国引入建筑设备自动化系统后，其广泛应用于供暖系统和环境设备之中（供暖空调系统：供热、通风、空气调节、制冷系统），其后 20 多年里，建筑行业在国民经济和科学技术的不断发展下，不断地进行技术创新。最初的设备自控系统是以压缩空气为能源的气动系统，它主要用于控制冷热、管道的调节阀、空气输配管道调节阀三方面。在市场竞争机制的作用下，为了迎合顾客的需求，气动系统也进行了标准化设置，标准化的内容主要以统一压缩空气的压力和有关气动部件为主，厂商还可以在其设备之间进行自由互换，以满足不同客户的需求，提高市场竞争力，提高设备的更新速度。

（2）建筑设备自动化的发展现状

目前我国大力发展建筑工业化企业、部品一体化生产企业，它的产业链由施工企业而定。最初它是以施工安装和预制配件为优势的，后来随着社会的发展，它开始面向追求标准设计、现场构件安装、建筑产品的销售等方面，通过不断提高自身的科技实力和不断的产品研发，提高建筑行业的质量。就房地产开发企业而言，主要以住宅区为主，力求做到规模化、产业化。能够缩短建造周期，提高住宅区的质量，提高企业资金周转率。房地产本身就具有很大优势，它能够在上游为其提供资本，并且能够建立合理有效的供应体系，力求在建筑行业成为领军企业。在建筑设备自动化发展的脚步下，我国已经出现一大批具有专业优势的人才，致力于对产品进行设计、研发、改造，使其努力向规模化、标准化发展。改变目前的资源结构，合理利用能源，减轻行业负担。

（3）如何实现自动化发展

① 结构设备装配化

在建筑工业产业化中，结构构件装配化是建筑设备自动化中最为重要的组成部分，它主要适用于中层和高层结构的施工中。通过将外墙的装饰层、保温层、结构层这三者结合在一起，对其外墙保温墙板实行优先预制，使其能够加快施工节奏，减少施工过程中的安全隐患问题，避免墙体外脚手架搭设和外墙保温层的铺设，保证建筑的质量。对于建筑内承重墙而言，可以对它进行现场浇筑；对于楼板，可以利用预制楼板；对于楼梯、阳台，可以使用预制构件。全装配化、集成化的箱式如图 7-17 所示。

② 加快标准化体系与法制建设

建筑设备自动化除了要在技术上进行创新外，还要考虑到质量等方面的问题，因其改革会带来安检的困扰，比如说预制件的合格标准、构配件搭接节点、截面的检验、整体建筑的稳定性等。对于不同的设备结构体系有不同的验收方案，必须要进行标准化体系建设才能使其更加完善。另外，各种部件之间的节点误差会很大，缺乏市场规范，这就更需要政府发挥其主导作用，尽快完善不健全的规范体系，完善模数统一标准，推进标准化建设。除此之外，还需要相关部门进行监督管理，推进建筑设备市场的规模化、标准化发展，形成一个良好的管理制度。

③ 实行信息管理

建筑行业的生产链庞大，它不仅受到国家政策、地方政府政策的影响，也受到地域的

图 7-17 全装配化、集成化的箱式

影响（当地的地形、气候等），其涉及面非常广。建筑行业的市场结构非常复杂，各方面很难协调，一般的管理模式没办法进行有效管理。这就需要将设备进行信息化管理，将建筑市场的设备和信息化进行同步是推动我国建筑行业转型升级的最好办法之一。目前大多数企业都利用 BIM 技术作为新兴的信息化管理技术，该项技术具有实现信息共享、可视化模拟等功能，能够即时反馈误差，减少失误。另外，新型的 BIM4D 动态管理系统也应用于建筑管理之中，它能够协调控制施工的进度，随时掌握资源动态，进行现场质量安全检查和场地的协调分配，使组织流程更加优化，产业链协同能力得到发展，最终增强房地产行业的综合竞争力，使我国建筑行业得到更快更好的发展。

4. 建筑设备自动化系统简介

（1）建筑设备自动化系统（BAS）

建筑设备（建筑物）自动化系统（Building Automation System，简称 BAS）是现代控制技术在建筑物中的应用，它是根据现代控制理论和控制技术，采用现代计算机技术，对建筑物（或建筑群）的电力、照明、空调、给水排水、防灾、保安、车库管理等设备或系统，以集中监视、控制和管理为目的而构成综合系统，以使建筑物内的有关设备合理、高效地运行，就是广义的 BAS。在建筑物内设置 BAS 的目的是使建筑物成为具有最佳工作与生活环境、设备高效运行、整体节能效果最佳而且安全的场所。BAS 的整体功能可以概括为以下 4 个方面：①对建筑设备实现以最优控制为中心的过程控制自动化；②实现以运行状态监视和计算为中心的设备管理自动化；③实现以安全状态监视和灾害控制为中心的防灾自动化；④实现以节能运行为中心的能量管理自动化。有时将防灾自动化（包括火灾报警和安全防范系统）和广播、通信系统分离开来，形成狭义的建筑设备自动化系统（亦称建筑设备监控系统）。

（2）办公自动化系统（OAS）

办公自动化系统以从层次结构上看，主要包括事务型办公自动化子系统、管理型办公自动化子系统、决策型办公自动化子系统和一体化办公自动化子系统。事务型办公自动化

图 7-18　办公自动化系统

子系统，直接面向一般办公人员，主要处理日常办公事务，如文字处理、电子排版、电子表格、文件收发登记、电子文档管理、办公日程管理、人事管理、财务统计、报表处理、个人数据库等。它能大大提高效率，减少差错。如图 7-18 所示。

（3）工业以太网

尽管现场总线作为实时的数字通信系统在工业工程控制和建筑设备自动化系统中获得了广泛的应用。但是现场总线这类专用的实时通信网络有成本高、速度低、支持的应用有限和国际标准兼容性差（IEC61158 中含有互不兼容的 8 个现场总线标准）等问题，如何利用现有的网络技术来满足工业控制需要，是目前迫切需要解决的问题，其中，如何把以太网（Ethernet）应用到工业，已经成为工业控制和实时通信研究的热点。以太网具有成本低、稳定、可靠等诸多优点，已成为最受欢迎的通信网络之一。然而，由于以太网是多个站点共享传输信道，存在数据发送的冲突性，因此无法保证数据包有一个确定的传输时延，无法在工业控制中得到有效应用。不过，随着以太网的发展，包括快速以太网、千兆以太网、万兆以太网产品及其国际标准，以及双工通信技术、交互技术、信息优先级技术等来提高实时性，已经可以解决因数据包冲突所产生的带宽问题和传输时间的不确定性问题。工业以太网正在逐步成为工业控制以及实时性要求不及工业过程控制的建筑设备自动化的控制系统网络。这样，建筑设备自动化系统的底层控制网络与高层管理层的信息网络就可以统一为以太网，显著地降低了建筑设备自动化系统的实现和运行维护成本。

（4）射频识别技术（RFID）

射频识别技术（RFID）可以通过无线电信号识别特定目标并读写相关数据，而无需识别系统与特定目标之间建立机械或者光学接触。无线电的信号是通过调成无线电频率的电磁场，把数据从附着在物品上的标签上传送出去，以自动辨识与追踪该物品。一些标签在识别时从识别器发出的电磁场中就可以得到能量，并不需要电池；也有一些标签本身拥有电源，并可以主动发出无线电波（调成无线电频率的电磁场）。标签包含了电子存储的信息，数米之内都可以识别。与条形码不同的是，射频标签不需要处在识别器视线之内，也可以嵌入被追踪物体之内。如果建筑物内每个人员均佩戴带有 RFID 芯片的证章，则建筑设备自动化系统可在任何时候准确地了解每个人所处的具体位置和建筑物内每个空间区域的人数。利用这些信息，可以更好地根据人数调节空调、通风、照明系统的运行，更有效地做好安保和人员流动控制。在发生火灾情况下，因为准确掌握每个人的位置，也就可以更有效地组织疏散和避难。如图 7-19 所示。

5. 国外的智能建筑

美国是智能建筑的发源地，一直保持技术领先的势头。由于第一座智能建筑在美国国内外引起了强烈反响，许多房地产商为了抢占这一新市场，纷纷仿效与研发。短短的 10 余年，美国新建的大楼中约 70% 为智能化大楼，智能建筑总数已在 1 万座以上。美国许

图 7-19　RFID 图标

多公司，如朗讯、西蒙等，推出了与智能建筑配套的综合布线及其元器件等产品。美国国家标准化协会经过 6 年努力，于 1991 年形成了第一版《（ANSI/TIA/EIA586A）商业建筑物电信布线标准》和《（ASITIA/EIA569）商业建筑物电信布线通道及空间标准》。另外，还于 1986 年成立了智能建筑学会，探讨智能建筑中的诸多理论与实际问题。当前，美国的智能建筑，不是停留在"为智能而智能"的层面，而进入了一个更高层面的智能阶段。

继 1984 年 1 月美国建成世界上公认的第一座智能建筑后，日本于 1985 年首先在东京建成了箱崎大厦，随后又建成了大阪世界贸易中心等多栋智能建筑。在新建的大厦中，日本的智能大厦约占 65%。为推动日本智能建筑的发展，日本成立了"建设省国家智能建筑专业委员会"和"日本智能建筑研究会"。日本一些专家还提出了"千年塔计划""海洋城计划""母亲计划"等叫法，用这些建立在高度智能基础上的设想来重构日本的城市。英国、法国、德国、新加坡、韩国、泰国、马来西亚等的智能建筑发展也很快。例如，新加坡已计划用 12 亿美元，把全岛建设成光纤智能花园；韩国计划用 47 亿美元将半岛建成"智能半岛"；泰国在 20 世纪 80 年代建成的大厦中有 60% 是智能建筑；印度自 1995 年起，就开始在加尔各答的盐湖建设"智能城"。智能阶段，即把智能看成只是一种手段，通过对建筑物智能功能的配备，强调高效率、低能耗、低污染，在真正实现以人为本的前提下，达到节约能源、保护环境和可持续发展的目标。

6. 我国的智能建筑

早在 1986 年，我国就将"智能化办公大楼可行性研究"列为国家七五重点攻关课题，由中国科学院计算技术研究所承担。这项成果，已于 1991 年通过了国家级鉴定。自此，我国建筑史揭开了新的一页。现在，我国的智能大厦已超过千栋。这些智能建筑都有不同程度的智能化水平。例如，北京首都国际机场新航站楼，总建筑面积约 26.8 万 m^2，综合布线总布线点 13000 点左右，包括综合布线主系统、地面信息系统、航班显示系统、公众问讯系统、楼宇自控系统、飞机引导系统、登机桥系统等。现在，我国已经涌现了一批智能建筑系统设计与集成商、产品开发商。

为了促进住宅智能化建设健康有序地发展，建设部科技委智能建筑技术开发推广中心于 1999 年 7 月在北京召开了"全国住宅小区智能化的技术研讨会"。会上，不仅就住宅小区智能化的规划和设计、住宅小区智能化信息网络应用技术、住宅小区智能化管理网络系统的构成等等一系列问题进行了讨论。同时，还就进一步推进我国住宅小区智能化提出了共同的看法、意见和建议，制订与公布了《全国住宅小区智能化系统示范工程建设要点与技术导则》（试行稿）。在总结"全国小康型城乡住宅业工程项目"工作经验的基础上，拟自 2000 年起，用 5 年左右的时间，组织实施全国住宅小区智能化系统示范工程。其总体目标是"通过采用现代信息传输技术、网络技术和信息集成技术，进行精密设计、优化集成、精心建设和工程示范，提高住宅高、新技术的含量和居住环境水平，以适应 21 世纪现代居住生活的需求"。智能建筑从诞生到现在，仅仅十几年时间，无论是定义、功能、类型、系统集成、设计施工还是工程验收、测试与维护等多个方面，都还存在着不少问题。然而，智能建筑是信息时代的必然产物，也是历史发展的必然趋势。我国是一个幅员辽阔、人口众多的发展中国家，随着时代的前进，人民生活水平的提高，不但要新建大量智能建筑与智能建筑小区、社区，而且对旧有建筑还要进行智能化改建，不仅要改建办公大楼、医院、商业大楼，使它们具有一定的智能化功能，而且还要对已有的大量住宅区进行智能化改造，建设智能建筑已经成为现代化和综合国力的象征，它与信息产业一样，是朝阳产业，其前途必将光芒万丈。

建筑设备自动化是我国建筑行业未来发展的一种必然趋势，虽然在这条道路上它还存在很多压力，困难重重，但机遇和挑战并存，随着建筑行业的不断发展，它必然可以成为一股洪流。任何事都不可能一蹴而就，要想让设备自动化达到更好的发展就不能局限于纸上谈兵，要通过行业内外的不断努力，将理论知识上升到实践层面。要不断吸取国外优秀经验，结合我国国情，探索出一条符合我国建筑行业发展的道路。

7.5　智能建造与智能设备融合可带来的收益

7.5.1　对项目效率的提高

（1）生产的流动性。表现在两个方面，一是生产人员和机具，甚至整个施工机构，都要随施工对象坐落位置的变化而迁徙流动，转移区域或地点；二是在一个产品的生产过程中，施工人员和机具又要随施工部位的不同而沿着施工对象上、下、左、右流动，不断地变换操作场所。为了适应施工条件的经常变化，施工机具多是比较小型或便于移动的，手工操作也较多，在一定程度上影响了建筑业技术的发展。而智能建造与智能机器人的融合从根本上解决了这一些问题，智能建造与智能机器人融合应用后，对工人的需求量将大大减小，所以工程的流动性会减小，而且一些检查与监管工作也可以交给在施工工地的机器人，或是通过监控设备来进行监督检查，这样就可以减少相关从业人员的奔波疲累。另外大型的会议也可以通过智能安全帽召开，不必再进行大规模的聚集或是到施工现场召开，这样也可以避免从业人员的奔波。施工机具的精密化也使得它们变得便于移动与运输，甚至有些机具可以通过电脑端控制自行地移动，更加便于施工。

（2）传统施工的另外一个弊端就是生产周期长。较大工程的工期常以年计，施工准备也需要较长时间。因此，在生产中往往要长期占用大量的人力、物力和资金，不可能在短期内提供有用的产品。而将智能设备加入到施工的全周期会对施工效率提高有极大的帮助，而且也可以节省许多的人力成本从而使资金得以节省。

（3）智能设备融入建筑工程中会更有效地提高工程的效率，它将推动生产方式、产品的形态，市场以及管理方法的变动。通过规范的建模、网络的交互、可视化认知、高效的计算以及智能决策，实现了许多层面的服务一体化和高效率协同，降低了资源与人力成本的消耗，降低了生产成本、交易成本并提升建筑质量，拓展了更加全面的工程价值链，实现了建筑行业的稳定高质量发展。这不仅仅是建造技术的创新，更多的是从产品形态、建造方式、经营理念、市场变化趋势、行业管理等方面重新建立建筑业的新规划。

7.5.2 对建造环境的改变

安全问题是困扰许多工程项目的最大问题，如今的楼房越来越高，就避免不了施工人员的高空作业，而高空坠落是建筑安装施工作业中造成工伤的主要原因，每年的高空坠落事故高达 40000~75000 起，而且 80% 以上是死亡事故，这样的事故无论是对项目本身还是对于伤者家属都会造成巨大的伤害，急需方法来避免这样的事故发生。另一个方面就是自然气候的因素，建筑施工中遇见恶劣的气候会使施工滞停。气候的不可控性，对工程项目有很大的影响，从而导致工程的施工计划与实际的施工情况存在波动，因此在施工过程中必须对此采取一定的应变措施，以保证工程进度正常进行。智能设备的融入会在很大层面上帮助解决这些问题，其中智能机器人可以代替工人进入危险系数较高的地点进行工作，并且面对恶劣环境的影响机器人也可以完美、周全地完成规定的任务，这样就大大避免了以上因素造成的影响。

7.5.3 对经济效益的提升

人工智能与以往的技术革命相比有很多共同点，解放了人类劳动，极大地提高了生产力。同时人工智能也有很多新的特点，主要体现在其变革的速度、规模和深度上。机器学习的发展使得从前非常规的工作变成常规的操作，从而可以实现生产活动计算机化。机器开始扮演大脑的角色，它不仅仅是一个拓展人类能力的机器，不但补充了人类劳动，还具有以全新的方式替代人类劳动的潜质，将冲击许多以往未受技术影响的职业。人工智能的出现使得其对劳动力的替代达到了一个过去无法比拟的速度和规模。目前大量的文献探讨了人工智能对就业市场的影响，主要集中在工作自动化的风险、人工智能对就业的均衡影响以及人工智能对就业结构的影响三个方面。智能建造催生众多新型产业，包括全过程咨询服务行业、部品构件生产企业、专用设备生产企业、相应的物流运输、装配化装修等众多新型产业，拉长产业链条，促进产业再造和增加就业，带动行业专业化、精细化发展。面对行业不同层次的工程应用场景，加强顶层设计与总体规划，加快打造行业的产业互联网平台；引进、借助与融合外部先进的信息科技和装备企业，塑造行业的科技型、创新型与应用领先型的企业，创建行业的技术创新中心；以平台化、数字化、全价值链加速行业的转型升级与智能化；以项目和企业管理需求的应用场景为牵引，加大智能建造的应用创新，推广成熟技术，打造一批可复制、能推广的样板工程，带动全方位工作推进，发挥创新项目与先行企业的示范引领作用。由此看来智能设备的应用不仅可以节约工程项目上的本金，还可以创造许多的就业路径，对经济的影响会是有利且长远的。

复习思考题

一、单选题

1. 智能电子设备的简称是（　　）。

A. IED   B. CI   C. LED   D. DE

2. 智能定位安全帽的主要功能是（　　）。

A. 记录   B. 夜视照明   C. 定位   D. 通话对讲

3. 组装机器人可以节省（　　）的劳动力。

A. 30%～40%   B. 40%～50%   C. 50%～60%   D. 60%～70%

4. 组装机器人可以节省（　　）的时间。

A. 40%   B. 30%   C. 20%   D. 10%

5. 射频识别技术的英文简称是（　　）。

A. RFID   B. OAS   C. BAS   D. AIS

6. （　　）以及相关人员的操作行为标准化，有助于冶金工程机电设备顺利安全地运行，减少安全隐患。

A. 加强管理力度   B. 加强事后维修

C. 提高对生产环境的要求   D. 提高机电人员业务技术水平

二、多选题

1. 对新一轮产业变革和经济社会绿色、（　　）和（　　）具有重要意义。

A. 智能   B. 科学

C. 可持续性发展   D. 不可持续性发展

E. 发展效率

2. 智能定位安全帽采用的技术包括（　　）。

A. GPS/北斗定位   B. 传统射频 RFID 技术

C. Wi-Fi   D. 蓝牙

E. AR 投影

3. 装修建筑机器人的组成包括（　　）。

A. 控制器   B. 支撑平台

C. 机械臂   D. 机械手

E. 探测器

4. 智能配电系统设置有（　　）。

A. 智能配电服务器集群   B. 能源数据分析服务器

C. 集中监测管理工作站   D. 工程师工作站

E. 故障自检系统

5. 智能配电系统架构包含的应用层面有（   ）。

A. 运行层   B. 网络层

C. 监控层   D. 应用管理层

E. 自主创新层

6. 下列对建筑机械设备的管理方式错误的有（   ）。

A. 不及时补充建筑机械设备所需要的零件

B. 不按规定定期对设备进行检测

C. 制定完善科学的设备管理制度

D. 加强预防性检测力度

E. 配备专属创新团队

三、填空题

1. 传感器分为_____、_____、_____、_____、_____几种。

2. 4G 智能可视安全帽的功能为_____。

3. 智能定位安全帽的佩戴使用人员主要是_____。

4. 3D 打印建筑机器人的特点_____。

5. 智能控制是具有_____、_____和_____的控制方式，是_____的高级阶段，主要用来解决那些用传统方法难以解决的复杂系统的控制问题。

6. 在工业机器人本体结构设计和优化过程中，必须考虑机械臂_____、_____、_____及振动的影响。

7. 我国是发展中国家，劳动资源充沛且廉价，建筑行业劳动力密集化分布，面对等同的作业量，与发达国家相比我国投入的工人数要有_____倍的增长。

四、问答题

1. 智能建造对生产流动性的改善体现在哪里？

2. 智能建造相对于传统施工的优势有哪些？

3. 智能建造对经济会有哪些方面的提升？

4. 如何改善有些建筑施工单位对设备的管理方式有误的问题？

5. 许多机械企业还没有认识到工业机器人的作用和重要性且并没有给予一定的重视，对于这些企业的建议是什么？

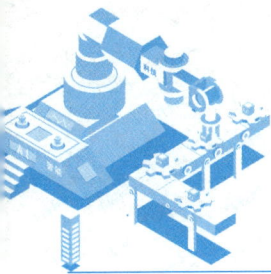

【学习目标】

通过本单元的学习了解智能建造与大数据直接的关系，简单概括智能建造与大数据之间衍生出的一系列技术应用，让学生熟悉大数据的应用场景并理解、掌握利用大数据来搭建智能建造平台，最后分析智能建造与大数据间的技术发展前景，使智能建造与大数据结合并更好地服务于社会。

【学习要求】

（1）了解处于数字化变革的建筑行业的发展趋势；
（2）了解智能建造软件开发的步骤以及应用场景；
（3）了解节能建筑的发展现状及其节能步骤；
（4）了解人工智能在智能建造中的作用；
（5）了解基于大数据模式下建造智慧城市的方法。

【课程思政】

本教学单元主要引导学生爱党、爱国、爱人民，阐述家国情怀、文化素养和道德修养等中华优秀传统文化，帮助学生树立正确的理想信念，以及形成正确的价值观、人生观与世界观。使学生掌握知识技能，并能够通晓天下道理，成为德、智、体、美、劳等全面发展的社会主义建设者和接班人。

8.1 智能建造与大数据分析

8.1.1 大数据轻松分析智能建造问题所在

在数字化变革的大趋势下，作为国民经济支柱产业的建筑业在政府监管、招标投标管理、工程组织方式、建筑用工制度等方面进行了改革与创新，尤其是 BIM 技术的应用及装配式建筑的发展极大地提升了建筑业现代化水平。2020 年，我国实现建筑业总产值 26.4 万亿元，同比增长 6.2%；建筑业增加值占国内生产总值的比例达 7.2%。全国有施工活动的建筑业企业 11.6 万个，同比增长 12.4%，从业人数达到 5366.9 万人，建筑业在推进新型城镇化建设、吸纳就业及维护社会稳定等方面发挥显著作用。但同时，建筑业还面临盈利能力低、运营效率低、信息化率低、环境污染、核心竞争力不强、改革力度不够、创新能力不足等问题，建筑业的转型升级迫在眉睫。鉴于此，建筑企业唯有将数字化作为一种手段和思维方式，深化改革，建立现代企业制度，提升精细化管理水平，创新商业模式，推动数字化转型升级，从而实现建筑业高质量可持续发展。

与其他行业相比，建筑行业盈利能力较差，建筑业产值利润率较低，一直处于 3.5% 左右，相当于工业产值利润率的一半。当前，我国建筑施工企业信息化投入占总产值的比例约为 0.08%，发达国家则为 1%；我国建筑业信息化率约为 0.03%，国际平均水平为 0.3%，两者相比差距都在 10 倍。基于 2019 年我国建筑业总产值 24.84 万亿元测算，信息化率每提升 0.1% 就将带来近 248.4 亿元的增量市场，未来提升空间巨大。2019 年我国建筑信息化市场规模约为 308 亿元，按照年复合增长率 25.66% 计算，2025 年将超过 1200 亿元。由此可见，通过数字化转型，整合优质资源，构建信息产业生态体系，提升建筑业信息化率，才能在更广阔的空间提升盈利能力和效率。

建筑企业主营业务单一，发展方式粗放，水泥、钢铁等建筑材料浪费严重，废水、废渣等环境污染严重，能源消耗偏高、劳动力成本偏高、工人技能偏低、建筑工业化水平较低等问题凸显。政府监管体制、机制及市场信用配套机制不健全，工程质量安全事故、违规违法行为时有发生。同时，建筑央企占市场份额越来越高，2019 年，中国建筑、中国中铁、中国铁建、中国交建、中国电建、中国能建、中国中冶 7 大建筑央企占市场份额比重为 1/3，行业集中度持续提升，强者恒强、弱者恒弱的马太效应特征显著。要解决上述问题，建筑企业必须主动拥抱数字化改革，加快企业数字化转型升级，由单一主业转向多元经营，大力发展绿色建筑、智能建筑及装配式建筑，推动智慧城市、新基建等国家战略落地实施，实现高质量发展。

8.1.2 大数据分析智能建造发展历程及周期

我国智能建造的竞争格局按行业发展历程，经过初始阶段（1990—1995 年）、普及阶段（1996—2000年）、发展阶段（2000—2010年），目前已进入第四个阶段——持续发展阶段：该阶段随着国家对建筑节能标准不断提高，在继续大力发展二三线城市智能化基础上，开始逐步探索农村、生态园、工业区的建筑节能工作，智能建造逐渐往物联网化方向发展。智能建造与建筑节能的结合更加紧密，节能改造将成为智能化发展的另一个发展方向。目前，智能建造行业所处的行业周期如图8-1所示。

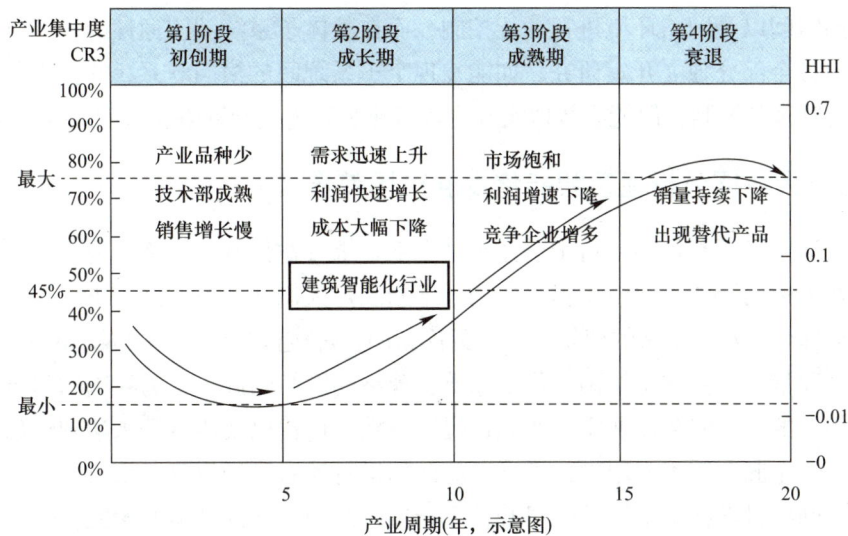

图 8-1　智能建造行业生命周期

8.1.3　智能建筑中大数据的应用分析

智能建筑能实现系统、结构、管理、经营等一体化的控制，以及自动安全防护等功能，这些都得益于大数据在智能建筑中的应用。不仅如此，智能建筑还能通过大数据的应用构建高效的建筑管理平台，实现对楼宇、安防、通信、办公等全方面一体的管理与控制，从而提升信息资源的整合效率，加强对共享控制的管理应用。

1. 数据种类多、处理量大

在现代智能建筑工程中，我们通过工程项目进行分析，可以发现视频、音频等信息数据占智能建筑的主要部分，且占有比例也在逐年增长。由此得出，在现代化智能建筑的发展中，数据种类非常多，信息数据的处理量也非常庞大，并且数据总量还随着时间的推移在不断增长，而这便需要通过自动化、安防控制系统等来处理。另外，较为复杂的信息系统会自行根据数据结构类型以及通信协议来进行合理的控制，以此再提升互访数据的难度指数。

2. 整体数据利用效率过低

智能建筑普遍存在信息数据量庞大、处理效率低下等状况，而我国目前针对智能建筑的信息处理仍然停留在粗放型的控制阶段，例如数据采集以及数据传输等，这便会造成新数据利用较多、老数据利用较少的局面，而这也正是我国对精加工数据处理能力低下的症结所在。在我国智能工程项目中，数据利用率低下的原因主要可以归结于以下几点：数据庞大，冗余性加高，这是造成数据利用率低下的主要原因；信息数据处理技术与方式有待提高，针对半结构化的数据处理以及大数据的存储控制等技术能力有待加强；智能化控制水平有待加强，我国在信息数据处理方面仍处于粗放型的控制阶段。

3. 数据间横向联系欠缺

智能建筑的信息化系统建设仍处于纵向联系发展，即仅能实现对相应系统以及各子系统间的存储空间以及网路环境进行功能控制，而在整体子系统间沟通性的发展仍停留在初级阶段，即各个部分独立开发研究。如能发现个子系统间的横向联系，并找出其中的规律进行相应的管理和控制，便能有效地实现对智能建筑的优化配置以及节能减排的预期目标。

8.1.4　大数据分析建筑智能化发展市场前景

人们生活水平不断提高，对于居住环境水平要求日益提升。当前来说，一些节能防水设备已经在国内的智能化建筑中得以应用，不断满足人们在此方面的需求，但是节能效果并不是非常理想。对于未来的建筑而言，无论新旧，都应该达到环保以及节能的规范标准。

当前，通信运行主体是中国的住宅建筑实现终端网络的源头，为我国的建筑里不同的业务提供相关的信息服务，业主主要通过视频、数据传输以及语音等来达到信息交流、物业管理以及安全服务等不同层面的需求。如此的运行体系已经得到了认可并得以在实践中广泛应用。网络科学技术水平不断提升，安全性以及舒适性的环境开始完善，通信协议越来越统一，智能化更为方便，此方面的成本日益减少。因此，追崇稳定以及可靠的无线网络技术不断变成智能系统的落脚点。除此之外，通信网络技术在不断发展，新鲜的技术元素的融入促使着物流网络的呈现，在不久的将来，智能化建筑在信息网络构建中可以在无线通信或者全光通信的载体下把物联网与建筑联合为一，最终实现智能建筑管理以及运营的系统化以及网络化。

8.1.5　大数据是现代社会长期稳定发展的必然趋势

新时代条件下，国民经济快速发展，对应城市的规模逐渐扩大、规划逐渐升级，需要充分进行智能建筑的有效控制，实现整体国家发展水平的提升。大数据是维持信息安全、成本降低、效率提升的重大举措。它需要充分结合国内建筑行业发展状况，进行相关技术的开发研究，旨在进一步提高大数据与智能建筑的高效结合。因此，大数据的发展前景较为可观，是现代社会长期稳定发展的必然趋势。

8.2　智能建造的软件开发与利用

8.2.1　产生背景

装配式建筑与智能建造的概念均来自工业 4.0 时代，工业 4.0 则是利用信息化技术促进产业变革的时代，也就是智能化时代。近几年，国家开始大力发展新型建筑工业，以去产能、降成本，促进建筑业转型升级为目标，发布了《国家新型城镇化规划（2014—2020年）》、国家"十四五"规划及《关于促进智慧城市健康发展的指导意见》等一系列重要政策。由此可见，在互联网、大数据和人工智能等新技术的驱动下，智能建造已经成为建筑业发展的必然趋势。

8.2.2 软件开发所需条件

说到智能建造与大数据，在研究、发展的过程中，软件的开发十分必要。

我们需要用软件将智能建造与大数据融合。这个软件是一个、两个或多个，它们具备功能多样性，利用大数据将智能建造对人类的作用发挥到最大。

这几年来我国人工智能发展迅速，已悄无声息地融入大家的生活。大数据是人工智能的发展基石，而人工智能必须具备完整的大数据集和强大的运算能力。因此，要开发出能够承载智能建造的软件，同样需要具备几项条件：

1. 操纵机器，智能加工

操纵机器，智能加工，工厂仅需监护人员看守，起到减少人力作用，解决人员短缺的问题，甚至机器的运作会比人运作快，起到提升工作效率的作用。通过机器智能加工构件，优化性能，减少构件制作误差。

2. 强大的数据处理与分析技术

大家知道，大数据是人工智能的基石，人工智能依赖于超强的计算能力和充分的大数据集。软件运载的过程中需要存储很多信息、资料，为这些数据能够充分发挥价值，数据的处理与分析能力显得尤为重要。

3. 模拟评估技术

需要有一个能够对建筑整体的三维模型的信息管理平台，包括尺寸、材料、力学、热工等等各种信息的集成、运算和分析，在前端就做好模拟，模拟施工过程中的人机料法环的安排和布置，减少施工过程中的浪费和返工，同时尽量采用施工机器人来施工，减少现场的人工作业强度。

4. 采集资料，更新改进

无论是哪一项工程，初期都会有考虑不周或者可以更加完美的情况，运用大数据采集资料，优化生产工艺流程，提高生产效率。知道操作者需要什么，优化体验让智能建造走得更远。

8.2.3 应用场景

1. 大数据协同设计

现在的制造产业正面临成本优势向技术优势转型的压力，能够开发出技术含量高、具有自主知识产权的新产品，是制造业首要的竞争压力。传统的产品研制一般是采用按顺序作业的工程方法，企业的设计、工艺、检验、制造都是相互独立的活动，组织和管理也如此。设计人员往往无法考虑制造工艺方面的问题，造成设计与工艺制造环节的脱节，同时产品质量也无法保证。

由大数据提供强大的建模和仿真环境，使产品的零部件从设计到工艺到生产及装配过程各环节的内容都在大数据上仿真实现，进行优化和系统设计，使产品研发的信息贯穿至各环节充分共享。

产品协同设计将改变传统的设计研发模式，以大数据为核心，实现单一数据源的协同设计，保证设计和制造流程中数据的唯一性。

2. 大数据节约资源，提升效率

这主要体现在两方面，自动控制和柔性生产。

自动控制是制造工厂中最基础的应用，核心是闭环控制系统。在该系统的控制周期内每个传感器进行连续测量，测量数据传输给控制器以设定执行器。典型的闭环控制过程周期低至 ms（毫秒）级别，所以系统通信的时延需要达到 ms 级别甚至更低才能保证控制系统乃至实现精确控制，同时对可靠性也有极高的要求。

在规模生产的工厂中，大量生产环节都会用到自动控制，所以需要将有高密度海量的控制器、传感器、执行器通过无线网络进行连接。闭环控制系统不同应用中传感器数量、控制周期的时延要求、带宽要求都有差异。

柔性生产线是把多台可以调整的机床（多为专用机床）联结起来，配以自动运送装置组成的生产线。柔性生产线可以根据订单的变化灵活调整产品生产任务，是实现多样化、个性化、定制化生产的关键依托。

在传统的网络架构下，生产线上各单元的模块化设计虽然相对完善，但是由于物理空间中的网络部署限制，制造企业在进行混线生产的过程中始终受到较大约束。

在智能制造生产场景中，需要机器人有组织和协同的能力来满足柔性生产，对机器的灵活性和差异化业务处理能力提出较高要求。通过云技术机器人将大量运算功能和数据存储功能移到云端，将大大降低机器人本身的硬件成本和功耗。并且为了满足柔性制造的需求，机器人需要满足可自由移动的要求。

大数据将在两个方面赋能柔性生产线，一是提高生产线的灵活部署能力。未来柔性生产线上的制造模块需要具备灵活快速的重部署能力和低廉的改造升级成本。二是提供弹性化的网络部署方式。大数据能够支持制造企业根据不同的业务场景灵活编排网络架构，按需打造专属的传输网络，还可以根据不同的传输需求对网络资源进行调配，通过带宽限制和优先级配置等方式，为不同的生产环节提供适合的网络控制功能和性能保证。在这样的架构下，柔性生产线的工序可以根据原料、订单的变化而改变，设备之间的联网和通信关系也会随之发生相应的改变。

大数据具有存储功能强大、运行速率高等特点，也可远程对机器人进行操控，在生产前由大数据进行模拟生产，既可以提升效率，也可以节约资源。

3. 大数据辅助装配

工厂以往的装配过程是刚性自动化的传统方式，需要人工操作找正位置才能够装配成功。生产现场装配工艺传达不到位，复杂工艺施工难度高，且施工过程及结果没有很好的核对手段，装配顺序、工艺参数等查阅不便。

智能辅助装配对传输延时有很高的要求，在传统网络传输中，由于带宽和传输速度的限制，视频等信息的传输有时会卡顿。

利用大数据高速的特点，能够实现多个智能装配台之间的协同工作。

在大数据的控制下，可以形成一套成熟的智能装配方案，防止人为失误和无关人员操作，全过程作业指导，提高装配的品质。

通过模拟装配过程，可以辅助确定相关的工艺信息。

4. 大数据质量控制

现阶段工业品的质量检测基于传统人工检测手段，稍微先进一点的检测方法是将待检测产品与预定缺陷类型库进行比较，上述方法的检测精度和检测效率均无法满足现阶段高质量生产的要求，缺乏一定的学习能力和检测弹性，导致检测精度和效率较低。

区别于传统的人工观察，视觉检测能够清晰地观测物料的表面缺陷，视觉检测包含更大的数据量，需要更快的传输速度，大数据能够完全解决视觉检测的传输问题。

通过大数据开发，能够合理运用处理大数据，建立专家系统，同时，基于数据对生产制作过程中物料缺陷检测、探伤。

生产制造数据通过大数据进行上传与下行，借助大数据的高速运算能力，识别异常数据，将数据与专家系统中的故障特征对比，形成大数据诊断系统。

摄像机可拍摄出要检测的物料或产品，传输给信息系统，系统视觉识别后进行计算，并对比系统中的实物，判断物料或产品是否合格。

大数据智能检测不需要检测人员自带手持设备观察波图等，直接通过分析数据的方式确定故障，极大降低检测时间，提高了故障排除率。

5. 大数据透明工厂

在智能工厂生产的环节中涉及物流、上料、仓储等方案判断和决策，生产数据的采集和车间工况、环境的监测愈发重要，能为生产的决策、调度、运维提供可靠的依据。

大数据能够为智能工厂提供全云化网络平台。精密传感技术作用于不计其数的传感器，在极短时间内进行信息状态上报，大量工业级数据通过大数据收集，庞大的数据库开始形成，工业机器人结合云计算的超级计算能力进行自主学习和精确判断，给出最佳解决方案，真正实现可视化的全透明工厂。

采用深度学习和数据分析进行质量检测、生产过程控制中的行为识别与轨迹追踪，优化资源配置，及提高工人的操作水平与工作效率。

利用大数据监控整个生产工程，对生产过程中可能出现的伤害行为通过智能算法进行预判，给出安全预警，将使整个生产过程都在管理范围内，更加安全、有效。

6. 大数据仓储管理

立体仓库具有很高的空间利用率、很强的入出库能力、采用计算机进行控制管理而利于企业实施现代化管理等特点，已成为企业物流和生产管理不可缺少的仓储技术，越来越受到企业的重视。

随着科学技术、信息技术、自动化生产技术及商品化经济的迅速发展，生产中所需原材料、半成品、成品及流通环节中的各种物料的搬运、储存、配送及相应的信息已经不是一个孤立的事物。

传统智能立体仓库包含仓储控制系统软件（WCS）、仓库管理系统（WMS），仓储信息需回传计算机控制管理软件分析处理。

大数据智能仓储管理基于海量网络、低延时高可靠性等技术，对物料信息实时追踪，可实现连续补货。通过指导式的方式去协调各部分之间的关系促进立体仓库高效流转，适用于新型柔性制造需求。5G 功能特色及优势在于降低了传统的智能立体仓库的时延，提升了智能立体仓库的运算能力，实现了仓储系统的自我运转及功能开发策略的提升。

当智能立体仓库监测到库位信息后，在边缘端分析产线中物料的运转情况，利用 5G 的特性极速盘库，得出产线需求及库存信息，同时，智能立体仓库自行发送取货及补货指令给运输装置，即实现了立库端到产线端及运输设备端的信息互通。

8.3　智能建造大数据分析建筑材料选取

8.3.1　发展建筑节能与建筑材料管理背景

"放管服"改革在 2015 年首次被政府提出后，逐渐地成为引领政府各领域改革不断向纵深发展的方向。在工程建设项目审批制度改革方面，国务院办公厅在 2018 年 5 月将北京市、上海市等 15 个城市和浙江省列为改革试点地区。北京、上海等城市陆续出台取消建筑节能设计审查备案等改革措施，有效地提高了政府审批效率，降低了企业办事成本，优化了营商办事环境。

放管服，就是简政放权、放管结合、优化服务的简称。"放"即简政放权，降低准入门槛。"管"即创新监管，促进公平竞争。"服"即高效服务，营造便利环境。

然而，由于工程建设和建筑材料相关信息核实难、信用体系建设还不完善等原因改革后也使得政府对建筑节能和建筑材料事中、事后的监管难度更加凸显，因此，需要尽快探索建立一套管理新模式，以满足新形势下我国建筑高质量发展的要求。目前大数据、区块链等互联技术正在快速兴起，得到了政府的高度关注。2015 年大数据战略上升为国家战略，2019 年中共中央政治局就区块链技术发展现状和趋势进行集体学习。建设工程在设计、施工与验收阶段会产生大量的数据，例如节能设计数据、施工质量数据、成本数据、建材使用数据、节能验收数据等，因此要充分利用互联网技术来解决目前的监管难题。国内已有部分学者开展了将上述技术应用在建筑节能和建材管理方面的研究。

8.3.2　国内建筑节能与建筑材料管理工作现状

发达国家在建筑节能与建材管理上有比较完善的法律制度和技术法规，并充分发挥市场经济的调节机制，强调企业质量主体意识和商业信誉。在国内，则侧重通过法规、规章制度、规范标准以及政府监管来进行管理。北京、上海、济南、深圳、重庆和长沙 6 个城市在节能审查备案事项、节能验收和建材管理三方面的政策和管理措施见表 8-1。从表中可以看出，随着"放管服"改革的深入，各城市均在逐渐改变以批代管的审批管理观念和模式，着重加强事中事后监管。在建筑节能相关的备案事项中，大部分城市已取消建筑节能设计审查备案事项，深圳市更是取消了施工图审查。上述改革举措一方面可以优化本市的营商环境，但另一方面也增加了政府管理部门对节能设计的监管难度，因而利用互联网信息平台以及跨平台的数据共享进行管理成为一种有效的管理手段。

6个城市节能审查备案事项、节能验收和建材管理三方面政策和管理措施表　　表8-1

序号	城市	节能相关备案事项	节能验收	建材管理
1	北京	2017年和2018年取消了民用建筑节能专项验收备案和建筑节能设计审查备案	在建设工程项目竣工验收之前，建设单位应当按照规定组织建筑节能专项验收	2013年取消建材供应备案，2019年要求在平台上填报重要材料的采购信息
2	上海	2018年取消建筑节能设计审查备案，探索推行建筑师负责制	将全面实施一站式综合竣工验收，建设管理部门不再参加企业组织的四方验收	实行建材备案管理；2018年要求对部分重要的结构性和功能性备案产品实施信息报送
3	济南	2018年取消建筑节能设计审查备案	建设单位填写建筑节能专项验收报告，主管部门核实并出具建筑节能认可文件	实行建筑节能技术与产品认定制度
4	深圳	2020年7月1日起取消施工图审查，采用告知承诺方式进行管理	节能专项验收与竣工验收同步	2004年取消建筑材料的备案登记；市、区两级主管部门每季度集中监督抽检
5	重庆	2020年取消建筑节能技术备案与性能认定	从2015年开始对新建居住建筑和公共建筑的能效（绿色建筑）进行测评与标识	严格落实"双随机、一公开"抽查制度和进场验收制度
6	长沙	2020年取消建筑节能专项验收备案	建设单位填写《实施情况表》，管理机构审核，区级建设局每季度统计上报	实行建筑节能产品（材料）公示管理

例如上海市通过民用建筑节能设计分析软件进行节能申报，该软件可以与上海市建筑项目节能信息采集系统进行数据交互；深圳市在 2020 年 7 月 1 日启用建设工程勘察设计管理系统并与深圳市固定资产投资项目在线审批监管平台实施对接。建筑节能工程虽然作为一个单独的分部工程，但大多数地方政府要求以建筑节能专项验收的形式来组织验收，然而在国家法律和很多地方法规层面又缺乏对建筑节能专项验收的具体定义和要求，实际操作过程中一般是政府管理部门根据当地实际情况，采用直接参与验收、现场监督验收过程、审核验收资料等形式参与进来。建筑材料种类繁多是影响建筑质量和节能性能的重要因素，目前大部分城市已经取消建材备案通过采购信息填报、公示或抽检的方式来加强建材管理。政府管理部门的抽检虽能在一定程度上保证建材产品质量，但政府和社会的资源毕竟有限，难以实现建材的动态和溯源管理。一些地方政府管理部门虽然通过平台等渠道收集了一定规模的建材数据，但由于数据质量不高，信息核实难度大等原因，目前还难以有效利用，也很难为企业提供服务。因此需要充分利用大数据、区块链等互联网技术，实现建材的高效高质量管理。

8.3.3　大数据与区块链技术的概念及适用性

1. 大数据与区块链技术的基本概念

大数据是一种数据资产，具有海量的数据规模、多样的数据类型、快速的数据流转和价值密度低的特点，而大数据技术就是通过对这些庞大的数据资产进行专业化处理来实现数据的"增值"。区块链是按照时间顺序将数据区块以顺序相连的方式组合成的一种链式数据结构，并以密码学方式保证的不可篡改和不可伪造的分布式账本，具备去中心化、防篡改性、开放性、可追溯性、匿名性等特点，因而可以利用区块链技术解决多方之间的信任问题。

2. 实际应用方法

目前大数据与区块链技术在金融、物联网、政务、食品等领域有较多应用，虽然在建筑领域的应用较少，但是由于建筑在规划设计、施工、采购和运维等过程都会产生大量数据，这些数据资源可为大数据和区块链技术在建筑领域的应用提供良好的基础。具体到国内的建筑节能和建材管理而言，大数据和区块链技术在技术架构的可靠性、分配过程的公平性、成员行为的规范性、数据资产价值提取等设计思想上与当前基于"放管服"背景下的建筑节能与建材新监管模式的构建有很强的适用性。

在工程建设的活动中，建筑节能和建材的管理涉及政府、建设单位、施工单位、运输单位、检测单位、生产商、经销商等多个部门或单位之间的协作，因而可以借助大数据技术有效管理各参与方在协作过程中产生的大量市场数据、管理数据等数据资产，通过区块链技术完成各方协作，保障数据的互通可信，其中政府监管机构可以加入区块链成为超级节点，并根据权限实现数据的分级共享，不必再收集、存储、协调和汇总数据，提高监管审核流程的速度和质量，在实现各环节信息化的同时，达到穿透式监管。目前国内很多省市都搭建了相关的建筑节能管理平台，因此可以借助大数据技术升级平台，建立或优化建筑节能专项验收等管理流程，汇总建筑节能相关信息，形成建筑节能的大数据分析中心，分析结果可用于指导项目节能检查、验收等监管工作。同时，可以利用区块链技术搭建建材溯源管理平台，实行建材全过程追溯管理。建筑节能管理平台、建材溯源管理平台以及政府其他平台之间实现数据共享后，可以大幅提升政府管理部门的工作效率，同时又能为社会群体和企业提供良好的服务。

8.3.4　应用场景

各地可以结合实际情况选择大数据和区块链技术的试点应用。以北京市为例，政府明确要求建设单位组织节能专项验收，也已搭建了建筑节能管理平台，在混凝土砂石原材和散装预拌砂浆管理方面也具有较好的数据基础，因此本节从建筑节能专项验收、混凝土原材料砂石采购使用管理、散装预拌砂浆使用管理 3 个应用场景进行探索与分析。

1. 建筑节能专项验收

通过将验收相关的程序、表格、模板等资料以及报告核查、信誉记录查询等功能固化到北京市建筑节能与建材管理服务平台，以为参建各方提供服务的形式来实现建筑节能专项验收的监管。对目前节能分部工程验收流程进行优化，形成节能专项验收流程如图 8-2

所示。平台生成的建筑节能信息表可供建设单位作为申请竣工验收备案等事项的证明文件，通过该平台及大数据分析结果，政府管理部门能够及时掌握建筑节能实施情况，指导项目检查，也为今后节能、改造政策等提供重要参考。

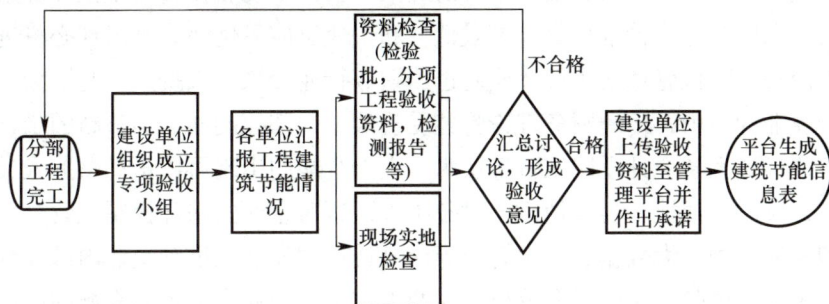

图 8-2　节能专项验收流程图

2. 混凝土原材料砂石采购使用管理

在首先了解砂石原材料检测机构、生产企业、运输企业以及搅拌站点等企业的业务流程和相关的数据信息后，可在互联网上利用区块链技术专门搭建一个建筑材料溯源管理平台。将砂石材料供应、运输、采购、搅拌使用等过程中各参与方的信息及时上链，通过溯源管理平台完成各方信息的追溯。由相关企业填入或接入供应、运输等信息。溯源管理平台将砂石原材料信息接入北京市建筑节能和建材管理服务平台，同时还能够获取后者的分析结果、市场供需信息等数据，实现建材的实时动态监管和溯源管理，并进行预警监督，保障建材质量，部分信息还可以共享给供应和运输企业，为企业的经营决策提供服务。

3. 散装预拌砂浆使用管理

溯源管理平台通过获取散装筒仓管理软件和预拌砂浆生产企业的供应管理信息等数据，实现对预拌砂浆的生产、运输、检测、使用等全过程数据上链，监管机构加入其中成为超级节点，实现对全市建设工程预拌砂浆使用情况的全面监控。监督管理人员可以通过大数据技术设置预警功能和方式，对监管部门和企业进行预警监督和预警提醒，并根据权限实现数据的分级共享。溯源管理平台信息与北京市建筑节能和建材管理服务平台进行数据共享后，同样可以实现散装预拌砂浆的规范化和动态化监管和溯源管理，也可为企业提供服务。

8.4　大数据与人工智能建造在工程中的应用

8.4.1　关于人工智能与内部控制的研究

2007 年 7 月，国务院印发《新一代人工智能发展规划》，提出了面向 2030 年我国新一代人工智能发展的指导思想、战略目标、重点任务和保障措施，强调部署构建我国人工智能发展的先发优势，加快建设创新型国家和世界科技强国。而人工智能对内部控制的影响主要集中在内部审计、财务机器人、经济决策等方面。内部审计方面，德勤会计师事务所首席创新官乔恩·拉斐尔提出利用人工智能解决信息传递速度与成本之间的困难，让审计人员从枯燥烦琐的体力劳动中解放出来，将精力与时间集中在提高审计质量，提升内部控制水平之上。财务机器人方面，中央财经大学会计学院教授，博士生导师余应敏指出财务机器人有深度学习、精准可靠、高效低耗和快速反应等优势，其出现必将进一步简化企业的管理流程，降低管理成本等。同时也给财务行业带来巨大挑战，基层会计将面临失业或转岗再就业的压力，传统财务理论将经受挑战，内部控制亦会面临新的难题。经济决策方面，河北经贸大学会计学院王菁等认为，人工智能的出现可以帮助财务人员区分有用与无用信息，及时、便捷、科学地做出财务决策，这对企业的内部控制经营至关重要。综上，学者们普遍认为，大数据、人工智能等信息技术的发展在推动企业内部控制优化的同时，也会带来诸多风险。因此需要分析上述两大技术在企业内部控制领域的应用与可能隐含的风险，并探索风险规避的方法，以期对企业发展有所帮助。

8.4.2 大数据、人工智能环境内部控制的风险

许多系统或平台的业务，都需要将处理结果以某种形式展示给用户，例如："百度"需要根据用户的搜索关键词展示可能的结果网页，"淘宝"需要根据用户的关键词展示相应的商品信息，"去哪儿"需要根据搜索展示符合条件的机票信息，"前程无忧"需要根据人力资源（HR）的搜索展示合适的候选人简历等，这些本来是正常的业务流程。但在大数据时代，这些正常的数据获取业务流程，极容易出现数据的不安全因素。

（1）数据获取结果的呈现往往导致知识产权安全的问题，一级搜索引擎获取数据，后被多级公司挖掘数据背后的二级价值，二级价值又被一级搜索引擎所引用，相互间的数据版权又该花落谁家？比如："360"曾经上线的综合搜索，是把其他搜索引擎的结果采集过来，然后再对各家搜索引擎结果进行综合，展示搜索结果，一般在技术上称为元搜索引擎。"今日头条"刚开始本身并没有生成任何资讯，只是把各家新闻站点的新闻都采集过来，然后进行分析和整理，以自己的形式展示出来。

（2）数据获取严重损害居民利益的风险。比如2016年7月，法国数据保护监管机构CNIL向微软发出警告函，指责微软利用Windows10系统搜集过多的用户数据另做他用，其跟踪用户浏览记录的做法也未获取用户同意。同时，微软也没有实现对客户信息高安全和高保密的承诺，主要是因为未经顾客许可就默认获取客户信息，包括将用户信息保存到登录国家以外的软件上，开启多项数据追踪功能等，这严重违反了欧盟"安全港"法规。

（3）信息泄露风险。信息泄露事件频发，由此引发的数据产权归属成为焦点，21世纪爆发了雅虎、摩根大通银行、塔吉特百货等14大国际数据泄露事件。目前各行各业、企业组织都涉及大量数据交互，任何一个企业信息泄露，不仅会对用户财产造成严重威胁，甚至会危及整个社会经济、政治、人文等的发展，所以，企业必须严把内控，避免信息泄露。

（4）人员舞弊风险。我国快递行业频发人员舞弊事件。2013年10月，某快递公司客户的地址、姓名、手机号码等信息被暴露，近百万条信息，购买者可随意挑选。技术专家证实，能随时看到全国所有客户的实时信息，除了企业内鬼，即便黑客也很难做到。同

样，2017 年 3 月，某购物网站内部员工涉嫌盗取 50 亿条用户信息数据。

8.4.3 大数据和人工智能的特征与关系

大数据研究在全球范围内得到了广泛关注，已成为我国国家战略。作为一类重要的信息资源，大数据以其复杂性、决策有用性、高速增长性、价值稀疏性、可重复开采性、功能多样性等特征，成为支持管理与决策的重要资源。人工智能技术的目标是使计算机做出与人类智能相似的反应，使机器代替人类完成一些需要人类智能才能完成的复杂工作。然而，由于传统人工智能范式存在着获取成本高、质量差、只能模拟低级智能的弊端，其对高级人类智能的模拟程度还有很大差距。当前，大数据与人工智能正在融合发展。一方面，人工智能技术以强大的运算能力，为大数据的收集、存储与分析提供了技术保障；另一方面，大数据以其丰富的信息资源，能够使人工智能范式以感知、数据、脑科学和认知为中心，实现从人工技术表达到大数据驱动，从分类型处理到跨环境处理，从追求智能机器到追求人机、脑机互动的技术变革。

8.4.4 大数据技术与人工智能技术融合应用

1. 智能监控系统

大约 80%～90% 的事故与工人的不安全行为密切相关。尽管测量工人的行为很重要，但由于耗时且费力，因此尚未在实践中得到积极应用。通过大数据技术和人工智能技术的融合应用，可以解决这一问题。通过采集数据，利用人工智能算法对数据进行分析处理，最终可以进行智能决策。在对施工现场安全监控方面，为了测量和分析工人的行为，研究者提出了基于视觉的动作捕捉作为一种新兴技术。此项技术不需要额外的时间或成本，根据从视频中提取 3D 骨骼运动模型的运动跟踪。根据产生的高维运动模型被转换为 3D 潜在空间以减小识别尺寸。为了识别 3D 空间中的运动，应用监督分类技术，通过训练数据集（其中标记了不安全的运动）来训练学习算法，然后基于该学习对测试数据集进行分类，因此，系统能够识别不安全行为，并且能够告知不安全行为的种类，基于视觉的动作捕捉跟踪系统有利于施工现场安全管理，降低安全事故的发生。同时，这种方法也可以在施工管理的其他方面应用推广。

2. 基于人工智能算法的成本管理

成本管理由不同算法分析的成本数据支持，这些算法包括时间序列分析、聚类分析、统计算法、基于案例的推理等人工智能算法。

基于实例的推理方法是常用的相关分析算法之一。一种流行的解释是寻找解决实际问题的新办法。首先，从以往解决类似问题的经验中发现类似问题，并以此作为解决实际问题的出发点。这个解是通过对新问题的适应而得到的。基于案例的推理的步骤如下：

第一步：案例陈述。案例是对应用程序中解决问题的一些解决方案的结构化描述。描述方法确定案例索引、案例检索和案例存储方法等。该案例可以采用知识表示方法，并根据应用领域的特点选择不同的知识表示方法。案例知识表示方法主要包括两类，即逻辑方法和基于逻辑的方法。

第二步：案例检索。案例检索旨在搜索和计算与当前问题最相似的案例。最新的邻接算法、决策树方法和知识引导方法是常见的案例检索方法。

第三步：修改案例。在基于实例的推理中，很难找到与新问题完全相同的问题，因此经常需要修改重用实例解决方案以适应新问题。案例修正可以采用归纳学习法和满意度算法等多种方法。

第四步：案例再学习。案例研究的最终目的是将新的方法、解决方案和事件信息存储在一起，使系统获得学习能力。同时，它将增加系统的知识和经验。

时间序列分析是动态数据处理的一种统计方法。时间序列是一组按时间顺序排列的数字序列。时间序列分析利用这一集合和数理统计的应用来预测事物的发展。方法容易掌握，但准确性差，一般只适用于短期预测。该方法可用于项目分项价格合理区间的计算与分析决策。

3. 精准识别及挖掘消费者的需求，提升消费者价值

现有的建造业模式具有典型的工业化大规模生产的特点。这种生产模式的核心是如何低成本地生产出高质量的产品。但是，这些产品是否真的符合消费者的需求，却不是生产商所关心的。为了吸引消费者购买这些产品，整个经济体系会形成一个巨大的广告系统，将这些产品直接推送给消费者。而利用互联网、大数据、人工智能等新技术，能够从消费者的各类行为数据中挖掘出消费者的真实需求，从而建造出更符合消费者需求的产品。

4. 推进建造过程智能化，提升建造业效率

以互联网和大数据为手段，以知识为核心的智能建造，能够有效地提升建造业的效率。

以人工智能为例，依托于大规模应用工业机器人，大量的生产车间将实现无人化，这将大幅度提升企业的运营效率。在医药、化工等行业，互联网、大数据、人工智能的运用，能够大幅度提高精确度、质量和产量。在机械建造业，能够更大幅度提升产品质量稳定性、优良率和产量。在生产过程中，设备因素对最终产品质量影响较大。通过将生产车间的所有设备都装上传感器，可以实时了解到每台设备的状况。

在产品质量出现偏差时，可以追溯到具体设备以及操作员工，这样，对提高产品质量有着巨大的帮助。而在大数据模式下，根据产品的加工工艺过程，对产品质量相关数据按层次进行组织，利用多隐藏层的神经网络深度学习加工过程中产品质量数据的相互作用机理，从而对产品质量问题进行全面、深层次的描述。在大量收集数据的基础上，还能够对整个生产线的状况进行预测，准确地感知到生产线具体部分的状况，并对其维护、保养等提出更为具体的、可预测的建议。

8.5 基于大数据模式发展智慧建造城市

8.5.1 发展智慧建造城市的背景

改革开放以来，由于城市化脚步的跨越式前行，出现城市污染日益恶化、交通拥堵形

势严重、城市就医资源分配不均、土地城镇化快于人口城镇化等问题，极大地增加了城市管理工作的复杂度和繁重程度。此外，由于人们生活条件的不断改善，更具优越性的城市环境成为市民心中的新追求，致使传统的城市管理手段已不能提供人们生活所需的服务。为消除城市发展中的难题，建设"智慧城市"是一项行之有效的战略举措，不仅符合时代发展潮流，也是城市管理模式新征程的开始。

我国密切关注时代的发展走向，积极投身于研究智慧城市发展、推广、管理、服务和建设的科学方法的行列中。为提高城市运转、实施效率和人民生活品质，于 2012 年 11 月首次推出关于智慧城市建设政策文件《国家智慧城市试点暂行管理办法》和《国家智慧城市（区、镇）试点指标体系》。以上文件的发布打响了开始实施智慧城市试点工作战略的第一枪，并于 2013 年 1 月确定了第一批国家智慧城市试点共计 90 个，同年 8 月又新增 103 个城市为国家智慧城市试点。根据搜狐网站数据显示，2019 年我国智慧城市累计试点数目 789 个，智慧城市相关文件陆续已发行约 20 个，到 2020 年 6 月智慧城市累计试点数目已 900 有余，这为我国智慧城市的发展奠定了坚实基础。此外，以 AI、AR、大数据以及物联网等为主的新一代技术作支撑，也为推动智慧城市向前发展提供动力源泉。

在城市问题、国家政策和先进技术的催化下，智慧城市得到了长足发展，各行各业几乎均已形成智慧化，并且紧紧围绕在人民生活的各个方面。智慧城市在依靠底层大量数据实现"智慧"为人民生活提供便利的同时，在各领域也产生了大量数据，如物流数据、交通数据、社区数据以及医疗数据等。不断增长的数据使我们遇到了一些难题，数据种类、数据维度和数据存储格式多样化，难以对资源进行集中整理，从而造成"数据孤岛"，阻碍了跨部门协同工作；海量级的数据不利于管理，如携带、查询和填报等，且以肉眼观察传统表格数据的形式难以直接发现数据的隐藏特征，影响了对数据价值的获取等。智慧城市建设是我国贯彻大数据战略，加快推进数字中国的关键突破口，也是城市走可持续发展道路的显著标志，同时也能提高政府办公效率，有助于为百姓谋福祉。但如果想真正实现智慧城市的愿景，就需要采用集成技术、可视化技术以及应用开发技术等快速推进分散、孤立数据管理、共享、可视化和报表管理，展现出数据在智慧城市建设中的价值。

德国的区域规划协调机制发展成熟，由联邦、各州、专区以及市镇等几个部分组成，在具体规划的时候显得主次分明，而且空间体系也比较灵活完整；美国在对区域和城市家乡规划的时候，只需要地方政府做好相关的规划即可，不用拿到更高的国家部门再次审核，步骤显得比较简单，运行起来也比较高效。美国地方政府在实施规划的时候，一般是对本地的土地利用规划和功能区划规划而制定的，这样可以融入地区发展的基本规划之中；英国对于土地的利用进行了严格的监管，对土地的开发也实施强规格的管理控制，以便更好地利用土地资源，对环境发展带来更大的保护效果，英国城乡土地集中利用的时间很早，目前对于城乡土地的规划利用和管控细节做得十分到位。

智能建筑中大数据的应用不仅仅表现在内部各系统的运行优化上，往往对于整个智能建筑的规划也存在重要意义，可以更好指导智能建筑的整体构建，以便促使其能够更好融入周边环境，同样也能够促使自身体现更强节能环保效益。这也就需要基于以往海量建筑物的规划布置状况以及后续应用状况进行汇总分析，从中选择出最优的选址和布局原则，如此也就能够更好地提升智能建筑的应用价值。

8.5.2 基于大数据的数据中心建设规划——智慧选址

1. 选址概念

选址，即为一个或多个目标在一定空间范围内选择最合适的位置，帮助该目标在该位置的功能达到最佳。选址一般涉及两层含义。第一层为选位。该选择什么样的位置，这个选择的范围可以是具体的城市，如西安。或是具有位置特征的区域，如沿海、内地等。在全球经济趋于一体化的当今社会，国外也应该被纳入考虑范围。第二层为定址，当选择区域定了后，具体要考虑在什么位置进行定址，一个区域或许会有很多块土地符合选址要求，要从中选取最优的地址。选址所涉及的选址对象范围很广泛，可以扩大到国防建设等方面，也可以缩小到商店、饭店等这些与我们的生活密切相关的方面。合理布局好相应的选址位置，一方面使得政府部门充分利用土地空间资源择优选择，节约资金，减少成本；另一方面，对社会的发展和人类的利益而言，会对交通和出行的方便程度带来益处。相反，未能合理布局好选址位置，在一定程度上会给项目建设带来巨大的损失与不便，甚至有可能带来棘手的问题，影响城市的建设。图 8-3 为垃圾焚烧厂选址决策流程图。

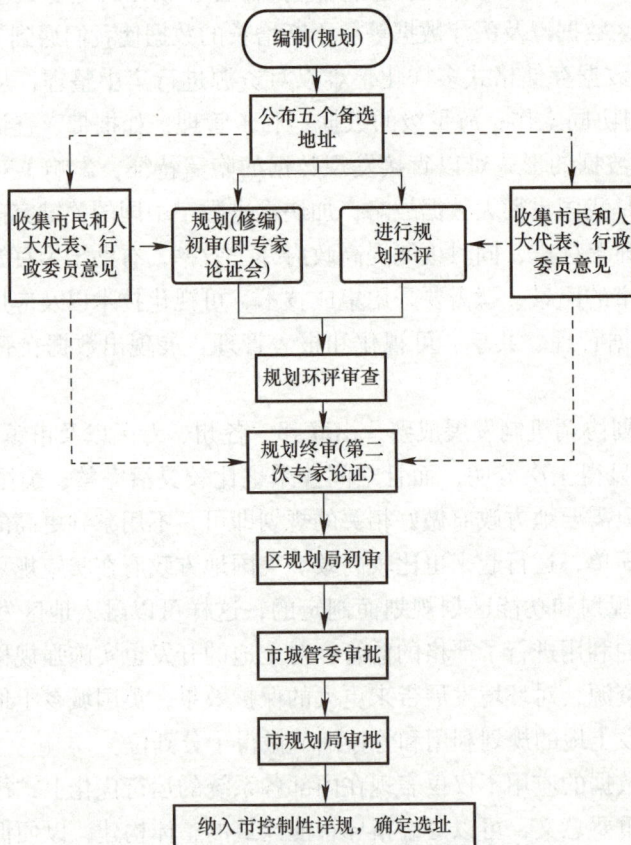

图 8-3 垃圾焚烧厂选址决策流程图

2. 选址的影响因素

（1）容量

容量，即一定空间范围内的承受力，换而言之，该空间范围内最大限度承载的目标的大小。这是能否选到良好空间地理位置的所要考虑的首要条件。一般情况下，容量的直接表现为有效面积。例如公共停车场，其容量可以表现为一定场地内所能容纳的车辆数目，而这个可以换算成停车场的有效面积，包括场地大小与形状等。每一个选址的确定都必须保证其存在适合的有效面积。而具体需要多大的有效面积，或是什么形状的有效面积，就要根据选址的目标等各种因素的需求所决定。需求不同，有效面积当然会有所不同。但是必须确定的一点是，有效面积是选址的不可缺少的条件，比如我们经常逛街所去的商场，其用地面积大概在 $2000\sim5000m^2$ 之间。

（2）区位特征

区位特征是一定空间范围内，各空间要素的位置关系及相互之间的作用形成的局部特性，能够表现其与其他空间区域的区别，体现该区域的特殊功能和价值。影响区位特征的因素包括：自然因素（如选址目标用地时尽可能少占用耕地、多占用荒地、荒山野地）、社会综合因素（如政府相关法规规定选址项目必须在市的某个区内进行建设）和经济因素（如选址目标的交通便利程度，离城市中心路网的距离等）三类。

（3）避让距离

可建设选址区域的大小与形状是由多种规划数据所决定的，在规划数据中不同的基础数据都有其避让距离，该距离所影响的范围一般为以规划数据要素为中心，沿着特定的方向和空间距离所形成辐射的范围（如选址对象应该离气象站点 500m 外，500m 则称为避让距离）。同一规划中的不同类型数据其避让距离不同，而不同规划中同一类型数据的避让距离又存在差异。

3. 选址的原则

在"多规合一"大背景下，针对城市新进项目的选址问题关系到城市的生态型发展。往往在建设新项目过程中需要大规模地拆毁周边原有建筑楼群，随之带来资金损失、生态破坏等问题。所以在对城市现有的地理空间布局上有总体把握的前提下，在考虑建设项目选址的过程中应该先对选址原则进行深度的分析。选址原则一般有目的性原则、经济节约化原则、协调性原则、科学严谨性原则等。

（1）目的性原则

城市新进项目是为了带动城市发展，项目各种各样，其中包括带有缓解生态压力的城市绿化项目（城市人工湖、公园、绿化等），带有污染性质的重工业项目（水泥厂、钢铁厂等），带给市民方便卫生的医疗项目（医院、药店等），缓解交通压力的项目（公路、枢纽站等）。对于不同城市的项目选址要能为城市居民带来便利，同时又能带动区域经济发展。

（2）经济节约化原则

在新建城市项目选址过程中，城市布局可能会发生小范围的变化，并会产生一些费用，如道路改造、住宅拆迁等。或者是项目能够服务的区域，需要考虑到选址目的地的经济型原则，有必要将最低成本和最大服务范围作为关键的考量标准。选址的最终目标，是在有限资金投入范围内，选择出一个方便广大居民的生活和最有利于城市发展的地址，其中的经济性原则包括：项目服务范围、项目服务周期、项目建设周期、项目盈利情况。

（3）协调性原则

协调性原则在几个原则中是最重要的，它主要是项目建设是否符合当地经济建设、生态建设、地理格局等各个方面的发展。项目建设不能基于单一的服务或经济为目标，应该在项目选址前期做好充分的调查，考虑到方方面面。比如：周边格局分布、周边居民的认可度、项目是否会有二次污染以及项目可持续性等方面，努力做到人与社会、自然和谐发展。

（4）科学严谨性原则

城市建设中应该依据科学的指标进行选址，分析选址过程需采用科学的理论模型，还应在建设实例中学习其先进的选址理论和技术，而不是按照以往原则进行主观意识选址，选址必须科学合理，有理有据，这样才能利于城市的健康发展。

4. 选址的方法

选址方法，从古代中国依据山水的走势决定位置好坏，到现如今以科学理论为基础，通过高新技术进行选址。当代用于建设项目候选地的选址方法层出不穷，比较经典的如人工勘察选址、层次分析法（Analytic Hierarchy Process，简称 AHP）选址、地理信息系统（GIS）选址、模糊综合拼判法选址等。

（1）人工勘察选址

确定大致的选址区域位置，在纸质地图上将那些受到法定法规限制的地段从中排除，进而减少可征用土地的选择区域。实际操作时，根据所确定的范围，准备一套地形图，将受到法定法规限制的区域标记出来，并排除。从合法的选址区域中提出可以用来建设项目的场地，最后进行实地调查，并对候选地块进行评估，选出最优的地块。人工勘察选址虽然比较详细可靠，但工作量大、效率低。

（2）层次分析法（AHP）选址

层次分析法，在 20 世纪 70 年代由美国著名的运筹学家 AL.Saaty 教授首次提出，这是一种多理论、多对象，实用性极强的选址方式。它可以将定性与定量的决策准确地、清晰地有机结合，并遵循人群思维方式和心理变化等原则，将选择的过程分解成多层，尤其对于那些无法定量分析的复杂问题很适合。层次分析法为项目建设提供了框架层次，倾向于整体思路，因为将定量与定性有机结合，实用性更强，从而使决策达到最优化。但是该理论存在的缺点也十分明显，极容易受到客观因素的干扰。当可干扰客观因素的数量大于九个，处于较多状态时，标度所承担的工作量也会随着因素的增多而增加。这样带来的后果是，标度专家对烦冗的工作量产生不良情绪，甚至还会影响判断的准确性。该理论的某些内容，如指标体系，专家系统的判断对其十分重要。假设专家系统的判断存在错误，那么最后所得到的结果准确性也会被影响；构造判断矩阵过程中，资料信息方面受影响和限制，"较为"重要、"特别"重要等这些模糊的程度词语就不能够准确地描述两个目标或要素之间的联系，从而最终导致判断矩形的使用效果较差。

（3）地理信息系统（GIS）选址

GIS 在我们当今社会的科学技术中应用范围非常广泛。同样在选址中，我们也可以将这种具有各种空间功能和高效率的先进的计算机科学技术应用于此，从而提高工作效率。GIS 在选址中的应用原理，主要是采用 GIS 的制图功能和空间分析功能，把选址中的那些约束性因素绘制成各种图层，然后将所绘制的各种图层进行对比和叠加，从而选择出不受制约的空间位置，再对这些有效的空间位置进行对比、排序，最终确定我们需要建设项目用地的地址。

GIS 是通过空间智能选点，对建设项目候选地提出比较合理的选址。无论在数据管理功能、选址目标管理功能，还是在显示表达功能上都可以看出 GIS 在空间选址中能发挥巨大的作用。

5. 智慧选址的意义

智慧选址作为未来建筑行业的重要发展趋势，确实在实际应用中表现出了明显优势，为了更好地提升其应用价值，注重灵活引入运用大数据极为必要，可以借助大数据进行智能建筑各系统的优化布置，提升其运行效益。

8.5.3　提升智慧城市数据处理效率和质量

对大量的数据信息进行整理是智慧城市建成的必经之路，大数据的利用能够有效地帮助处理城市中的数据信息，为智慧城市的建成带来坚实的技术支持。过去那个年代，信息传送的速度过慢，信息技术也不过关，所以没有信息技术支持的城市建设不够完善，城市智能化得不到实现。现阶段，大数据具有共享性，信息技术也不断提高，在此基础上城市的信息数据可以得到高速的处理，城市的信息数据处理的质量也不断提高，这些都有利于加速建成智慧城市的步伐。

1. 创办智慧社区

第一，更改旧时物业的服务方式，从手机软件以及微信小程序入手，创建资源外包式整体服务平台，供应便民、高效高品质的物业服务工作，积极借助互联网＋物业的模式，减少成本，联合资源，把服务工作做到与生活息息相关的各个领域。第二，亲戚朋友来访，不用物业登记，反复联系确认，业主自己可以邀请，只需输入访客手机号码和车牌号，就会生成一个临时密码发到访客手机，二十四小时内到访可通过密码直接开门，避免繁琐程序，让业主不再感受到被"管"的烦恼。第三，业主可以通过手机 APP 缴水电费、物业费、卫生费等，也可通过手机直接联系换锁修锁、疏通下水道、家政服务、电脑维修、社康服务等一系列的便民服务，并实时查看维修进度。智慧社区建设的另外一个重大成果是智能家居系统，消费者如果在手机上安装该系统，就可以通过"智慧家庭"模块有效地接受无线信号的电源模块，实现门、窗、窗帘和家电的自由控制，实时观看家里的监控影像等。如图 8-4 所示。

2. 企业角度的智慧城市建设运营模式选择

首先，智慧城市建设项目所属领域是否为政府部门重点扶持对象。近年来，政府重点发展智慧城市，有些领域的项目是比较迫切需要建设的，对于这类项目政府往往扶持、资

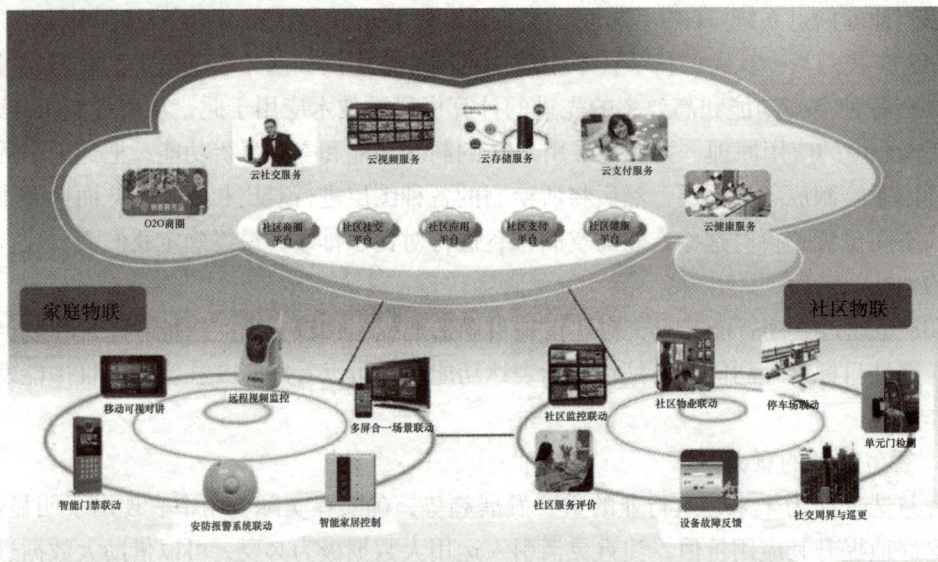

图 8-4　智慧社区模式图

金支持的力度很大，比如智慧医疗、智能交通及食品安全等方面，对于这类项目，企业在建设运营模式的选取时可以选择跟政府合资建设运营模式，比如 BT 模式（Build-Transfer模式即"建设—移交"的简称，是一种新型的投融资建设模式），BLT 模式（Build-Lease-Transfer 模式，即"建设—租赁—转让"，由私人投资者投入项目建设所需的全部资金，在建设完成后租赁给政府经营与管理，政府每年付给私人投资者相当于租金的回报，租赁期结束后，整个项目完全归政府所有），PPP 模式（Public-Private-Partnership 的首字缩写，是一种"政府和民营企业"合作的模式），从而吸引政府投资，跟政府合作双赢，一方面降低企业自身的资金压力，另一方面可以得到政府各个方面的支持，对于企业的发展而言，是十分有利的。其次，考虑智慧城市建设项目是否需要特许经营权。智慧城市建设中的有些项目是受政府严格监督和管理的，有的项目在运营管理过程中是需要政府给予特许经营权的，如果没有获得企业的特许经营权就没有办法经营，所以企业在选取智慧城市建设项目经营管理模式时，一定要考虑这个因素，如果需要特许经营权的话就不能采用企业自主建设的模式了，一旦采取这种模式，企业投入了却没办法经营，对企业来说是不利的。如果智慧城市建设项目需要特许经营权就提前跟政府沟通，跟政府合作建设，这种情况最好的合资建设运营管理模式就是 PPP 模式。目前，PPP 模式也逐步成为政府智慧城市建设的主导模式。最后，考虑企业是否要创新商业模式，企业自主投资建设模式最大的优势就是企业的自主性很强，在大数据时代智慧城市建设项目呈现出很多新的特征，互联网、大数据、信息技术等颠覆了传统的商业模式，在大数据时代下涌现了很多新的商业模式，但是，目前智慧城市建设项目中往往是政府起主导作用，而政府往往会倾向于更加成熟和可行性高的运营模式，这样可能会制约企业对于商业模式的创新。

复习思考题

一、单选题

1. 以下不是选址的影响因素的是（　　　）。

A. 容量 B. 经济状况 C. 区位特征 D. 避让距离

2. 下列是选址的原则的有（　　　）。

① 目的性原则 ② 经济节约化原则 ③ 协调性原则
④ 顺应政策原则 ⑤ 科学严谨性原则

A. ①②③④ B. ②③④⑤ C. ①②③⑤ D. ①③④⑤

3. 以下属于选址的方法的是（　　　）。

A. GPS 定位选址 B. 地理信息系统选址
C. 标度专理选址 D. 纸质地图选址

4. 以下不是软件开发的应用场景的是（　　　）。

A. 大数据协同设计 B. 大数据集成算法
C. 大数据质量控制 D. 大数据透明工厂

二、多选题

1. 在工程建设的活动中，建筑节能和建材的管理涉及的单位包括（　　　）。

A. 政府 B. 建设单位 C. 施工单位
D. 设计单位 E. 工程单位

2. 下列属于大数据与人工智能融合的应用的有（　　　）。

A. 基于人工智能算法的成本管理
B. 智能监控系统
C. 选材建房，取代劳动力
D. 大数据与智能建造共同发展
E. 精准识别及挖掘消费者的需求，提升消费者价值

三、填空题

1. 民用建筑节能设计分析软件进行节能申报实际操作过程中一般是_____根据当地实际情况，采用_____。

2. 选址，即为_____目标在_____的位置，帮助该目标_____。

3. 智能建造的竞争格局按行业发展历程，经过初始阶段_____、普及阶段_____、发展阶段_____，目前已进入第_____个发展阶段。

4. 建筑业还面临盈利能力低、_____、信息化率低、环境污染、_____、改革力度不够，创新能力不足等问题。

5. _____是现代社会长期稳定发展的必然趋势，是维持信息安全、成本降低、效率提升的重大举措。

四、简答题

1. 简述大数据与区块链技术的基本概念。
2. 简述智慧选址的意义。
3. 简述大数据和人工智能的特征与关系。
4. 简要阐述智能建造软件的开发步骤。

参考文献

［1］ 刘占省，刘诗楠，赵玉红，等.智能建造技术发展现状与未来趋势［J］.建筑技术，2019，50（07）：772-779.

［2］ 贾美珊.智慧工地建设影响因素分析及改进建议研究［D］.济南：山东建筑大学，2020.

［3］ 杨宇沭.基于BIM的装配式建筑智慧建造管理体系研究［D］.西安：西安科技大学，2020.

［4］ 杨凌志.GIS内隔离开关故障检测系统的研发［D］.沈阳：沈阳工程学院，2020.

［5］ 吕炜.基于BIM+物联网对智能建造综合管理实现研究［J］.管理动态，2021（09）：119-120.

［6］ 袁树翔.基于物联网的装配式建筑精益管理应用与效果评价研究［D］.扬州：扬州大学，2020.

［7］ 苏世龙，雷俊，马栓鹏，等.智能建造机器人应用技术研究［J］.施工技术，2019，48（22）：16-25.

［8］ 刘亮，谢根.大数据智能制造在建造业应用及发展对策研究［J］.科技管理研究，2019（08）：104-109.

［9］ 杨玉倩.从幻想到现实：3D打印建筑复杂性形态研究［D］.南京：南京艺术学院，2017.

［10］ 尤志嘉，郑莲琼，冯凌俊.智能建造系统基础理论与体系结构［J］.土木工程与管理学报，2021，38（02）：106-110.

［11］ 刘文峰.智能建造关键技术体系研究［J］.建设科技，2020，24（016）：72-76.

［12］ 马锦姝.基于建筑信息模型的建筑结构智能化建造应用研究［D］.哈尔滨：哈尔滨工程大学，2015.

［13］ 马智亮.迎接智能建造带来的机遇与挑战［J］.施工技术，2021，50（06）：1-3.

［14］ 宗禾.中国工程院院士肖绪文：智能建造是什么、为什么、做什么［N］.江苏科技报，2021-04-23.

［15］ 樊则森.建筑工业化与智能建造融合发展的几点思考［J］.中国勘察设计，2020（09）：25-27.

［16］ 刘清涛，叶敏，顾海荣，等.智能制造与智能建造融合创新人才培养体系研究［J］.长安大学工程机械学院，2020（44）：326-328.

［17］《关于推动智能建造与建筑工业化协同发展的指导意见》发布［J］.建设科技，2020（15）：6-7.

［18］ 三井.从"中国建造"到"智能建造"绘就高质量发展蓝图［J］.中国建设信息化，2020（16）：3.

［19］ 尤志嘉，郑莲琼，冯凌俊.智能建造系统基础理论与体系结构［J］.土木工程与管理学报，2021，38（02）：105-111，118.

［20］ 王统辉.中国建筑标准设计研究院有限公司.智能建造系统基础理论与体系结构［J］.中国住宅设施，2020（11）：58-59，82.

［21］ 张鸿，张永涛，王敏，等.全过程自适应桥梁智能建造体系研究与应用［J］.公路，2021，66（04）：124-136.

［22］ 陈伟乐，宋神友，金文良，等.深中通道钢壳混凝土沉管隧道智能建造体系策划与实践［J］.隧道建设（中英文），2020，40（04）：465-474.

［23］ 王同军.我国铁路隧道建造方法沿革及智能建造技术体系与展望［J］.中国铁路，2020（03）：1-11.

［24］ 程大章.智能建造为智慧城市注入活力［N］.中国建设报，2020-08-18（02）.

［25］宋朝勇.高层建筑 BIM 模型与三维场布在工程中的应用［J］.安徽建筑，2021，28（03）：83，103.

［26］凌立睿，张强.基于 BIM 的智慧工地管理体系框架研究［J］.智慧建筑与智慧城市，2021（04）：99-100.

［27］刘华，赵梦雪.基于 BIM 技术的建筑工程造价控制与管理研究［J］.现代电子技术，2021，44（10）：163-166.

［28］刘延，李涛.基于 BIM 技术在智慧工地建设中的应用研究［J］.居舍，2020（25）：45-46.

［29］郭丽娟，杨琴.浅谈 BIM 技术在结构抗震加固中的应用［J］.中小企业管理与科技，2021（05）：184-185.

［30］杨诗冬，杨邓文萍.人工智能在智慧建筑中的应用［J］.智慧建筑与智慧城市，2020（03）：30-33.

［31］翟凯，王纪红，王蒙.智慧工地系统在施工现场安全管理中的应用［J］.建筑安全，2021，36（05）：41-44.

［32］郑海烁，雷立辉，李庆，等.智能工地可视化在管道施工管理上的应用探讨［J］.石油规划设计，2019，30（5）：50-52.

［33］陈冬梅.智慧工地建设的必要性与应用发展［J］.现代企业，2020（04）：31-32.

［34］王超，夏建平，徐润，等.基于 BIM+GIS 隧道信息化施工技术研究［J］.人民黄河，2019，41（S2）：114-116.

［35］鹿焕然.建筑工程智慧工地构建研究［D］.北京：北京交通大学，2019.

［36］贾美珊.智慧工地建设影响因素分析及改进建议研究［D］.济南：山东建筑大学，2020.

［37］龙明亮，张少南.智慧工地实施现状与发展方向研究［J］.铁路技术创新，2020（05）：129-131.

［38］楚恒斌."智慧工地"在电力工程中的应用［J］.技术与市场，2021，28（01）：141-142.

［39］郑志良.智慧工地在绿色施工中的应用［J］.建筑技术开发，2021，48（06）：149-150.

［40］吴亮.智慧工地企业级管理系统研究［D］.武汉：湖北工业大学，2020.

［41］王韬.智慧工地系统在房建施工现场管理中的应用研究［D］.北京：北京化工大学，2019.

［42］买亚锋，张琪玮，沙建奇.基于 BIM+ 物联网的智能建造综合管理系统研究［J］.建筑经济，2020，41（06）：61-64.

［43］刘延，李涛.基于 BIM 技术在智慧工地建设中的应用研究［J］.居舍，2020（25）：45-46，30.

［44］刘卉卉，赵福君.BIM 云技术的智能建造分析［J］.住宅与房地产，2019（25）：203.

［45］王同军.智能铁路总体构架与发展展望［J］.铁路计算机，2018，27（07）：1-8.

［46］王同军.基于 BIM 的铁路工程管理平台建设与展望［J］.铁路技术创新，2015（03）：8-13.

［47］王峰.我国高速铁路智能建造技术发展实践与展望［J］.中国铁路，2019（04）：1-8.

［48］钱雯.基于 BIM 的工程质量控制管理应用实例［D］.南昌：南昌大学，2020.

［49］裴卓非.BIM 技术与物联网在施工阶段的应用［J］.建材技术与应用，2013（01）：60-62.

［50］尤志嘉，郑莲琼，冯凌俊.智能建造系统基础理论与体系结构［J］.土木工程与管理学报，2021，38（2）：107-109.

［51］严文璞，张露.探讨三维 GIS 在智慧城市中的应用［J］.网络安全技术与应用，2020（6）：136-137.

［52］赵典刚，刘宏斌，周东明，等.基于 BIM+GIS 的建筑工程规划管理研究［J］.四川水泥，2018（9）：90-91.

［53］肖绪文.智能建造务求实效［N］.中国建设报，2021-4-5（004）.

［54］王统辉.智能建造与建筑工业化协同管理体系浅论［J］.中国住宅设施，2020，210（11）：60-61，84.

［55］杨国强.推动行业数字化转型［J］.施工企业管理，2021（04）：53.

［56］ 赵子云.物联网技术在智能建筑能源管理中的有效运用［J］.中国新技术新产品，2015（12）：24-25.

［57］ 王登科.浅谈物联网技术在智慧城市建设中的作用［J］.无线互联科技，2016（1）：20-22.

［58］ 张凡夫.智慧城市之安防技术的发展与应用［J］.智能建筑，2014（02）：12-13.

［59］ 胡跃军，罗坤，乔鸣宇.基于BIM的智能建造技术探索［J］.中国建设信息化，2019（16）：52-53.

［60］ 任月敬.浅谈智慧工地系统在建筑工程管理中的应用［J］.智能城市，2021，7（05）：77-78.

［61］ 周瑞.基于BIM的装配式建筑智慧建造过程研究［D］.吉林：吉林建筑大学，2019.

［62］ 杨宇沫.基于BIM的装配建筑智慧建造管理体系研究［D］.西安：西安科技大学，2020.

［63］ 梁春丽.金融混业渐近，监管迎来"跨界"新考题［J］.金融科技时代，2015（08）：14.

［64］ 张建民.智能建筑中无线传感器网络安全研究［D］.武汉：华中科技大学，2007.

［65］ 石延辉，李澍森，左文霞，等.智能设备的发展现状分析及前景展望［J］.电气开关，2010，48（04）：11-14.

［66］ 柴明.智能设备在自动化立体库盘库中的应用与研究［J］.化工管理，2019（30）：126.

［67］ 巩喜宝.工程机械的智能化趋势与发展对策［J］.化工管理，2018（22）：10-11.

［68］ 徐金强.建筑机械设备事故隐患及其治理［J］.山东工业技术，2018（08）：123.

［69］ 杨文.工业机器人结构设计与性能提升过程中的关键问题分析［J］.内燃机与配件，2021（10）：78-79.

［70］ 李念勇.智能建筑机器人与施工现场结合的探讨［J］.建筑，2019（01）：36-37.

［71］ 赵森.冶金工程机电设备运行中安全工作的重要性与推进措施［J］.现代制造技术与装备，2020（02）：217，219.

［72］ 李朋昊，李朱锋，益田正，等.建筑机器人应用与发展［J］.机械设计与研究，2018，34（06）：25-29.

［73］ 周鑫，冯长争.智能配电系统在建筑工地生活区的应用［J］.建筑安全，2017，32（11）：52-54.

［74］ 任海峰，徐继威，吕游.智能传感技术在建筑工程中的应用［J］.电子技术与软件工程，2014（04）：123.

［75］ 张雷.建筑设备自动化的现状与发展［J］.四川建材，2017，43（08）：128-129，137.

［76］ 倪江楠，陈昌铎.建筑设备自动化系统的现状与发展趋势［J］.电气传动自动化，2016，38（02）：47-50.

［77］ 武春燕.智能建筑设备安装质量控制［J］.建材技术与应用，2020（06）：13-15.

［78］ 李凌青.大数据与智能建筑的发展探索［C］//2016智能城市与信息化建设国际学术交流研讨会论文集Ⅲ，旭日华夏（北京）国际科学技术研究院会议论文集，2016：112-113.

［79］ 马智亮，滕明焜，任远.面向大数据分析的建筑能耗信息模型［J］.华南理工大学学报（自然科学版），2019，47（12）：72-77，91.

［80］ 殷继国，大数据市场反垄断规制的理论逻辑与基本路径［J］.政治与法律，2019（10）：134-148.

［81］ 岑晓光，基于物联网的智能建筑设计方法研究［D］.广州：华南理工大学，2015.

［82］ 赵研，刘占省，杜修力.智能建造概论［M］.北京：中国建筑工业出版社，2021.

［83］ 鲍宇清，陈斌，陈波，等."放管服"背景下基于"大数据"和"区块链"技术的建筑节能和建筑材料管理模式研究［J］.住宅产业，2020（10）：96-99.

［84］ 卢德华.多规合一背景下智慧选址技术实现及其应用研究［D］.西安：长安大学，2018.

［85］ 马宇翔.大数据在智能建筑中的应用［J］.中国设备工程，2021（06）：28-29.

［86］ 籍丽宏.智能建筑工程应用软件的设计与开发［D］.太原：中北大学，2011.